本专著由
北京市哲学社会科学规划办公室
北京现代产业新区发展研究基地
资助出版

经济管理学术文库·经济类

产业转移视角下
京津冀协同碳减排机制研究

Research on Collaborative Carbon Emission Reduction Mechanism in
Beijing–Tianjin–Hebei Region from the
Perspective of Industrial Transfer

赵剑峰／著

U0226337

经济管理出版社
ECONOMY & MANAGEMENT PUBLISHING HOUSE

图书在版编目（CIP）数据

产业转移视角下京津冀协同碳减排机制研究/赵剑峰著.—北京：经济管理出版社，2021.4
ISBN 978 - 7 - 5096 - 7915 - 9

Ⅰ.①产… Ⅱ.①赵… Ⅲ.①二氧化碳—减量化—排气—研究—华北地区 Ⅳ.①X511

中国版本图书馆 CIP 数据核字（2021）第 064462 号

组稿编辑：曹　靖
责任编辑：曹　靖　郭　飞
责任印制：张莉琼
责任校对：陈晓霞

出版发行：经济管理出版社
　　　　　（北京市海淀区北蜂窝 8 号中雅大厦 A 座 11 层　100038）
网　　　址：www. E - mp. com. cn
电　　　话：（010）51915602
印　　　刷：唐山玺诚印务有限公司
经　　　销：新华书店
开　　　本：720mm × 1000mm/16
印　　　张：15. 25
字　　　数：291 千字
版　　　次：2021 年 4 月第 1 版　　2021 年 4 月第 1 次印刷
书　　　号：ISBN 978 - 7 - 5096 - 7915 - 9
定　　　价：88. 00 元

前　言

　　气候问题是当今全球面临的重要环境问题。很多国家及地区正在致力于温室气体控制以应对全球变暖给人类经济和社会带来的不利影响。英国牛津立志于2030年成为全球第一座碳中和城市，并颁布实施了一系列方案。

　　经过四十多年的改革开放，中国经济发展取得了令全世界瞩目的成就。城市化和工业化快速发展，与之相伴的是能源消耗过快增长、能源效率总体偏低等能源问题以及由此而带来的诸如大气污染、温室效应等环境问题日益突出。中国将秉持人类命运共同体理念，为全球环境治理贡献力量。

　　中国碳减排的目标确定是分层级有步骤进行的，成绩有目共睹，提前完成了2020年气候行动目标，为全球应对气候变化做出了重大贡献。中国非化石能源占能源消费总量比重已经上升到近15%，可再生能源装机已占全球的30%，在全球增量中占比44%，新能源汽车保有量已占全球一半以上。自2000年以来，全球新增绿化面积的1/4来自中国。截至2019年底，中国单位国内生产总值二氧化碳排放比2005年降低48.1%，已超额完成2030年森林碳汇目标。降低碳强度成为中国区域节能减碳的核心目标。

　　"二氧化碳排放力争于2030年前达到峰值，努力争取在2060年前实现碳中和"，习近平主席在第七十五届联合国大会上向世界做出的庄严承诺必将引领中国转型为"净零碳"大国。党的十九届五中全会为中国低碳绿色高质量发展勾画了中长期发展蓝图。

　　中国整体的低碳经济转型与各个区域、省域的低碳经济发展战略息息相关，寻求区域层面绿色高效的经济增长路径，对实现中国低碳经济转型与可持续发展具有重要意义。与全国情况类似，京津冀地区也存在着经济增长和环境污染之间矛盾日益凸显的问题。在北京PM2.5来源中，区域传输占比约30%，重污染传输更是达50%。由于负外部性，相邻省域、城市之间不能独善其身，协同减排被认为是一种有效的减排手段。

　　京津冀协同发展已上升为国家战略。"有序疏解北京非首都功能"是其战略的核心，形成"产业绿色梯度转移"是其近期的重要内容，而推动机制的改革创新是制度保障。在产业转移过程中，随着人流、物流、资金流、信息流的转移，也伴随着能源消耗与碳排放的转移。

产业转移会给京津冀地区能源消费、碳排放的时空格局带来哪些变化，产生什么影响，如何统筹考虑京津冀碳排放的空间变化特征及动态影响因素，创新协同碳减排机制，实现区域绿色高质量发展凸显出本书研究视角的独特性。

本专著以碳排放理论、协同发展理论等为依据，构建了产业转移视角下京津冀协同碳减排分析框架；在对京津冀能源消费量、碳排放量、碳排放特征分析的基础上，从终端能源消费总量、三次产业及工业内部分行业、多角度对京津冀产业转移以及产业转移引致的碳转移方向与规模进行定量化测度，分析其转移方向、规模与特征，拓宽了现有研究的角度和深度；定量化揭示了产业转移与碳排放的互动关联性；构建协同碳减排评价指标体系，运用哈肯模型对京津冀协同碳减排的驱动因素及演化机理进行分析，分阶段揭示了京津冀协同发展纲要颁布前后影响协同碳减排的关键变量及协同程度，弥补了京津冀协同碳减排演化机理偏定性描述分析的不足；对政府协同碳减排策略选择进行演化博弈分析及系统动力学仿真分析，有助于从理论上加强对区域协同碳减排机制的阐释，揭示建立协同碳减排机制的实现条件与可行路径。显示出研究内容、研究方法的创新性以及政策建议的前瞻性和可操作性。

本专著注重实证分析，在大量数据资料定量化分析基础上，得出可行的结论与政策建议，提高理论与实践相结合的程度，提高实践指导价值。同时对产业转移与碳排放进行大量的理论研究，弥补了相关学术研究的不足，具有较高原创性和创新性。

研究得到了北京市社科规划办、北京现代产业新区发展研究基地资金支持，特此感谢！感谢邱莹副教授对本书提供的帮助。感谢景永平院长、陈彦玲教授、杨秋实副研究员等同人给予的大力支持。感谢在京津冀调研期间相关部门领导、相关企业人员的大力支持。本书吸收和引用了许多学者的研究成果，除了在书中尽可能地做出说明外，也在此表示感谢。

我们深知，京津冀协同发展及碳减排问题广阔而复杂，限于时间、水平和数据资料，加之我们的认识和研究尚不深入，因此，本专著还存在很多不足及需要进一步深入研究完善的地方，期待广大专家学者批评指正。

北京石油化工学院　赵剑峰
2020 年 12 月

目　录

第1章 绪 论

1.1 研究背景意义

1.1.1 研究背景

气候问题是当今全球面临的重要环境问题，1972 年，罗马俱乐部发表的《增长的极限》引发了对高碳经济深刻反思，为了应对日益严峻的全球气候变化形势，1992 年，在联合国环境与发展大会上，通过了《联合国气候变化框架公约》（以下简称《公约》），这是第一个全面控制二氧化碳等温室气体排放以对付全球变暖给人类经济和社会带来不利影响的国际公约。在《公约》框架下，世界各国进行了一系列国际气候谈判，这些谈判表面上是为了应对气候变暖，本质上是各国经济利益和发展空间的角逐。《公约》虽然确定了控制温室气体排放的目标，但是并没有确定发达国家温室气体量化减排指标。之后《京都议定书》国际条约的制定，取得了"共同但有区别的责任"原则，明确了世界各国 2012 年之前的温室气体减排任务。起源于 2015 年的《巴黎协定》旨在把全球平均温度上升与工业革命时期相比控制在 2 摄氏度之内，并尽量控制在 1.5 摄氏度以内。牛津提出立志于 2030 年成为全球第一座碳中和城市。

作为世界上最大的发展中国家，经过四十多年的改革开放，我国经济发展取得了令全世界瞩目的成就，城市化和工业化进程的速度位居世界首位。在迅速的工业化进程中，与之相伴的是能源消耗过快增长、能源效率总体偏低等能源问题以及由此而带来的诸如大气污染、温室效应等环境问题日益突出。出于自身可持续发展的需要，我国早已开始高度重视全球气候变暖问题，2009 年的丹麦哥本哈根气候大会上，承诺在 2020 年我国单位国内生产总值二氧化碳排放比 2005 年下降 40% ~ 45%，2015 年的巴黎气候大会上，我国再次承诺 2030 年单位国内生产总值二氧化碳排放比 2005 年下降 60% ~ 65%。为完成上述减排目标，国务院在 2016 年发布的《"十三五"控制温室气体排放工作方案》明确提出，在"十三五"期间中国应加快区域低碳发展,深度参与全球气候治理,为促进经济社会可持续发展和维护全球生态安全作出新贡献(国发〔2016〕61号)。也提出到2020年,单位国内生产总值二氧化碳排放比2015年下降18%的目标。"十三五"期间,综合考虑各省(区、市)发展阶段、资源禀赋、战略定位、生态环保等因素,中国实施5级分类指导的碳排放强度控制目标。北京、天津、河北、上海、江苏、浙江、山东、广东碳排放强度分别下降20.5%,福建、江西、河南、湖北、重庆、四川分别下降19.5%,山西、辽宁、吉林、安徽、湖南、贵州、云南、陕西分别下降18%,内蒙古、黑龙江、广西、甘肃、宁夏分别下降17%,海南、西藏、青海、新疆分别下降12%(国发〔2016〕61号)。

中国积极承担符合自身发展阶段和国情的国际责任,实施了一系列政策行动,成绩有目共睹,提前完成了2020年气候行动目标,为全球应对气候变化作出了重大贡献。中国非化石能源占能源消费总量比重已经上升到近15%,可再生能源装机已占全球的30%,在全球增量中占比44%,新能源汽车保有量已占全球一半以上。自2000年以来,全球新增绿化面积的1/4来自中国。截至2019年底,中国单位国内生产总值二氧化碳排放比2005年降低48.1%,已超额完成2030年森林碳汇目标。降低碳强度成为中国区域节能减碳的核心目标。

2020年9月,习近平主席出席联合国成立75周年高级别会议期间的一系列重要论述中,"绿色"是出现频率最高的关键词之一。气候变化和生物多样性是中国参与全球环境治理的两个重要领域。人类需要一场自我革命,加快形成绿色发展方式和生活方式,建设生态文明和美丽地球,推动疫情后世界经济"绿色复苏";汇聚起可持续发展的强大动力;中国既加强自身生态文明建设,也主动承担气候变化的国际责任,努力呵护好人类共同的地球家园,积极同各国一道打造"绿色丝绸之路"。

习近平主席在七十五届联合国大会一般性辩论上发表的重要讲话中指出:作为世界上最大的发展中国家,我们也愿承担与中国发展水平相称的国际责任,为全球环境治理贡献力量。中国将秉持人类命运共同体理念,继续做出艰苦卓绝努力,提高国家自主贡献力度,采取更加有力的政策和措施,二氧化碳排放力争于2030年前达到峰值,努力争取2060年前实现碳中和,为实现应对气候变化《巴黎协定》确定的目标做出更大努力和贡献。

此次是我国第三次提出关于减少碳排放的目标,也是中国首次提出碳中和目标。2030年二氧化碳达到峰值目标和2060年碳中和愿景必将引领中国转型为"净零碳"大国。

中国整体的低碳经济转型与各个区域、省域的低碳经济发展战略息息相关,寻求区域层面绿色高效的经济增长路径,对实现中国低碳经济转型与可持续发展具有重要的理论价值与实践意义。在碳排放总量确定的前提下，必将进行碳减排指标的区域分解，由于二氧化碳排放的负外部性，相邻城市之间不能独善其身，合作减排被认为是一种有效的减排手段。

京津冀协同发展已上升为国家战略。2015 年中央政治局审议通过的《京津冀协同发展规划纲要》明确提出了京津冀区域功能定位及发展目标，其中交通一体化、生态环境保护及产业升级转移等重点领域要率先取得突破。"有序疏解北京非首都功能"是其战略的核心，形成"产业绿色梯度转移"是其近期的重要内容，而推动机制的改革创新是制度保障。

产业转移引致产业结构的重组和优化，而不同的产业对能源的依赖又存在着显著差别，因此，产业转移的推进在一定程度上决定了能源消费和能源强度格局的转变。在产业转移过程中，随着人流、物流、资金流、信息流的转移，也伴随着能源消耗与碳排放的转移。与全国情况类似，京津冀地区也存在着经济增长和环境污染之间的矛盾日益凸显的问题。

统计数据显示，北京以往转移的企业多具有"三高一低"（高投入、高能耗、高污染、低效益）的特征，不光给承接地实现碳排放目标带来巨大的压力，自身的环境质量状况也并未得到根本改变。近年来，京津冀空气污染日益呈现区域性的特征，在北京 PM2.5 来源中，区域传输占比约 28% ~ 36%，遭遇传输型重污染时，区域传输占比更是超过 50%。

在研究解决京津冀碳排放问题时，必须统筹考虑碳排放的区域空间变化特征及动态影响因素，通过体制、机制创新，协同减排。

1.1.2 研究意义

现有研究一方面集中于区域内各省市碳排放特征及影响因素的分析，普遍认为能源强度、能源结构、经济发展水平、产业结构是造成碳排放水平差异的重要因素；另一方面则集中于京津冀产业梯度转移现状、机制及协同发展的意义等方面的论述，它们更多地强调产业转移在均衡区域经济增长中的作用，而较少关注产业转移对节能减排的影响，侧重存量静态研究，缺乏增量动态研究。随着《京津冀协同发展规划纲要》的落实，区域内产业呈加速转移态势，由此衍生的产业转移给京津冀区域能源消费、碳排放的时空格局带来哪些变化，产生什么影响等，是值得研究的热点问题。

本书拟基于上述问题，在对京津冀区域能源消费、碳排放现状分析基础上，分析京津冀产业转移及碳转移特征，京津冀区域产业转移对碳排放影响测度，分析京津冀协同碳减排驱动因素及动态演化机理，在上述分析基础上，提出促进京津冀区域协同碳减排的政策建议。并通过区域协同碳减排机制创新化解深层次矛盾，实现多赢。本书对京津冀产业转移及协同减排政策制定具有一定参考价值，同时弥补相关理论研究的不足。

1.2 国内外研究现状述评

1.2.1 低碳经济及碳排放研究

1.2.1.1 区域层面低碳经济研究

"低碳经济"这一概念最初是在2003年英国白皮书中提出的，低碳经济旨在通过减少自然资源的消耗和温室气体的排放，以此来获得更大的经济产出（DTI，2003）。此后，世界范围内有关低碳经济的研究开始出现。Chang等（2013）从经济学角度提出，由于全球各个国家和地区的经济发展水平和环境规制政策的差异性，低碳经济的转型和发展应增强对不同国家、不同区域环境经济政策的具体研究，将低碳经济研究的重点放在具体区域层面上，以实现全球应对气候变化的总体目标。Annette和Isabel（2007）研究表明，欧盟国家通过能源效率提升和技术创新竞争力，率先实现欧盟的低碳经济转型，并取得国际低碳竞争力地位。Du等（2018）利用空间聚类分析，选取社会、经济、能源和环境四大类指标综合评估了中国30个省域在2003～2013年的区域低碳经济发展情况，低碳经济效率高的省域分布在中国南部，而低碳经济效率较低的省域主要位于中国北方地区。区域间经济往来会产生溢出—反馈效应，潘文卿（2015）利用投入产出模型和结构分解技术考察了1997～2007年中国八大经济区的经济发展溢出—反馈效应，能源、环境要素的区域关联便会产生区域间的污染溢出或反馈现象。

1.2.1.2 碳排放的区域差异、影响因素及减排机制研究

《IPCC2006年国家温室气体排放清单指南》中提供了国际认可的方法学，可供各国用来估算温室气体的排放。国外对于碳排放的估算主要是依据投入产出模型，Munksgaard等（2000）应用投入产出模型估算了丹麦1966～1992年的二氧化碳排放；对碳排放区域差异的文献主要从跨国层面展开：Duro J A 和 Padilla E（2006）采用Kaya恒等式建立碳排放量关系式，对国际人均二氧化碳排放不均等进行了实证分析；还包括地区层面考察二氧化碳排放的空间相关和空间集聚特征（Grunewald N，2014）；Clarke - Sather等（2011）采用变异系数、基尼系数和泰尔系数，研究了中国1997～2007年东部、中部、西部地区之间碳强度的差异及其变化趋势；对影响因素分析大都采用Ehrlich和Holden（1971）提出的IPAT模型改进后的STIRPAT模型进行分析。

林伯强（2009）采取 Kaya 恒等式对中国碳排放进行了影响因素分析；姚亮和刘晶（2010）运用 EIO－LCA 方法及 1997 年中国区域间投入产出表来核算中国八大区域间产品（服务）以及隐含的碳排放在区域之间流动和转移总量；李陶等（2010）基于碳强度的减排成本估算模型，进行了省际配额分配。国务院发展研究中心课题组（2011）在国内温室气体减排框架设计中，提出机制设计要从过多依靠行政手段向市场化减排机制转变，引入灵活的跨省减排合作机制与碳排放权交易等方式实现减排目标。周建和易点点（2012）对 2000～2008 年碳排放量的估算，通过引入碳排放泰尔系数定量衡量各省差异及波动特征，并采用动态面板模型等对我国碳排放的影响因素及碳减排机制进行了实证分析。

　　任志娟和王文举（2014）分析了中国区域碳排放差异，从区域差异角度分析减排机制中存在的问题。禹湘（2020）在对城市进行分类的基础上采用 STIRPAT 模型，考察经济规模、能源结构、产业结构、城镇化水平等因素和碳排放总量和人均碳排放量之间的关系，识别不同驱动因素对试点城市碳排放的影响。

1.2.2　京津冀能源消费碳排放研究

　　王会芝（2015）、王仲瑀（2017）等对京津冀能源消费、碳排放量、经济增长关系进行了研究；朱远程和张士杰（2012）基于 STIRPAT 模型对北京地区经济碳排放驱动因素进行了分析；武义青和赵亚南（2014）选用碳排放量、碳生产率和脱钩弹性系数三大指标分析京津冀 2000～2011 年低碳经济的发展，对三省市碳排放影响因素进行无残差分解，区分其碳排放的地区异质性；张俊荣等（2016）基于系统动力学，构建京津冀碳排放交易政策仿真模型，碳交易机制能有效地促进京津冀地区的碳减排进程。朴胜任（2014）利用熵值法对京津冀区域碳减排能力进行测度，并提出合作路径；冯冬和李健（2017）选择京津冀区域的 13 个城市为研究对象，重点分析各城市的二氧化碳排放效率及减排潜力；李百吉和张倩倩（2017）考虑 17 类能源品种终端消费数据测算了京津冀 1995～2013 年的碳排放总量；闫云凤（2016）采用 2007 年和 2010 年中国 30 个省的区域间投入产出表和分省市、分行业碳排放数据，构建多区域投入产出—结构分解分析模型，对京津冀碳足迹的演变趋势及影响因素进行了测度；闫庆友和尹洁婷（2017）采用广义 Divisia 指数法分析了京津冀 2006～2015 年碳排放的影响因素；赵玉焕和李浩等（2018）结合 LMDI 法和 M－R 空间分解法，确定了 2000～2014 年京津冀地区二氧化碳排放变化和差异的关键驱动力。于江浩（2019）基于产业细分法将产业结构细分为八个产业，并通过关联度计算得出各细分产业与京津冀碳人均排放的关联系数，继而得出所细分的产业与碳排放的关联度。

1.2.3 产业转移及京津冀产业转移研究

1.2.3.1 产业转移研究

现在国际上关于产业转移问题大多从区域经济学、产业发展、国际直接投资等视角研究，并针对各国家、地区及发展阶段做了很多实证分析。

亚当·斯密与李嘉图二人的绝对与比较优势理论能够系统阐述分工形成的内涵与原因，是产业转移理论的基础。赤松要的雁行模式理论，雷蒙德·弗农的产品生命周期理论，刘易斯的劳动密集型产业转移理论，小岛清的边际产业扩张理论，劳尔·普雷维什的"中心—外围"理论等共同形成了经典产业转移理论基础，其后的学者们也均在此基础上进行进一步的深化研究。

随着国际产品分工的精细化发展和地区经济发展差距的拉大，产业转移也在发展中呈现新的特点。Partridge（2009）的研究结果显示，高新技术产业的转移不仅存在梯度转移现象，也存在逆梯度转移现象，主要表现为产业转入地利用其资源和成本优势发展转入产业，但当产业快速发展到一定程度时，为了满足其对更大的市场和更先进技术的需求，转入地不得不将其高附加值环节移出，重新移回发达国家或地区。

随着中国特色社会主义市场经济体制的逐步完善和改革开放政策的不断深入，我国东部沿海地区经济飞速发展，区域生产要素价格飙升，使东部地区部分传统产业失去比较优势，开始进行产业转移。国内区域产业转移研究逐渐兴起后，地理学、经济学等方面的学者从我国产业转移的动因、模式、效应等方面进行了大量探讨和研究。

（1）产业转移动因分析。

卢根鑫（1997）是我国较早研究产业转移的学者，其1997年在"国际产业转移论"中，根据马克思主义经济学原理对产业转移从理论角度进行了阐述。研究表明，发展中国家低于发达国家的劳动力价值决定了重合产业价值构成的相异性，发达国家重合产业只能通过产业转移获取其他国家的成本优势才能更好地进行产业深化改革，产业转移的实质就是重合产业向非重合产业转移的过程，但缺乏实证分析。戴宏伟（2008）认为，产业转移以各国或地区间的产业梯度为基础，表现为发达与欠发达、不发达国家或地区之间在产业结构层级上形成的明显的阶梯状差异。优化产业结构与产业转移相辅相成，最终呈现"螺旋式"上升的发展格局。

（2）产业转移模式分析。

陈刚等（2006）分析了产业转移过程中的具体途径；郑鑫等（2012）建立的区位论模型指出，集中式转移在促进区域发展的作用上比分散式转移更具有优势，必须推进交通建设，减少区际运输成本，消除地方保护主义。刘红光等（2014）通过对集聚依赖型、成本驱动型、原料指向型、投资拉动型产业转移的研究指出，我国产业转移正处于低端产业自东向西转移，高端产业继续集中在东部地区。

（3）产业转移及承接转移效应分析。

陈建军（2002）利用浙江省 105 家企业调查数据分析了产业区域转移问题，提出要通过要素流动和产业转移来实现区域协调发展；魏后凯（2003）从企业和区域两个层面对产业区域转移效应问题进行研究，得出产业转移会造成转出地就业机会减少，产业竞争力下降的结论。关于产业区际转移是否带来承接地环境污染，研究证实存在"污染避难所"现象近年来对于环境效应影响增多。自 2015 年以来，研究进一步深化。一方面，研究视角从静态走向动态。研究指出承接产业转移对生态环境的影响是动态变化的以及存在空间差异（董琨，2015）。另一方面，更加关注污染产业转移的原因、影响污染产业转移的因素以及如何防止承接产业转移带来环境污染。主要使用协整分析、误差修正模型、脉冲响应函数等计量方法及 OLS 回归分析，或通过 C－D 生产函数构建计量模型，并通过格兰杰因果检验验证承接产业转移的经济效应，运用面板数据模型进行研究的文献不断增加。黄秀莲和李国柱（2019）对我国 31 个省份 2006～2015 年高耗能产业转移的时空特征及高耗能产业环境污染排放差异的驱动因素回归表明：我国高耗能产业呈现出由东部向中西部地区转移的演变趋势，除受产业转移的影响，高耗能产业的环境污染排放还和经济水平、科技水平显著正相关，和环境管制强度显著负相关。

（4）产业转移定量分析。

刘红光（2011）利用区域间投入产出模型建立了定量测算区域间产业转移的方法，并结合中国区域间投入产出表，测算了中国 1997～2007 年区域间产业转移。结果发现，中国产业转移具有明显"北上"特征，产业向中西部地区转移的趋势并不明显。

桑瑞聪和刘志彪（2013）基于长三角地区和珠三角地区 312 家工业上市公司 2000～2010 年在国内 30 个省份的投资数据，将地区和企业层面特征综合纳入同一个研究框架，分别使用 Logit 和 Tobit 模型从本土企业微观层面揭示了中国产业转移的动力机制。覃成林（2013）提出了扩散型产业转移和集聚型产业转移概念，并利用区位熵指数和修正后的引力模型，建立产业转移相对净流量测度指标，揭示了八大区域间产业转移的动态演变趋势、路径和相对规模。张建伟、苗长虹和肖文杰（2018）采用标准差、变异系数、赫芬达尔指数、聚类分析及回归分析等方法对河南省 18 个地市承接产业转移空间差异及形成机制进行研究，从而对河南产业转移承接方向提出有关建议。

1.2.3.2 京津冀产业转移的研究

京津冀三地的经济联系自古以来就十分密切，作为我国继长三角、珠三角之后的第三大经济增长极，京津冀协同发展是党中央和国务院在新的历史条件下提出的重大国家战略，而产业转移则位列京津冀协同发展率先突破的三大重点领域之一。事实上，自20世纪90年代以来，京津冀地区就已经开始进行产业转移。据不完全统计，自2001年北京申奥成功以来，包括首都钢铁、北京焦化厂、北京第一机床厂在内的数百家企业已经全部或部分转移到了河北省各地。近年来，土地、劳动力、原材料等生产要素成本上涨，政府对环境污染防控力度加强，京津地区企业的经营和发展变得更加困难，向河北呈现明显的扩散趋势。而随着2015年通过的《京津冀协同发展规划纲要》和2016年发布的《京津冀产业转移指南》，京津冀地区越来越多的产业将面临疏解转移和转型升级。

对于京津冀区域产业转移方面的研究也有很多。戴宏伟（2004）认为产业梯度转移是"大北京"经济圈进行经济协作的重点；首次将产业梯度转移理论结合到京津冀发展问题上，指出京津冀区域协作能力较低的原因是产业深层次分工不明、协作水平较低以及北京的经济辐射力不强。

国内学者从以下方面对京津冀产业转移进行了研究。第一，从西方经济学和发展经济学的角度来看。王建峰和卢燕（2013）根据梯度差、承接力、信息便利性、交通便利性，计算了京津冀第二产业转移的综合效应，因素需要调整，缺乏动态性；刘琳（2015）基于梯度转移理论的约束条件，分析了京津冀产业转移滞缓的现状；张贵（2014）指出京津和津冀间优势产业的重合度较高，存在严重的产业趋同；京冀间产业差异明显，其协作倾向较强，转移企业多为资源消耗型，转移地区主要集中在较近的城乡边缘区。第二，从新经济地理学的角度来看。孙久文和姚鹏（2015）基于新经济地理学探讨了京津冀一体化对区域制造业空间格局的影响；吕倩和刘海滨（2019）以全球DMSP/OLS夜间灯光数据计算得出2000~2013年京津冀地区分省市碳排放量。并采用探索性空间数据分析方法对京津冀县域尺度碳排放时空演变特征进行分析。第三，京津冀区域协同发展过程中的产业转移以及效应分析。皮建才（2016）基于区域内两地区间对功能拥挤效应和经济增长重视程度不同的假设，从功能疏解和产业转移的角度来看，对京津冀协同发展进行了研究，并建立区域内的产业转移模型，分析产业转移的合理性。

此外，河北作为区域内产业转移的主要承接地，很多学者是基于河北的角度对产业转移的承接对策进行研究。王敏达等（2017）分析了在京津冀区域经济一体化背景下河北省承接京津产业转移的优势、存在的问题，面临的挑战，提出了在生态文明视角下对京津产业转移进行合理承接的对策建议。

余可慧（2018）从经济效应、社会效应和环境效应三方面分析了京津冀产业转移承接效应，进一步对移出效应进行评价与分析；李林子（2018）在对区际产业转移界定和各类测算方法优劣比较分析的基础上，考虑数据的可得性，提出一种我国区际产业转移的测算方法，并以京津冀地区污染密集型制造业转移为例开展应用研究。

1.2.4　产业转移对能源消费、碳排放影响及碳转移研究

目前，关于产业转移对能源消费碳排放影响效应的研究尚未形成统一结论，关注的焦点在于"污染天堂"假说。一种观点认为产业转移成为发达国家寻找"污染避难所"的途径（Copeland，1994）。发展中国家和地区在承接发达地区产业转移的同时，也承接了环境问题（Michalek，2015）。在国内，产业转移的环境效应研究起步较晚，初期主要集中于对外商直接投资引起的环境效应进行分析；近几年，学者开始将目光投向区域之间的产业转移引致的污染与碳排放问题。豆建民和沈艳兵（2014）基于 Becker 和 Henderson 对污染密集型产业的分类方法，利用中部六省 2000～2010 年的面板数据，分析了中部地区污染密集型产业的转入情况，并进一步实证检验了这种产业转移对中部地区污染转移的影响；李健和肖境（2015）依据产业梯度转移模型对京津冀碳减排进行了测算，思路方法值得借鉴。赵新刚等（2018）运用迪氏指数分解法（LMDI）对 2005～2015 年京津冀地区产业转移对能源消费影响进行研究。

跨区域产业转移已经成为实现工业化与城市化的重要动力。我国区域间产业转移逐步扩散而引致的碳排放问题开始受到学者的广泛关注。其中，部分学者认为产业转移推动了碳转移。肖雁飞等（2014）从全国层面入手，认为东部沿海存在产业转移碳减排效应，西北和东北等地区则成为碳排放转入及碳泄漏重灾区，李健等（2015）以京津冀区域内产业转移为例，认为河北作为产业转入区应该承担更多碳减排配额，李平星（2013）研究泛长三角地区，认为产业转移同时推动了其核心区及外围区碳排放强度的降低，Liu 等（2016）通过中国区域空间面板数据研究碳排放，发现低碳区域会带动高碳区域碳减排。研究产业转移过程中碳排放的方法多是采用静态分析法，最经典的是利用投入产出模型，（姚亮，2010；刘红光，2014）对我国八大区域碳排放转移进行测度，赵慧卿（2013）基于2002 年的投入产出表对我国 30 个省份省际间产品贸易的隐含碳排放进行了测算；安静等（2017）借助 2012 年投入产出表，用多区域投入产出模型测算 30 个省份各行业的二氧化碳排放量以及省间的碳转移量，研究表明，广东、上海、北京、浙江、江苏的净碳转出量最大，内蒙古、山西、河北、新疆、贵州的净碳转入量

最大；东部沿海、南部沿海以及京津地区的净碳转出量最大，西北地区的净碳转入量最大。

成艾华（2018）基于偏离—份额分析法的基本思想，构建改进的区域产业转移与污染转移模型，对中国区域间的工业产业转移和污染转移情况进行定量测度。运用极少采用的动态面板数据模型；张永强等（2016）利用偏离份额分析法和 Theil 指数分别测算我国重化工业总产值变动情形和东中西部地区的碳排放差异。最后回归模型实证分析重化工业产业调整对区域碳排放的影响机制。许静等（2017）基于 STIRPAT 扩展模型，运用动态面板数据模型实证了 1995～2013 年中国产业转移过程中碳排放动态变化及区域差异。模型结果显示，经济发展水平、产业结构优化及工业碳排放强度的提升均会产生碳减排效应，碳排放具有明显路径依赖特征。

1.2.5 协同治理机制研究

新经济地理学强调规模收益递增、"冰山"成本和垄断竞争引发的"核心—边缘"城市结构的形成，容易引发城乡差距、贫富分化，这就需要一个强有力的协调机制来突破这种黏性。由于区域各主体间存在竞争、合作等复杂关系，需要通过科学合理、常态稳定的制度安排，建立治理机制来统筹各方利益，实现区域经济的有序运行（崔丹等，2019）。机制原指机器的构造和工作原理。现指内部组织和运行变化的规律。《现代汉语词典》中指一个工作系统的组织或部分之间相互作用的过程和方式。经济机制是一种内在的功能，要使社会经济生活的各个方面有机结合起来并且协调发挥作用，就需要经济机制贯穿其中。陈斐和陈秀山（2007）提出促进区域协调发展的重点是健全区域间优势互补的市场机制、合作机制、互助机制和扶持机制。

Ansoff（1965）最先提出协同的概念认为复杂系统由众多子系统构成，各子系统独立运转，又相互影响，某种机制将其联系在一起，通过资源共享、协调运转，最终实现共同目标。20 世纪 60 年代兴起的自组织理论如普利戈金（I. Prigogine）等创立的"耗散结构"理论、哈肯创立的"协同学"理论等，为区域经济利益的协调提供了思路。协同治理是推动区域协调发展的重要途径。区域协同治理侧重跨区域主体统筹协调，在特定空间内，多元主体在共同利益目标下，通过紧密合作形成有组织的网络化治理体系，对区域内公共事务进行统筹协调与治理的过程（姬兆亮等，2013）。孟庆松和韩文秀（2000）基于系统学视角，把子系统的协调程度称为有序度，而复合系统整体的协调程度称为协同度，构建复合系统协同度模型。将其应用于区域协调发展方面的研究。李虹和张希源（2016）通过构建和运用生态创新复合系统协同度模型，测度了京津冀、长三角、珠三角的创新和生态环境的协同度，并对影响协同度的因素进行了剖析；张扬和王德起（2017）利用复合系统协同度模型，以"创新、协调、绿色、开放、共享"发展理念为切入点，测度京津冀三地在这五大方面的协同发展情况。柳天恩和田学斌（2019）分析京津冀协同发展现状，认为生态环境保护存在市场机制不健全问题，产业升级转移存在承接平台分散、承接能力不足和承接产业错位等问题，京津冀协同创新发展模式尚未彰显。

王喆和周凌一（2015）基于体制机制视角分析了京津冀三方生态环境协同治理的现状，提出了区域多元主体和区域府际协同治理的对策。李金龙等（2017）提出，京津冀地区协同治理在利益补偿机制、利益反馈分享机制等方面存在诸多短板，亟待完善。张博（2016）设计出碳税与碳交易的混合型碳减排激励机制。

区域合作涉及各方利益，博弈论对于研究各方利益冲突情况比较适用。邹伟进和刘万里（2016）运用博弈理论，构造了中央政府与地方政府间、地方政府与企业间、不同企业之间的动态博弈模型，对我国生态文明背景下的雾霾治理进行动态分析；潘峰和王琳（2018）采用演化博弈理论工具，构建了地方规制部门与排污企业的博弈模型，分析博弈方决策演化规律和影响因素。

汪明月等（2019，2020）通过构建政府间减排演化博弈模型，模拟了区域内地方政府独立减排、合作减排情形的策略选择演化过程。构建了碳减排协同度评价指标体系。孙立成等（2019）运用哈肯模型建立区域协同减排演化方程，测算2008~2017年中国省际区域协同减排水平，但指标选择有待完善。陈菡等（2020）从定性角度对我国实现碳排放达峰和空气质量达标的协同治理路径进行分析。郑可馨（2019）依据投入产出表对京津冀贸易隐含碳转移进行测度，提出协同减排建议。

1.2.6 研究述评

基于国际产业转移、区域之间产业转移以及对于某一区域碳排放影响研究逐渐成为各界研究焦点。我国区域间投入产出数据更新较慢，滞后性强，无法反映近几年产业协同背景下各地产业转移、承接变化，同时投入产出方法对产业转移的综合作用体现不明显。而对于京津冀产业转移与碳排放问题研究还处于兴起阶段，现有集中于碳排放总量及成因分析方面，多是存量静态研究，缺乏考虑区域空间变化的增量动态研究。不同时期不同产业、特别是工业内部分行业产业转移及碳转移测度及特征分析不足，产业转移与京津冀碳排放量和排放强度有何关联度，京津冀协同碳减排不同阶段驱动因素是什么，遵循怎样的演化机制定量分析不足，如何通过定量分析找到关键变量，通过机制创新化解深层次矛盾，实现共赢，是值得进一步深入研究的热点问题。

1.3 内容框架

1.3.1 研究目标

本书在对京津冀能源消费量、碳排放量、碳排放特征分析基础上，对京津冀产业转移总量及分行业转移特征进行测度分析，分析随着产业转移变化带来的碳排放转移变化特征，对碳排放与包含产业转移在内的驱动因素进行关联分析，在对京津冀协同发展历程描述基础上，分析京津冀协同碳减排关键驱动因素及动态演化机理，进而对地方政府协同碳减排决策的影响因素进行动态仿真分析。在此基础上提出京津冀协同减排机制的政策建议。促进区域经济绿色低碳化发展。

1.3.2 研究思路及主要内容

1.3.2.1 研究思路

在文献综述基础上，明确碳排放测度方法，依据《中国能源统计年鉴》数据对京津冀消耗碳排放进行测算，对其特征进行总结分析；依据《中国统计年鉴》及《中国工业经济年鉴》数据运用偏离份额法对京津冀产业转移及碳转移量进行测度；对包含产业转移因子的影响因素进行灰色关联分析；构建协同碳减排的评价指标体系，运用哈肯模型寻求序参量，找出区域协同碳减排演化机理的关键变量，进而对政府协同碳减排策略选择进行演化博弈分析，通过系统动力学仿真寻求影响选择的政策变量，最后提出促进京津冀协同碳减排的可行路径及政策建议，研究思路如图 1 - 1 所示。

1.3.2.2 研究内容

第一部分：第 1 章为绪论和第 2 章为相关理论与方法。在对国内外相关理论、文献梳理的基础上，构建产业转移视角下京津冀协同碳减排分析框架，明确研究思路、内容及方法。

第二部分：第 3 章为京津冀地区能源消费及碳排放特征分析。在对京津冀经济社会发展、产业结构描述基础上，对能源消费总量、结构、强度进行分析，对京津冀碳排放总量、终端能源消费碳排放及工业内部分行业碳排放进行测度分析，对碳排放强度进行分析。第 4 章为京津冀产业转移及碳排放转移分析。采取动态集聚系数、梯度转移系数及偏离份额法对京津冀产业转移及碳排放转移从总量及工业内部分行业转移趋势及规模进行测度，并对京津冀产业转移现状及存在问题进行分析。第 5 章为京津冀碳排放影响因素分析。对人均碳排放量、碳强度

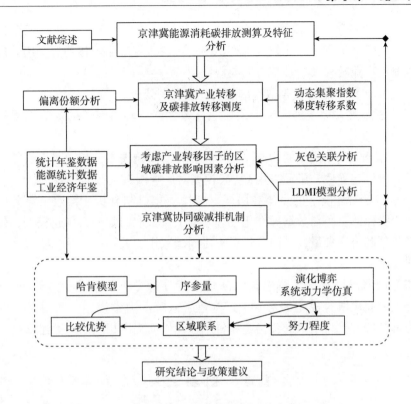

图 1 - 1 京津冀产业转移及协同碳减排机制分析框架

影响因素进行灰色关联分析；对京津冀物流业碳排放差异及影响因素进行分析。

第三部分：第 6 章为京津冀协同碳减排机制分析。政府低碳策略选择演化博弈分析，构建京津冀协同碳减排评价指标体系，依据哈肯模型条件确定序参量，进而分析影响协同碳减排的关键变量及分阶段演化机理及协同度水平。根据地方政府间二氧化碳减排控制博弈问题描述，设定参数，构建动态演化博弈模型，基于上述收益矩阵，构建本地政府与外部政府协同碳减排的演化博弈系统动力学模型，进行仿真分析。

第四部分：第 7 章为结论与建议。从加强顶层设计、培育绿色发展新动能、提高协同碳减排努力程度、完善利益共享成本分担机制、碳交易市场机制，协同创新机制、激励约束机制等方面促进京津冀协同减排，绿色可持续发展。

1.3.3 研究方法

（1）数理统计分析方法：《中国能源统计年鉴》《中国工业经济年鉴》中相关数据对京津冀能源消费量、碳排放量进行分析。

（2）产业转移及碳转移定量测度：其中动态转移系数、产业梯度系数＝区位商×比较劳动生产率×比较资本产出率来定性测度产业转移趋势，用偏离份额法定量测度产业转移及碳转移方向与规模。

（3）京津冀产业转移典型与重点调查的案例分析。

（4）京津冀人均碳排放量、碳强度与包含产业转移因子的影响因素的灰色关联分析。

（5）基于 LDMI 模型的物流业碳排放差异及影响因素分析：采取极差与标准差指标来分析差异性，进而采用 LDMI 模型对影响因素进行分析。

（6）基于哈肯模型的京津冀协同碳减排演化机制分析：构建京津冀协同碳减排评价指标体系，在数据标准化处理基础上，采取回归分析构建模型，依据哈肯模型条件确定序参量，进而分析影响协同碳减排的关键变量及分阶段演化机理及协同度水平。

（7）政府协同减排策略选择的演化博弈分析方法及系统动力学仿真分析：在参与主体演化博弈模型的基础上，构建了系统动力学模型。利用 Vensim PLE 软件仿真模拟，提高结果的明确性和科学性，进而提出相应的政策建议。

1.4　创新之处

1.4.1　研究角度及思路

京津冀协同发展上升为国家战略、"有序疏解北京非首都功能"、产业转移会给京津冀地区能源消费、碳排放的时空格局带来哪些变化，产生什么影响，如何统筹考虑京津冀碳排放的空间变化特征及动态影响因素，创新协同减排机制，实现区域绿色高质量发展凸显出本书研究视角的独特性。

在理论上以碳排放理论、协同发展理论等理论为依据，构建了产业转移视角下京津冀协同碳减排分析框架；构建京津冀协同碳减排评价指标，对京津冀协同碳减排的驱动因素、演化机理及动态仿真分析，有助于从理论上加强对区域协同碳减排机制的阐释，在一定程度上弥补了该领域学术研究的不足；在此基础上，提出促进京津冀协同碳减排、绿色可持续发展的政策建议，为实现京津冀区域绿色高质量发展提供了理论依据和实现路径。

1.4.2　研究内容与方法

（1）基于产业动态转移系数、梯度转移系数及偏离份额法，对京津冀产业转移及碳排放转移从终端能源消费总量、三次产业、工业内部分行业进行定量化测度，分析其转移方向、规模与特征，拓宽了现有研究的角度和深度。

（2）对京津冀产业转移及人均碳排放量、碳强度进行灰色关联分析，揭示产业转移与碳排放互动关联性。依据 LDMI 模型揭示三地之间物流碳排放水平差异的影响因素。

（3）构建协同碳减排评价体系，基于哈肯模型对京津冀协同碳减排驱动因素及演化机理进行定量化分析，揭示分阶段特别是京津冀协同发展纲要颁布后影响协同碳减排的关键变量及协同程度；弥补了相关机制研究偏定性描述的不足。

（4）对政府协同碳减排策略选择进行演化博弈分析及系统动力学仿真分析，揭示建立协同碳减排机制的实现条件，提出的政策建议更有依据和针对性。

1.5 本章小结

本章阐明了本书的选题背景与研究意义，梳理和总结了国内外研究现状，对本书研究内容与主要研究方法进行了简要介绍，并说明了主要创新点。

第2章 相关理论与方法

2.1 碳排放相关理论

2.1.1 碳排放与低碳经济含义

2.1.1.1 碳排放

对于人类来说，碳是一种很常见的化学元素，通常以多种形式广泛地存在于地壳、大气和各类生物体之中。如表2-1所示，二氧化碳是其主要的存在形式之一。根据1997年通过的《京都议定书》中附件A所强调的内容，二氧化碳、甲烷、氧化亚氮、氢氟碳化物、全氟化碳、六氟化硫6种主要温室气体被认为是造成全球气候变暖的重要原因，其中二氧化碳所占比重最高达60%。

表2-1 人类活动产生的主要温室气体   单位:%，年

气体种类	在温室气体中所占比重	在大气中保存时间
二氧化碳（CO_2）	63	120
甲烷（CH_4）	15	12
氢氟碳化物（HFCs） 全氟化碳（PFCs）	11	260 50000
六氟化硫（SF_6）	7	3200
氧化亚氮（N_2O）	4	114

资料来源：温室气体的种类与特征，2006。

空气中的二氧化碳主要是通过自然活动和人类活动两种方式排放出来的。自然活动方式是通过碳元素在自然界中的流动循环，植物在光合作用下从环境中吸收二氧化碳来储存生物质能，一些生物质能通过动物的捕食而转移，动物在新陈代谢过程中再将二氧化碳呼出；人类活动方式是人类在生产和生活过程中对一些

含碳物质的消费和使用，尤其是工业化以来对诸如煤、石油、天然气等化石能源的大量消费与使用。正是人类长期的生产和生活活动导致以二氧化碳为主的温室气体的过量排放从而带来了全球气候变暖问题。由于二氧化碳本身不易通过化学作用进行消除，因此，最为可行的方法就是尽可能控制二氧化碳排放量从而缓解全球气候变暖。

碳排放是指温室气体（以二氧化碳为主）的排放，其排放的主体既可以是某个生物体或者某个群体，也可以是某类或某些物质的被消费和使用过程。碳排放根据其来源不同可以划分为两类：可再生和不可再生碳排放。其中，可再生碳排放既包括各种生物体正常的新陈代谢活动所产生的碳排放，也包括消费和使用可再生能源所产生的碳排放，这种碳排放属于正常的碳循环，它一般使大气中的温室气体所占比例总是处于平衡状态；不可再生碳排放则是指诸如化石能源及其衍生物等不可再生能源的消费和使用过程中所产生的碳排放，它使得那些已经脱离正常碳循环过程而长期以来一直埋存于地下的碳元素重新释放出来，在短期内迅速破坏了原有的碳循环平衡状态，导致温室气体在大气中所占比例急剧增加，产生"温室效应"，对环境造成恶劣影响。因此，学者们在研究碳排放时往往把重点放在对不可再生碳排放的研究上。

2.1.1.2　低碳经济

2003 年，英国政府最先意识到了能源安全和气候变化的威胁，并作出了一系列的低碳发展应对策略。此后，随着全球能源消费热潮的兴起，温室效应与环境污染现象变得越发严重，面对这些环境问题，各个国家的环保意识和低碳经济发展理念不断提升，进而使低碳经济的理论逐步得到完善。低碳经济的含义是，在保持社会经济、生态资源以及可持续发展的前提下，通过改变能源利用方式、制度创新和技术创新等手段，最终实现节能减排，进而促进资源节约型、环境友好型社会的发展。

如图 2 – 1 所示，低碳经济目标是为了实现国家地区的可持续发展，创建一个节约型、环境友好型社会。通过具体做法包括：①低碳能源。②低碳产业。③低碳城市。④低碳交通运输。⑤低碳物流。⑥低碳企业。⑦低碳家居与建筑。⑧低碳技术。⑨低碳商品市场。⑩低碳服务市场等能源供应、能源消费、能源传输与储存等低碳经济手段，依靠技术创新与制度创新实现目标。

2.1.2　碳排放核算与控制方法

所谓碳减排，就是指减少这类碳氧化物以及其他污染物的排放，我们可以通过碳减排来提升生活环境的质量，实现经济发展与生态环境协调发展。就目前国际形势下，高碳排导致碳平衡严重失调诱发了全球的温室效应，对人类的生存环

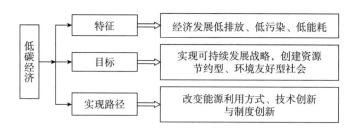

图 2 - 1 低碳经济的目标与实现途径

境带来了严峻的考验。由此可见，碳排放理论是涉及我们生存环境的重要理论。

根据目前的科学技术，碳排放量是无法直接获取的，很多研究者所用的碳排放量数据也是运用各种各样的方法进行计算所得。现本书将三种计算碳排放的方法罗列如下。

第一种，Logistic 模型计算法。根据前人的测算，能源消费产生碳排放量的速度随着时间的延续呈现出"S"形曲线，即随着时间的推移，碳排放速率先上升，后下降。由此可见，碳排放强度与时间有一定的关联性。基于此，在计算碳排放量时，可以选择两个变量，分别为排放量 y（t）和时间 t，并对该变量作 S 形拟合曲线。

第二种，ORNL 计算法。1990 年，美国橡胶岭国家实验室提出了该方法，并用该方法对化石燃料燃烧产生的二氧化碳量进行计算。

燃烧煤炭的排放量：消耗煤量 ×0.982 ×0.733；

燃烧石油的排放量：转化标准煤后消耗量 ×0.982 ×0.733 ×0.813；

燃烧天然气的排放量：转化标准煤后消耗量 ×0.982 ×0.733 ×0.561。

第三种，IPCC 法。美国能源情报署（EIA）等一些国际能源机构就是基于此方法进行碳排放量计算的。

在上述三种碳排放量计算方法中，第一种采用曲线拟合度进行计算，而拟合过程中具有很大不准确性。第二种计算方法的产生距离现在时间较长，一些测算方法和精度检验模式已经改变，不适合继续应用。研究京津冀碳排放采用第三种计算方法，计算如下：

$$C_t = \sum_{t=1}^{n} E_i T_i F_i \tag{2-1}$$

其中，C_t 为第 t 年的碳排放量（万吨）；E_i 为第 t 年第 i 类能源的实际消费量（万吨）；T_i 为第 i 类能源折算成标准煤的系数；F_i 为第 i 类能源对应的碳排放系数；n 为能源种类数。

在对碳排放进行分析时还应注意一点，就是碳排放与二氧化碳排放的区别。

其实两者具有相同的本质，然而在具体数量上存在着较大差别，二氧化碳的分子量是44，碳的分子量是12，因此碳排放量数据乘以系数（44/12）就可以得到二氧化碳排放量数据。

2.1.3　碳排放控制—强度控制与总量控制

强度控制是相对指标，而总量控制是绝对指标。碳强度控制目标是向总量控制目标的过渡阶段，给予经济充分调整的时间，总量控制是未来发展趋势。碳强度控制并不一定会使碳排放总量降低，当经济增长快于碳排放总量增长时，即使碳强度是降低的，碳排放总量仍然是上升的，也就是说碳强度控制并不能从根本上减少碳排放，仅是在保证经济增长下的一种折中方案，而碳总量控制方法的出发点就是碳减排，它才能真正实现碳排放总量的减少。但是由于引起碳排放的原因是化石能源的大量使用，而化石能源作为占比最高、获取成本最低廉的能源，在世界各国的能源消费结构中都占有很高的比率，随着经济社会的进步，化石能源的使用会进一步增加，这也会造成碳排放总量的上升。可见碳排放总量控制和经济快速增长的目标之间，存在一定矛盾。任何国家都不会愿意以牺牲经济增长来减少碳排放，所以碳排放总量控制的目标实施起来更艰难。而碳强度控制目标允许碳排放总量随经济增长而上升，但是需要通过技术进步和能源使用效率的提高来使碳排放总量上升的速度逐步缓和，这种方式给予了国家更多的发展空间，容易被大家所接受。

2.1.4　碳中和

碳中和是指实现净碳足迹为零，增加的温室气体量与减少的量相等。即"净零碳"，按照维基百科的定义，碳中和是指通过平衡二氧化碳排放与碳去除，通常是通过碳补偿或简单地完全取消二氧化碳排放（向"后碳经济"过渡），来实现二氧化碳净零排放。

2.2　产业转移相关理论

2.2.1　产业转移内涵及分类

随着要素供给、环境规制及市场需求等因素的变化，引起某一区域内的产业进行转移的经济行为过程就是区域产业转移，其实质是在空间上对现有生产能力的重新布局。区域内各地区间的相互直接投资、产业空间布局变化、产业集聚与扩散等方式都是产业转移的具体表现。

从产业转移的内在机理和操作原理来看，产业转移主要分为政府主导型和市场驱动型。政府主导型是指为了平衡区域间的发展以解决比较明显的经济极化效应，政府采取一些措施来适时引导产业转移的行为。市场驱动型认为，企业为了某种目的，通过权衡生产要素的价格以及所处市场环境等方面的因素，来灵活地发生产业转移。这种目的可能是扩大产业规模，也可能是节约成本。从产业转移的内容来看，可将其分为局部转移和整体转移。局部转移是指产业转移现象只针对产业链中的一部分，产生这种现象的原因可能是因为生产成本和市场结构调整。整体转移是指产业的全部产业链在不同区域之间的转移，由于该产业在原有地区没有发展空间，或者有更适合其发展和扩张的区域，便于其提升竞争力。产业转移一般始于局部转移。

产业转移有地区差异之分，一种是发生在区域之间的产业转移，称为区域产业转移；另一种是发生在不同国家之间的产业转移，称为国际产业转移。

2.2.2 基于产业发展视角的产业转移理论

2.2.2.1 产品生命周期理论

产品生命周期理论是由美国经济学家弗农针对发达国家和地区产业发展和转移而提出的，它能够反映发达国家和地区产业发展和转移的一般规律。在研究过程中，他将产品的生命周期分为创新、成熟和标准化三个阶段。在创新阶段，技术与高收入人群市场使得本土成为研发首选地。当产品进入成熟阶段，影响生产的主要因素是管理和资本，因此，拥有现代经营管理技术和发达金融市场的欧洲发达国家就会成为美国企业作为其对外直接投资和产业转移的主要对象。而进入标准化阶段以后，生产技术的普及导致跨国公司将对外直接投资和产业转移转向了具有低成本劳动优势的发展中国家。而随着产品从新产品向成熟及标准化产品的转换，产品的特性也发生了很大的转变，开始由知识技术密集型向资本和劳动密集型转化。

2.2.2.2 "雁行发展模式"理论

"雁行发展模式"理论是日本学者赤松要提出来的，它主要研究开放经济下的产业发展情况。赤松要选择了日本纺织业作为研究对象，"进口—国内生产—出口"是日本在明治维新以后产业发展的主要路径。因其路径形似展翅飞翔的大雁，故得名"雁行模式"。表明处于开放经济条件下后发工业国的发展历程，其发展一般都经历了先进口再出口、先弱后强的过程。这也表明了后发工业国利用发达国家的产业转移来发展自己的产业，从而快速实现工业化，之后转而对相对弱势的国家转出其弱势产业的梯度转移轨迹。"雁行模式"理论主要是作为后发国家的追赶战略产生过重要作用，尤其是在 20 世纪七八十年代，对日本经济的崛起和发展起到了至关重要的作用。

产品生命周期理论是对发达国家对外投资和产业转移一般规律的经验总结，而"雁行模式"是对后发工业国从产业承接到产业再转移过程的描述。

2.2.2.3　边际产业转移理论

日本著名学者小岛清于 20 世纪 60 年代末对本国的对外直接投资和产业转移进行了深入研究，在此基础上提出了边际产业转移理论。边际产业转移理论认为产业转移往往是从一国或地区内不再具有比较优势的产业开始的。这里所说的边际产业具有双重含义，即对于产业转出地来讲该产业位于比较优势的末端，而对于转入地来讲该产业则具有较高的比较优势。同种产业在不同地区间的比较优势差异是边际产业转移的现实基础。小岛清以比较优势理论为基础，首次站在产业的角度提出了边际产业转移理论，为接下来的产业转移研究开辟了新的思路。由于各地区间的劳动力供给、土地价格、技术水平等经济要素存在差异，不同地区生产同一产业的企业则具有不同的生产函数，那么就可以对各经济要素重新进行空间布局和组合，发挥各自的比较优势以实现利益最大化。

2.2.3　基于区域分工视角的产业转移理论

从区域分工角度来研究区域产业转移理论，是对产业转移理论的补充。区域产业转移又可分为区际产业转移和区内产业转移两种类型。

2.2.3.1　区域产业梯度转移理论

区域产业梯度转移是指某一特定区域内处于较高产业梯度的地区逐渐将自身失去比较优势的产业向具有该产业比较优势的低梯度区进行转移，对生产力重新布局实现最优配置。

区域产业梯度转移理论认为，通常情况下区域内各地区间的经济发展水平都是非均衡的，客观上存在着某种产业梯度差异，这种梯度间差异创造了产业和技术转移的动力。区域内各地区的产业比较优势会随着经济发展水平的变化而变化，所以区域内的生产力以及生产要素也会重新进行空间布局和组合。从提出到现在的五六十年中，梯度理论先后实现了静态梯度转移理论、动态梯度转移理论、反梯度转移理论和广义梯度转移理论四个阶段。

目前，我国的区域经济发展很平衡，产业转移呈现明显的梯度特征，主要表现为发达地区通过产业结构调整和优化逐渐将一些资源密集型、劳动力密集型等污染排放强度较高的产业转移到欠发达地区。

2.2.3.2　"核心—外围"理论

该理论认为经济的发展在不同的区域有所不同，经济的发展不会同时发生在所有区域，而是会形成一个在工业发达程度和技术先进水平方面都存在较大优势的中心，经济发展比较落后的外围区域被分为资源前沿区域和过渡区域，因含有丰富的待开发资源，资源前沿区域对区域经济的发展具有极大的潜在价值。

"核心—外围"结构模式是一个封闭的系统，发展程度由内而外依次递减。一方面，外围区为核心区提供了发展经济所需的大量的生产要素；另一方面，核心区创新发展、成熟会逐渐向外部扩散，然后被外围区所利用，从而促进外围区的经济和社会文化的发展。通过这样一个发展过程，所有区域的经济都得到发展。"核心—外围"理论反映了区域发展的空间不平衡及其动态演化过程。

2.2.3.3 新经济地理理论

从 20 世纪 90 年代以来，主流经济学开始关注空间作用以及空间外部性。保罗·克鲁格曼等开创了新经济地理理论，将运输成本纳入了理论分析框架中。新经济地理理论主要有以下三个观点：一是规模报酬递增；二是空间聚集的区位理论；三是路径依赖。新经济地理理论指出区域经济不会自动向最优化发展，而是具有很强的路径依赖。空间集聚、不完全竞争、外部经济以及规模报酬递增等概念诠释区域（或者国家）经济发展的竞争优势，并利用萨缪尔森的"冰山"原理、博弈论以及计算机技术等分析工具，通过数学模型加以表达，在规模报酬递增和不完全竞争的分析框架下，区位理论得到新的发展。

2.3　协同发展理论

2.3.1　协同学理论

协同学的理论是建立在对激光理论进行抽象的基础上，由哈肯学派再次普遍化后发展成为一门新的学科。20 世纪 70 年代，赫尔曼·哈肯发表其代表作《协同学》，20 世纪 80 年代又发表《高等协同写》，这些专著为协同学的理论体系奠定了基础。后来经过赫尔曼·哈肯对协同理论的深入研究和深入分析，协同论得到了系统的论述。同时他发现，在社会的各个领域或各个层次，协同现象是普遍存在的。

协同理论的主要内容包括三个方面：

第一，协同效应，是指复杂开放系统中大量子系统发生协同作用而导致了整体效应的最大化，即"1 + 1 + 1 > 3"。任何复杂系统，当在外来能量或环境变化的作用下，使得物质变化的聚集状态达到某种临界值时，即量变达到质变的关键点的时候，这时子系统为了适应新的能量变化和环境变化就会主动产生协同作用，从而使得系统从无序逐渐变得有序，从不稳定结构逐渐过渡为稳定结构，通过协同使得系统效应实现最大化。

第二，役使原理，即事物变迁存在快变量和慢变量，快变量很容易就能实现目标，但慢变量自身变化慢、所用时间长，所以一个事物变化能不能宣告完成不是取决于快变量，而是取决于那个变化最慢的变量，如京津冀协同发展中的三个重点领域，即交通、产业和生态，其中，交通是个快变量，一体化的交通体系很快就能建设完成，而生态修复取决于森林树木的生长速度，无法揠苗助长，有其自身的发展规律，是典型的慢变量。而产业是介于交通和生态之间，交通是政府主导，只要政府下定决心，投入资金很快就能完成；生态是自然主导，须遵守自然的本质规律；而产业是市场主导，是企业和个人的自发行为，政府可以引导，但不能强求，所以产业变量是介于快变量（交通）和慢变量（生态）之间的中间变量，因此，京津冀协同发展能不能达到目标最终取决于生态环境的改善。

第三，自组织原理，自组织是指系统在没有外部能量流、信息流和物质流注入的条件下，其系统内各子系统间会按照某种规则自动形成一定的结构或功能，具有内在性和自生性特点。当外界条件发展变化的情况下，系统会主动适应这种变化，引发子系统间新的协同，从而形成新的时间、空间或功能有序结构。

该理论的核心是自组织理论。协同作用的含义在于，所有系统的结构、特征和行为都不是其子系统结构、特征和行为的简单或机械的总和，"协同"作用使得子系统或要素从无序向有序转化，完成协同一致的动作，形成一定的有序结构或某种有组织性的功能。子区域系统内以及子系统间的运行状态决定了区域经济协同发展的整体效益，系统序参量及参量间的相互作用机制又决定了子系统协同演变的路径。该过程并非要求所有的参与要素或者各子系统在运行时保持高度的统一性。其最终目的在于，在各要素或各子系统中既存在差异性，也存在协同性，并在缩小差异性的同时，将整体系统的运行效率大幅度提升。而所有子系统或各要素的差异最终转变为提升系统整体目标的动力，实现系统从无序到有序、从低级至高级的转变。

2.3.2 区域协同发展机理

区域协同发展是一项涵盖经济、社会、资源环境等多方面的复杂工程，涉及产业、市场、人口、资源、生态环境等多个要素，这些要素根据一定的组织形式分工合作、相互配合，实现区域资源的最优配置和经济社会效益的最大化。在区域协同发展过程中，随时进行物质、能量与信息的相互交换与传递，符合开放性、远离平衡、有涨落存在、有非线性因素的自组织特征。

区域协同发展的产生及过程分为两个阶段，即自适应阶段和自探索阶段。在自适应阶段，系统的运行特点表现为：当内外部环境变化不大时，系统只需进行行为和结构的微调即可适应环境的变化；当内外部环境变化较大时，微调无法适应环境变化，系统需要在要素和结构方面做出重大调整才能适应环境的变化。无论是微调还是重大调整，系统以适应环境变化为主，很少通过自身力量改变环境。由于外部环境发生变化（如党中央的高度重视）和自身的发展需求（如雾霾围城、人口超载、交通拥堵等），区域协同发展系统为实现向更高层次的发展，就要适应外部环境及自身需求的变化。

信息传导激发协同发展动力，组织协调和利益保障维护和延续发展动力在区域协同发展的过程中，为及时了解环境的变化情况，就需要对内外部信息进行有效的监控，整合有利于协同发展的信息，剔除阻碍协同发展活动的信息，使区域发展主体能够做出更加有利于协同发展的决策。这个过程实质上就是信息的传导过程，对信息传导的有效控制是激发协同发展动力的重要变量。在信息传导过程中起重要作用的是信息中心，信息中心通过收集整合各类信息，产生了区域发展主体需协同发展的信息，将协同发展信息传递给区域发展主体（北京、河北、天津三地政府）。动力被激发，启动协同发展活动之后，系统需要对协同发展的所有环节进行全面的统筹协调，包括协同发展过程中一系列对人、事、物的规划和安排，即进行组织协调。在区域协同发展过程中，能够充分发挥组织协调作用的主体往往是政府设立的相关机构和部门，这些机构部门通过制定各项发展规划和各类政策统筹规范区域发展主体的行为，发挥组织协调作用。协同发展主体在上级政府的政策、压力和追求自身利益最大化的情况下，从全局来看，系统内各主体以利益为纽带联系在一起，各子系统协同发展的目标也是追求利益最大化。只有当各利益主体都实现了自身的利益追求时，协同价值这一序参量才能够发挥支配作用。因此，系统需要具备一定的利益保障功能，以维持协同的良性循环。在各主体都能达到利益最大化的情况下，各协同主体就会深刻意识到协同的必要性，因此也就积极地参与到协同发展过程中。在此背景下，市场主体（企业）也看到了协同发展可能带来的机遇，也想把握这种发展机遇，在利益机制的激励下，也积极投身到协同发展的潮流中。形成和强化行之有效的体制机制是区域协同发展的关键。

在自探索阶段，由于各协同主体都充分认识到协同发展的必要性，协同动力被激发，所以他们开始尝试用各种方法、各种手段来实现协同，在这些方法和手段中，有些方法和手段是行之有效的，而有些方法和手段由于各种原因可行性较差，通过这种不断的试错行为，各主体开始归纳总结好的方法和好的途径，最后在协同的手段和方法上达成了共识，不需要别的主体提醒，各主体就会自觉地遵守这些已经达成的共识和采用行之有效的手段，即不需要在外力干预的条件下，就能自觉完成，也就是我们所说的自适应。

综上所述，分析京津冀区域协同发展需要运行动力机制（内外部环境产生的压力）、信息传递机制（信息采集和信息反馈）、组织协调机制（顶层设计和组织机构）和利益保障机制（通过利益分配，实现利益最大化）。

2.4　演化博弈理论

2.4.1　演化博弈假设

博弈理论的相关研究起源于 20 世纪，1944 年，约翰·冯·诺伊曼和奥斯卡·摩根斯坦所著的《博弈论和经济行为》一书中提出了相关概念，纳什于 1950 年提出了被后世称为"纳什均衡"的概念：如果两个博弈的当事人的策略组合分别构成各自的支配性策略，那么这个策略组合就被定义为"纳什平衡"，成功将博弈论的分析情景从以往的零和博弈推广到了更广阔的非零和博弈，极大地丰富了博弈理论的运用情景。由于传统博弈论"完全理性"的假设，在现实中难以满足这种假设，限制了传统博弈论研究成果的现实意义。因此，"有限理性"假设成为了学者们研究的新思路，演化博弈理论的产生正是基于"有限理性"假设，该理论的出现极大地丰富了学者们对社会经济学问题的分析、解释和预测方法，有力地促进了博弈论的发展。

演化博弈理论研究的起源被广泛地认为与生物进化论紧密相关，基于人与动物都有的一种行为模式，当面临复杂的问题时，人类理性往往难以快速判断出最有利于自身的策略选择，会出于直觉选择一个策略同时观察并记住身边同伴的选择与得失，最终所有的人都会通过模仿较优策略的方式，选择一个较为稳定而且对自身较好的策略。

2.4.2　演化博弈策略

演化博弈策略是应用在演化博弈方法中最根本的均衡概念，演化稳定策略的基本假定：①博弈方是从数目众多的参与主体中随机选择的。②外部环境中的各种因素影响博弈方间的互动方式。③每个博弈方是非"完全理性"，其对认识有局限性，而且也不是"完全非理性"，他们会通过总结反思得出经验来指导自己下一次的行动，下一次的行动又会形成经验指导接下来的行动，如此反复推进自己的目标达成。

演化稳定策略的符号语言对于非常小的正数 ε，所有的 $\sigma \neq \sigma^*$，满足：

$$\mu[\sigma^*, (1-\varepsilon)\sigma^* + \delta\sigma] > \mu[\sigma, (1-\delta)\sigma^* + \varepsilon\sigma] \qquad (2-2)$$

公式（2-2）说明 ESS 表示当一个种群受到外来入侵时经过一系列变化后最终达到的均衡形态，如果"主导策略"σ^*被部分（$\varepsilon\%$）"变异策略"σ侵扰时，主导策略 σ^* 远好于 σ，ESS 即为演化稳定策略，其中，μ（a，a）即博弈双方策略为（a，a）时的收益。

2.4.3 演化稳定策略的计算方法

根据 Friedman 研究的 Jacobi 矩阵的方法，可以用雅克比矩阵的局部稳定性解释演化博弈中参与主体之间的均衡点的稳定性。通过比较雅克比矩阵特征值的正负，进而确定系统的稳定点（ESS）、不稳定点以及鞍点。

2.4.4 复制动态方程

ESS 并没有反映明显的动态关系，但由生物学的演化特点引入了"复制动态"的概念。Taylor 和 Jonker 最早提出了复制动态方程的概念，其基本原理是：某时点上，某种群中各个不同的群体准备各自采取某策略进行博弈，每个群体都是有限理性的，可以动态地调整自己的策略选择，而且会优先采用收益高于平均水平的策略，那么群体使用这种策略的种群比例会发生变化。演化博弈策略选择动态的符号语言表述为：

$$d\theta_i(t)/dt = \theta_i(t) \cdot [\mu_t(S_i) - \overline{\mu}] \qquad (2-3)$$

在 t 时刻群体中采取策略 i 的比例各博弈方仅表示某一同类群体，在一个较长的时期内采用纯策略 S_i，采用某种策略的群体比例 θ_i 的增长率 $d\theta_i$（t）/dt 是采用该策略收益的 μ_t（S_i）与群体的平均收益 $\overline{\mu}$ 差的严格增函数。

2.5　本章小结

本章对低碳经济、碳排放相关理论与方法、产业转移相关理论、协同发展理论、演化博弈理论等进行了归纳总结。

第3章 京津冀地区能源消费及碳排放特征分析

3.1 京津冀经济发展状况

3.1.1 京津冀概括

3.1.1.1 区位特征

京津冀地区是以北京市为中心，由天津市与河北省内十一个地级市（保定、廊坊、唐山、石家庄、沧州、张家口、承德、秦皇岛、邯郸、邢台、衡水）环抱而成的"首都经济圈"。其行政面积为21.5万平方公里，地理位置东临渤海，西靠太行，南面平原，北倚燕山，从西北向的山脉逐步向东南过渡为平原。虽然呈现出西北高而东南低的特点，但区域内以平原为主，海河流域以扇形铺展，加上东临亚洲重要港口渤海湾，使得京津冀地区成为了中国最重要的经济中心之一。从京津冀地区的经济区位来看，京津冀地区位于我国北方经济的重要核心区和首都的经济圈辐射范围内，是我国重要的高新技术和工业基地，形成了汽车工业、电子工业、机械工业、钢铁工业等支柱产业。

3.1.1.2 京津冀功能区划

受自然、地理、人文、历史、制度环境等因素的影响，京津冀地区经济发展水平不同，产业结构也存在差异。了解三地的经济发展情况，是研究区域协同发展下京津冀产业转移动因的基础。

2015年，京津冀协同发展规划明确了总体功能定位以及三地各自定位，京津冀整体定位是"以首都为核心的世界城市群、区域整体协同发展个该引领区、全国创新驱动经济增长新引擎、生态修复环境改善示范区"。北京功能定位是"全国政治中心、文化中心、国际交往中心、科技创新中心"；天津定位是"全国先进制造研发基地、北京国际航运核心区、金融创新运营示范区、改革开放先行区"；河北定位是"全国现代商贸物流重要基地、产业转型升级试验区、新型城镇化与城乡统筹示范区、京津冀生态环境支撑区"。进一步形成了"一核、双城、三轴、四区、多节点"的空间格局,如图3-1所示。

图3-1　京津冀协同发展空间布局

"一核"是指北京。把有序疏解北京非首都功能、优化提升首都核心功能、解决北京"大城市病"问题作为京津冀协同发展的首要任务。

"双城"是指北京、天津,这是京津冀协同发展的主要引擎,要进一步强化京津联动,全方位拓展合作广度和深度,加快实现同城化发展,共同发挥高端引领和辐射带动作用。

"三轴"指的是京津、京保石、京唐秦三个产业发展带和城镇聚集轴,这是支撑京津冀协同发展的主体框架。

"四区"分别是中部核心功能区、东部滨海发展区、南部功能拓展区和西北部生态涵养区。

"多节点"包括石家庄、唐山、保定、邯郸等区域性中心城市和张家口、承德、廊坊、秦皇岛、沧州、邢台、衡水等节点城市，重点是提高其城市综合承载能力和服务能力，有序推动产业和人口聚集。同时，立足于三省市比较优势和现有基础，加快形成定位清晰、分工合理、功能完善、生态宜居的现代城镇体系，走出一条绿色低碳智能的新型城镇化道路。

四大功能区，每个功能区都有明确的空间范围和发展重点。中部核心功能区（北京、天津、保定、廊坊），重点提升非首都功能承载能力，稳步推进雄安新区建设，发挥大型国际机场引领作用，打造功能互补、协调联动、创新能力强、协同发展的核心区域。东部滨海发展区（秦皇岛、唐山、沧州），重点发展沿海经济。5 年来，沧州积极承接京津产业转移，北京现代沧州工厂已经成为协同发展的典型案例，沧州 2018 年第二产业用电量相较于 2013 年增加了 41%。南部功能拓展区（石家庄、邯郸、邢台、衡水市），强化先进制造业发展、科技成果转化、高新技术发展和农副产品供给。西北生态涵养区（张家口、承德），打造京津冀生态安全屏障和国家生态文明先行示范区，其中，张家口和承德第三产业用电量 2018 年比 2013 年增长了一倍左右，相比其他地区明显偏高，张家口作为 2022 年冬奥会举办地，发展旅游业及相关配套行业，带来了第三产业用电量的明显增长。

3.1.2　京津冀地区人口及经济发展状况

本节数据来源于《中国统计年鉴 2001 - 2019》《北京统计年鉴 2019》《天津统计年鉴 2019》《河北经济年鉴 2018》和国家统计局官网。

3.1.2.1　人口规模

京津冀总人口由 2000 年的 9039 万人，上升到 2018 年的 1.127 亿人，如图 3 - 2、图 3 - 3 所示，2000～2018 年，京津冀常住人口约占同期全国人口的 7%～8%，2014 年后维持在 8.1%；作为两大直辖市，北京 2005 年城镇人口占比已达 83.62%，2015 年至今稳定在 86.5%，天津由 2005 年的 75.11% 上升到 2018 年的 83.15%，而河北省城镇人口比重虽然由 37.69% 提高到 56.43%，但仍然低于同期全国水平。京津冀总体城镇人口占全国的 9%。

如图 3 - 4 所示，京津冀人口密度维持在 500 人/平方公里，远高于 144 人/平方公里的全国平均水平，特别是自 2005 年以来，北京和天津的人口密度呈现逐年上升趋势，2015 年后人口密度达到 1320 人/平方公里，是同期全国水平的 9 倍，反映了人力资源向京津流动加快，环境承载力巨大。而河北一直维持在全国 2.7～2.8 倍的水平。

3.1.2.2　经济发展现状

如图 3 - 5 所示，京津冀名义 GDP 占全国比例由 2000 年的 9.93% 上升到 2005

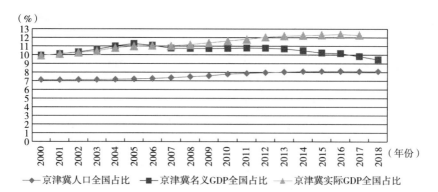

图 3-2　京津冀人口及 GDP 全国占比

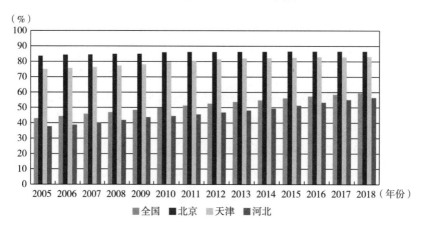

图 3-3　2005~2018 年全国及京津冀地区年末城镇人口比重

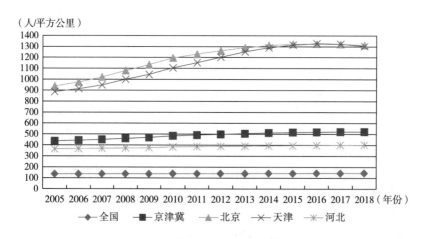

图 3-4　京津冀人口密度

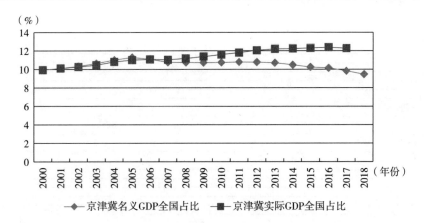

图 3-5　京津冀 GDP 全国占比

年的 11.28% 之后呈现下降趋势；而以 2000 年为基期，测算的实际 GDP 占比则呈现上升趋势，达到了 10%～12.38%。如图 3-6 所示，2001～2017 年，京津冀 GDP 增速维持和全国一样的变动走势，2001～2007 年，经历了两位数高速增长以及 2008 年经济波动后，于 2012 年增速放缓，由高速逐渐转为中高速，步入经济"新常态"。2001～2016 年，京津冀增速高于全国增速，但 2017 年增速低于 6%，出现了低于全国的情况。原因在于 2017 年天津 GDP 增速出现了明显下降，只有 3.59%，远远低于同期 6.76% 的全国增速，北京和河北略低于全国水平（见图 3-7）。

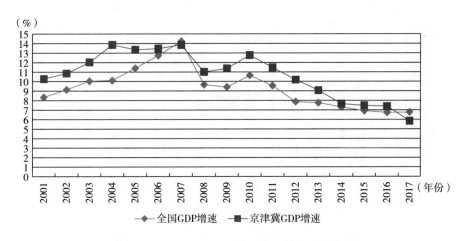

图 3-6　2001～2017 年全国及京津冀 GDP 增速变动

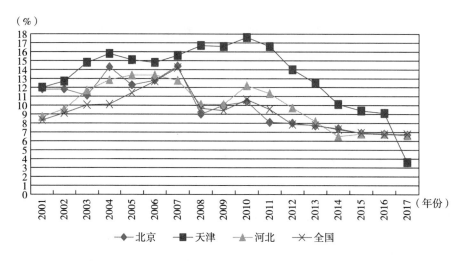

图 3-7   2001~2017 年京津冀三地 GDP 增速变动图

为进一步衡量京津冀经济发展水平差异，需要考虑人均 GDP 指标。如图 3-8 所示，2000~2018 年，京、津地区名义人均 GDP 相近，远远高于同期全国及河北省人均 GDP，北京人均 GDP 是河北同期人均 GDP 的 3 倍左右，天津人均 GDP 是河北同期人均 GDP 的 2.5 倍左右；河北人均 GDP 与全国人均 GDP 相当，但 2013 年后，出现了低于全国水平，并且有扩大趋势。

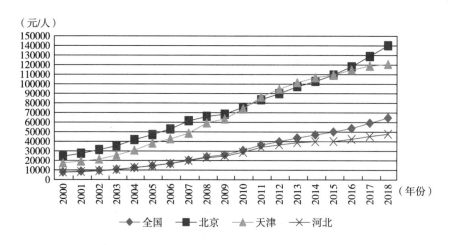

图 3-8   2000~2018 年全国及京津冀人均 GDP

3.2　京津冀地区产业结构分析

3.2.1　京津冀三次产业增加值变动分析

如图 3 - 9 所示，京津冀地区第三产业增加值一直呈现较快上升趋势，且高于第一产业、第二产业增加值，第二产业呈现上升趋势，2017 年达到峰值，2018 年呈明显下降趋势。

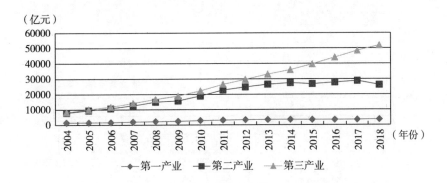

图 3 - 9　2004 ~ 2018 年京津冀三次产业增加值变动趋势

如图 3 - 10、图 3 - 11、图 3 - 12 所示，北京、天津、河北三地区 2004 ~ 2018 年的三次产业增加值变化趋势可以发现，北京第三产业增加值一直保持较高的增长水平，2004 ~ 2018 年，从 2004 年年增加值 4211.9 亿元上涨到 2018 年年增加值 27508.1 亿元，并保持继续上涨的趋势；而第二产业由 2004 年的 1867.7 亿元上涨至 2018 年的 5477.3 亿元，增长速度较为缓慢；北京已经形成以生产性服务业为主导的服务经济，特别是以信息技术、金融业为代表的新兴产业，逐渐成了北京市的支柱产业。

天津一直以来是北方工业基地，形成以电子信息、石化、汽车、冶金、生物医药、船舶制造等为支柱的产业体系。第三产业增加值起点较低，2004 年为 1328.05 亿元，但天津放弃以地产产业为主导的发展模式，大力发展第三产业，每年都保持上升的趋势，到 2018 年已上升至 11027.12 亿元；并且 2014 年之后超过了第一产业、第二产业增加值；第二产业由 2004 年的 1708.02 亿元达到 2014 年的峰值 7933 亿元，2015 年呈现下降态势。

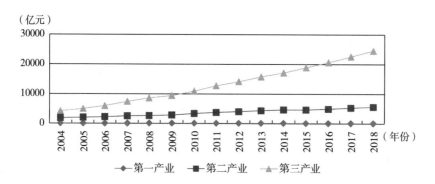

图 3-10 2004～2018 年北京三次产业增加值变动趋势

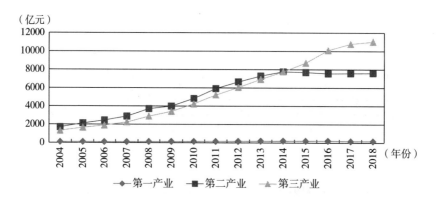

图 3-11 2004～2018 年天津三次产业增加值变动趋势

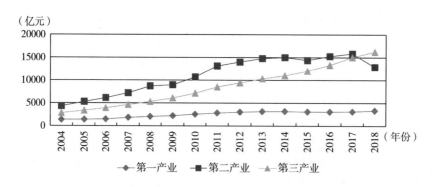

图 3-12 2004～2018 年河北三次产业增加值变动趋势

河北是我国的农业、工业大省，第一产业增加值远大于北京、天津，并且稳定，第二产业对 GDP 贡献最大，形成了以钢铁、水泥、石油化工为主导的重化工业发展模式。2004～2017 年，第二产业产值一直高于第三产业、第一产业产值，近几年，河北加大了产业结构调整力度，第二产业、第三产业增加值差额明显收窄，第三产业产值于 2018 年首次超过了第二产业产值。

　　综合上述三地产业增加值来看，第三产业增加值均保持上升的趋势，但以 2018 年为例，北京的第三产业增加值是同年天津的 2.49 倍，是同年河北的 1.69 倍，由此可见，天津和河北相对于北京来说第三产业增加值相对较低，还有很大的提升空间。而对于第二产业，北京的产业增加值相对平稳，每年上升幅度较小，天津和河北上升幅度较大，尤其是河北，每年的第二产业增加值远高于第三产业和第一产业增加值，第二产业包含工业和建筑业等，从而使得河北的碳排放水平维持较高水平。近年来津、冀加大了产业结构调整力度，天津 2014 年之后就出现了第三产业高于第二产业增加值的现象，由图 3 - 13 可知，近年来河北加大了第二产业高耗能、高污染退出力度，2013～2018 年，高耗能产业占工业用电量比重不断下降，其中，衡水、邢台降幅较大。河北压减炼钢产能 8223 万吨、炼铁产能 7529 万吨、煤炭 5817 万吨、水泥 7370 万吨等，超额完成国家下达去产能任务。保定炼钢产能已全部退出，廊坊 4 家钢铁企业关停 3 家。河北 2018 年第二产业增加值明显下降，也为减排做出努力。

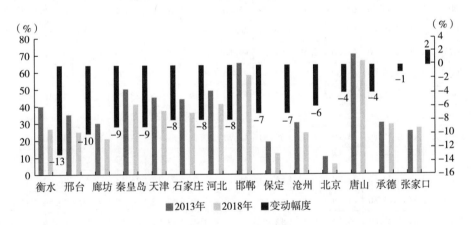

图 3 - 13　2013 和 2018 年京津冀城市群高耗能产业占工业用电量比重及变化

3.2.2　京津冀产业结构分析

3.2.2.1　产业结构内涵

　　产业结构的理念始于 20 世纪中叶，随后随着产业和产业经济学研究的深化，对产业结构的研究形成完整的体系。本书研究的产业结构及产业结构升级相关概念是按照国际通用产业分类方法——三次产业分类法进行相关论证。

产业结构升级优化主要指产业效率的增加、结构的合理，即在增加总经济效益前提下，第一产业向第二产业、第三产业为主导的演变，实现产业结构向高度化和合理化方向转变。技术进步、对外开放程度、人力资本、经济总量的增降，国家政策等因素都会对产业结构升级优化造成影响（马晶晶等，2018）。

3.2.2.2 京津冀三地产业结构

京津冀三地的经济总量在保持持续增长的同时，产业结构在不断优化，从表3-1可以看出，进入21世纪后京津冀三地的产业结构均在进行调整升级，三地的产业结构整体逐渐向"三、二、一"方向调整，2017年京津冀三次产业构成为3.7:36.1:60.2。但三地产业结构存在差异，北京市第一产业、第二产业的比重在逐步降低，第三产业在2016年、2017年均突破了80%，已成为主导产业。

表3-1　京津冀及全国三次产业结构　　　　　　单位:%

年份	北京			天津			河北			全国		
	一产	二产	三产	一产	二产	三产	一产	二产	三产	一产	二产	三产
2000	2.40	32.60	65.00	4.30	50.80	44.90	16.35	49.86	33.79	14.70	45.50	39.80
2001	2.10	30.70	67.20	4.10	50.00	45.90	16.56	48.88	34.56	14.0	44.80	41.20
2002	1.90	28.90	69.20	3.90	49.70	46.40	15.90	48.38	35.72	13.30	44.50	42.20
2003	1.60	29.60	68.80	3.50	51.90	44.60	15.37	49.38	35.25	12.30	45.60	42.10
2004	1.40	30.60	68.00	3.30	54.40	42.30	15.73	50.74	33.53	12.90	45.90	41.20
2005	1.20	28.90	69.90	2.80	54.90	42.30	13.98	52.66	33.36	11.60	47.10	41.30
2006	1.10	26.80	72.10	2.30	55.30	42.40	12.75	53.28	33.97	10.6	47.60	41.80
2007	1.00	25.30	73.70	2.00	55.30	42.70	13.26	52.93	33.81	10.20	46.90	42.90
2008	1.00	23.30	75.70	1.70	55.50	42.80	12.65	54.45	32.90	10.20	47.00	42.80
2009	1.00	23.10	75.90	1.60	53.30	45.10	12.75	52.12	35.13	9.60	46.00	44.40
2010	0.90	23.60	75.50	1.40	52.80	45.80	12.50	52.62	34.88	9.50	46.50	44.20
2011	0.80	22.60	76.60	1.20	52.90	45.90	11.42	53.91	34.67	9.20	46.50	44.30
2012	0.80	22.20	77.00	1.10	52.20	46.70	11.37	53.20	35.43	9.10	45.40	45.50
2013	0.80	21.60	77.60	1.10	50.90	48.00	11.07	52.62	36.32	8.90	44.20	46.90
2014	0.70	21.30	78.00	1.00	49.70	49.30	10.79	51.75	37.46	8.70	43.30	48.00
2015	0.60	19.70	79.70	1.00	47.10	51.90	10.44	49.07	40.49	8.40	41.10	50.50
2016	0.50	19.30	80.20	0.90	42.50	56.60	9.74	48.19	42.07	8.10	40.10	51.80
2017	0.40	19.00	80.60	0.90	40.90	58.20	9.21	46.58	44.21	7.60	40.50	51.90
2018	0.40	18.60	81.00	0.90	40.50	58.60	10.30	39.70	50.00	7.20	40.70	52.20

天津市第二产业占比由 2008 年最高 55.50% 降低到 2018 年的 40.50%，第三产业占比由 44.90% 提升到 58.60%，2015 年起，第三产业占比过半并超越第二产业，成为主导产业，实现产业升级。河北省一直以第二产业为主导，第一产业的比重由 16.35% 降低到 10.30%，第三产业比重提升明显，由 2000 年的 33.79% 提升到 2017 年的 44.21%，最终实现第二产业、第三产业齐头并进，共同为河北省创造更高的产业价值，仍低于全国 51.90% 的第三产业比例；近几年加大了产业结构调整力度，2018 年第三产业比例达 50.00%，第三产业首次超过第二产业比重，缩短了与全国第三产业 52.20% 的距离，如图 3 – 14、图 3 – 15 所示。

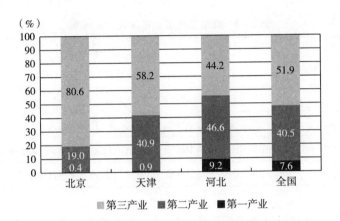

图 3 – 14　2017 年京津冀三地与全国产业结构对比

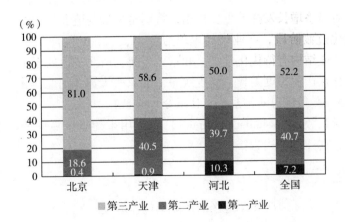

图 3 – 15　2018 年京津冀三地与全国产业结构对比

美国经济学家库兹涅茨（1989）曾提出工业化阶段理论，通过对全球57个国家和地区产业结构变化规律的分析，将三次产业比重与工业化阶段相对应。在工业化前期，第一产业比重较高；随着工业化进程的推进，第一产业比重持续下降，第二产业与第三产比重上升，由于第二产业上升幅度大于第三产业，则第二产业取代第一产业成为优势产业；当第一产业比重下降到20%，第二产业比重高于第三产业时，进入工业化中期阶段；第一产业比重下降至10%以下时，进入工业化后期；第二产业比重持续下降，当第三产业比重超过第二产业时进入后工业化阶段（见表3-2）。

表3-2　库兹涅茨工业化阶段划分标准

工业化阶段	三次产业结构
前期阶段	第一产业比重高于第二产业比重
初期阶段	第一产业比重高于20%，但低于第二产业比重
中期阶段	第一产业比重低于20%，第二产业比重高于第三产业比重
后期阶段	第一产业比重低于10%，第二产业比重高于第三产业比重
后工业化阶段	第一产业比重低于10%，第二产业比重低于第三产业比重

按此标准，北京早已处于后工业化阶段，产业结构为典型的"三、二、一"格局，服务业十分发达。天津是北方重要的工业城市，于2015年完成了产业结构由"二、三、一"向"三、二、一"的转变，也迈进了后工业化阶段的大门，但工业依旧对经济增长发挥着重要作用，特别是高端制造业。河北处于工业化后期向后工业化过渡阶段，产业格局表现为"二、三、一"向"三、二、一"的过渡转变，产业结构有待优化升级。北京、天津、河北三地处于工业化发展的不同阶段，也存在产业梯度差异，梯度次序"北京—天津—河北"由高到低。

3.2.2.3　产业结构差异系数（区域分工指数）

结构差异系数（Dissimilarity　Index）可以用来衡量区域间的产业结构差异的程度大小，其计算公式为：

$$K_{jk} = \sum_i \left| \frac{X_{ij}}{X_j} - \frac{X_{ik}}{X_k} \right| \tag{3-1}$$

其中，K_{jk}表示j地区和k地区的产业结构差异度，X_{ij}、X_{ik}分别表示i行业在j地区和k地区的产值（或就业人数），X_j、X_k分别表示j地区和k地区总的产值（或就业人数）。该值的取值范围为0~2，当该值越靠近0时，表示两地区的产业同构化越高，反之当该值越靠近2时，表示两地区产业结构越不同，产业分工越明显。这一指标既可用于三次产业间的区域分工水平测算，也可用于某一大产业内部的细分产业的区域分工水平测算。

由表 3 - 3 可知，总体京津冀产业差异系数都不到 1，京冀区域分工程度略高，京津次之，津冀最低。避免河北与天津的产业同构，通过产业转移进一步提高产业分工合作水平十分迫切。

表 3 - 3　2005 ~ 2016 年京津冀三地三次产业差异系数

年份	京冀	京津	津冀	年份	京冀	京津	津冀
2005	0.73	0.55	0.22	2011	0.84	0.61	0.23
2006	0.76	0.59	0.21	2012	0.83	0.6	0.23
2007	0.80	0.62	0.22	2013	0.83	0.59	0.24
2008	0.86	0.65	0.22	2014	0.81	0.57	0.25
2009	0.82	0.61	0.22	2015	0.79	0.55	0.24
2010	0.81	0.59	0.22	2016	0.77	0.53	0.25

一方面，三地产业结构的差异、工业发展阶段的差异导致了产业梯度的存在，为京津冀地区产业由高梯度向低梯度转移奠定了基础。

另一方面，京津冀三地产业结构的巨大差异和"产业坍塌带"的存在，使得区域内难以形成良性产业互动，难以形成强大完整的产业链条，产业集群度不高，因而无法进行深层次产业分工协作，增大了京津向河北进行产业转移的阻力，不利于区域共赢协调发展。

京津冀在调整产业结构的同时也积极发展符合城市定位的相关产业。2014 ~ 2018 年，北京信息传输、软件和信息技术服务业增加值占比从 9.67% 提高到 12.73%、科学研究和技术服务业增加值占比从 7.79% 提高到 10.63%；天津装备制造业发展迅猛，装备制造业增加值占总工业增加值的 36.1%。河北省也超额完成煤炭、钢铁等行业的去产能任务，转而发展物流仓储、金融业等以不断推动产业结构升级。

京津冀三地产业结构的变化整体呈现发展第三产业、稳定第一产业、降低第二产业的趋势。由于第二产业的发展中包含了大量的原材料、半成品、成品的运输，而第三产业多为现代服务业，如金融服务业等基本不产生货运量等，国民经济的增长并未带来货运量的大幅增加。由此也带来了碳排放的降低。

3.3 京津冀能源消费结构分析

3.3.1 能源消费总量

由表 3-4 可知，京津冀能源消费量总体呈现上升趋势，全国占比由 2000 年的 12.34% 下降到 2017 年的 10.15%，仍维持在 10% 以上。

表 3-4 京津冀能源消费量及全国占比　单位：万吨标准煤，%

年份	北京	天津	河北	京津冀合计	全国	京津冀全国占比
2000	4144.00	2793.71	11195.71	18133.42	146964	12.34
2001	4229.20	2918.04	12114.29	19261.53	155547	12.38
2002	4436.10	3022.15	13404.53	20862.78	169577	12.30
2003	4648.20	3147.89	15297.89	23093.98	197083	11.72
2004	5139.60	3566.46	17347.79	26053.85	230281	11.31
2005	5049.80	3709.37	19835.99	28595.16	261369	10.94
2006	5399.30	4099.61	21794.09	31293.00	286467	10.92
2007	5747.70	4431.08	23585.13	33763.91	311442	10.84
2008	5786.20	4805.21	24321.87	34913.28	320611	10.89
2009	6008.80	5242.55	25418.79	36670.14	336126	10.91
2010	6359.50	6084.89	26201.41	38645.80	360648	10.72
2011	6397.30	6781.35	28075.03	41253.68	387043	10.66
2012	6564.10	7325.56	28762.47	42652.13	402138	10.61
2013	6723.89	7881.83	29664.38	44270.10	416913	10.62
2014	6831.22	8145.06	29320.21	44296.49	425806	10.40
2015	6852.55	8260.13	29395.4	44508.08	429905	10.35
2016	6961.70	8244.68	29794.4	45000.78	435819	10.33
2017	7132.80	8011.04	30385.88	45529.72	448529	10.15

资料来源：《中国统计年鉴 2018》《北京统计年鉴 2018》《天津统计年鉴 2018》《河北经济年鉴 2018》《中国能源年鉴 2018》计算而得，下同。

3.3.2　能源消费结构

历年《中国能源年鉴》提供了分地区分品种能源消费量数据，其中，煤炭、焦炭、油类单位是万吨，天然气的单位是亿立方米，而电力单位是亿千瓦小时，为了确保数据可比性，需要先将单位统一换算成标煤。

如图 3-16 所示，煤炭仍是京津冀地区主要消费品种，总体呈现消费量下降趋势，消费占比从 2000 年的 58.65% 下降到 2017 年的 42.53%；随后是焦炭消费量增加，总消费量占比从 2000 年的 8.39% 提高到 2006 年的 16.45%，之后略有下降，但占比稳定在 16% 这个水平；近几年天然气消费量逐年增加，消费量占比由 1.52% 增加到 8.59%；电力消费呈现稳定增长趋势，由 8.34% 上升到 12.67%。

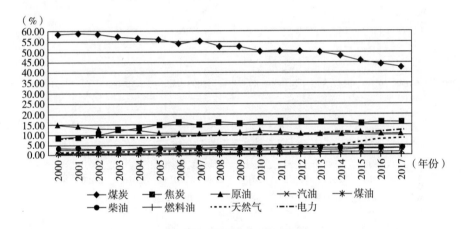

图 3-16　京津冀地区能源消费结构

如图 3-17、图 3-18 所示，北京煤炭消费出现明显下降，2017 年占比仅有 4.97%，天然气占比已由 2000 年的 3% 上升到 2017 年的 31% 左右，成为主要能源；电力呈现稳定增长趋势，主要依靠外部调入特征明显，随着交通运输（汽车和飞机）的迅猛发展，汽油和煤油各自保持 10%、13% 的占比。其他新能源占比 2017 年已达 2.13%，显示北京清洁能源已成为能源消费主流。

如图 3-19 所示，天津能源消费仍以煤炭为主，总体也呈现逐年下降趋势，天然气比例也不断增加，由 2000 年的 1.85% 增加到 2017 年的 12.1%，原油维持 30% 左右份额，煤油占比较低，由于航运发展，柴油占比较高，电力呈现稳定增长态势，天然气占比由 2000 年的 1.85% 增长到 2017 年的 12.1%。

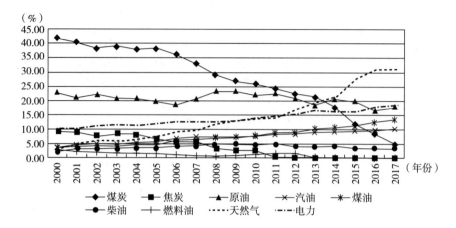

图 3-17　北京分品种能源消费结构

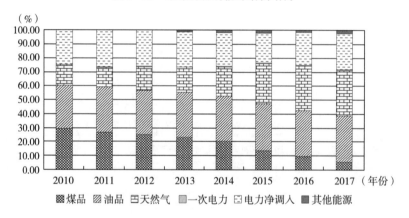

图 3-18　北京能源消费构成

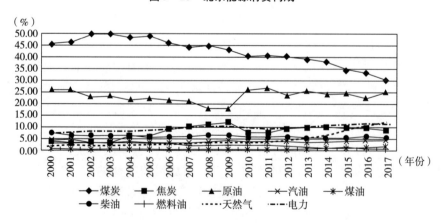

图 3-19　天津分品种能源消费结构

如图 3 - 20、图 3 - 21 所示，河北煤炭 2012 年后也呈现逐年下降趋势，由 2000 年的 91% 下降到 2017 年的 83.71%，但能源消费仍以煤炭为主，作为钢铁建材大省，焦炭占比较高，油品占比 8% 左右，其中汽、煤油占比低，柴油相对较高，天然气和电力及新能源比例低，但也呈现不断增长趋势。

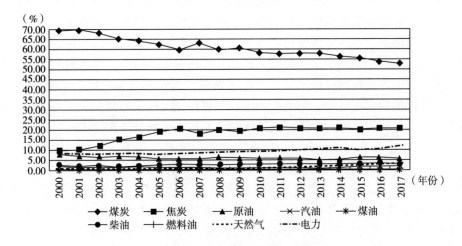

图 3 - 20　河北分品种能源消费结构

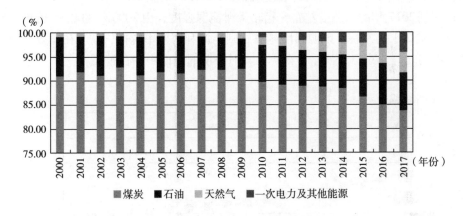

图 3 - 21　河北能源消费构成

由此可见，京津冀三地的能源消费结构迥异、区别显著。北京以第三产业为主的经济发展，其能源消费结构也偏向于清洁能源为主；河北以第二产业为支柱的经济进步，还是主要依赖于传统能源的大量消耗。

3.3.3 能源消费强度

能源消费强度是指在一定时期内一个经济体（国家或地区）生产单位产值的能源消费水平，通常量化为能源消费量与国内生产总值（GDP）的比率，它直接反映了国家或地区的经济发展对能源的依赖程度，间接地反映出技术水平、产业结构状况、能源消费结构及利用效率、各项节能政策措施实施效果等多方面内容，是评价国家或地区经济增长整体质量及其对环境影响大小的重要指标。能源消费强度与能源利用效率互为倒数关系，能源消费强度越高，则能源利用效率越低，即单位能源消费对经济增长的贡献率越低，通常对环境的负面影响则越大；反之，能源消费强度越低，则能源利用效率越高，对环境的负面影响越小。能源消费强度已经成为反映一个国家或地区经济发展水平的重要指标之一。

以 2000 年为基期，对全国及京津冀名义 GDP 进行换算，然后用能源消费量除以实际 GDP，得到能源强度（单位：吨标准煤/万元），如图 3 – 22 所示，2000~2017 年，京津冀及全国能源强度都呈现下降趋势，北京能源强度从 2000 年的 1.29 下降到 2017 年的 0.44，天津能源强度从 1.64 下降到 0.56；河北能源强度从 2.22 下降到 1.19，而同期全国能源强度从 1.47 下降到 0.98. 显示能源利用效率提升。京津能源强度低于全国水平，而河北高于全国水平，近年来有所收窄，由 1.5 倍降到 1.2 倍，但河北能源强度相较北京能源强度，由 2000 年的 1.7 倍扩大到 2017 年的 2.7 倍左右，相较天津能源强度，由 2000 年的 1.35 倍扩大到 2017 年的 2.1 倍左右。能源强度越高，则能源利用效率越低，显示在能源利用效率方面河北与北京、天津差异在扩大，对环境的负面影响在扩大。

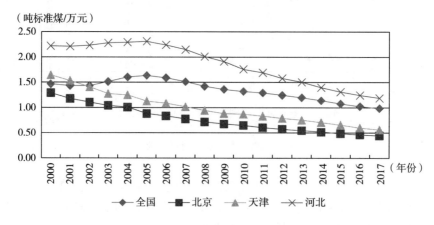

图 3 – 22　2000~2017 年京津冀及全国能源强度变化情况（按 2000 年不变价计算）

3.3.4　能源消费弹性系数分析

能源消费弹性系数是指一定时期内一个国家或地区能源消费增长速度与国民经济增长速度之比。国民经济增长速度通常采用 GDP 增长速度。它反映能源消费和经济增长之间的相互关系，通常采用两者年平均增长率之比来表示，其计算公式为：

能源消费弹性系数 = 能源消费总量年平均增长率/GDP 年平均增长率

计算与分析能源消费弹性系数，主要是为了更好地研究一个国家或地区的能源消费与国民经济发展之间的关系，同时能够在一定程度上预测两者未来的增长速度。如果整个国民经济中高能耗产业或部门所占比重大，科技水平较低，则能源消费增长速度快于 GDP 增长速度，能源消费弹性系数大于 1。在一个国家或地区的经济发展过程中，随着科技水平的不断进步，国民经济与产业结构不断得到改善和优化，能源利用效率逐步提高，能源消费弹性系数会逐渐下降。数据来源于《北京统计年鉴 2018》《天津统计年鉴 2018》《河北经济年鉴 2018》，GDP 增长率以 2000 年为基期，计算实际 GDP 而得，如表 3 – 5 所示，京津冀能源消费弹性系数低于全国平均水平，能源利用效率在提高，但仍有提升空间。

表 3 – 5　全国及京津冀能源消费弹性系数

年份	全国能源消费弹性系数	北京能源消费弹性系数	天津能源消费弹性系数	河北能源消费弹性系数
2001	0.70	0.17	0.37	0.94
2002	0.99	0.41	0.28	1.11
2003	1.61	0.43	0.28	1.22
2004	1.66	0.74	0.84	1.04
2005	1.19	− 0.14	0.27	1.07
2006	0.75	0.54	0.71	0.74
2007	0.61	0.45	0.52	0.64
2008	0.31	0.07	0.51	0.31
2009	0.51	0.38	0.55	0.45
2010	0.69	0.56	0.91	0.25
2011	0.77	0.07	0.69	0.63
2012	0.50	0.33	0.57	0.45
2013	0.47	0.32	0.61	0.38
2014	0.29	0.22	0.33	− 0.18
2015	0.14	0.05	0.15	0.04

年份	全国能源消费 弹性系数	北京能源消费 弹性系数	天津能源消费 弹性系数	河北能源消费 弹性系数
2016	0.21	0.23	− 0.02	0.20
2017	0.42	0.37	− 0.79	0.30
平均	0.70	0.31	0.40	0.55

3.4 京津冀碳排放分析

3.4.1 京津冀碳排放测算方法

3.4.1.1 计算原则

中国各地区经济和技术水平、产业结构等差异较大，中国的减排目标以省域为单位实现，地区间发展不平衡和存在竞争关系，需要从消费碳角度分析，从而掌握省域实际二氧化碳排放需求和二氧化碳排放差异，协调地区间排放责任和制定合理的应对策略，促使发达地区加强与欠发达地区的合作。如果以消费者负责原则计算和划分碳排放责任，就包含了地区间引入转出的隐含碳。

3.4.1.2 计算方法与数据选取

目前，国内外能源消费碳排放以 IPCC 指南计算公式为主：

$$能源消费二氧化碳排放 = \sum 能源消费量 \times 热值 \times 碳含量 \times 碳氧化率 \times 44/12$$

$$能源消费碳排放 = \sum 能源消费量 \times 热值 \times 碳含量 \times 碳氧化率$$

国家统计局发布的《中国能源统计年鉴》中"分行业能源消费总量""分行业终端能源消费量"和"能源平衡表"均可作为数据来源。"分行业能源消费总量"采用一次能源的消费量，是能源加工转换之前的总量，"分行业终端能源消费量"是加工转换之后的总量，而"能源平衡表"考虑能源加工转换过程及最终消费过程，除了可反映能源的消耗状况，也可反映各类能源的大致去向。在具体核算中，本书以燃料是否"完全燃烧"为该燃料是否纳入核算的唯一判定准则，可较大程度地避免错算、漏算和多算，因而具有一定的优势。

能源平衡表中横向有 6 类数据，其中用于核算二氧化碳排放相关的活动水平数据主要来自加工转换投入产出量和终端消费量。纵向有 22 类数据，主要是各类一次能源、二次能源品种生产、消费量。其中，能源平衡表的能源分类中，

"其他石油制品"与"其他焦化产品"在《中国能源统计年鉴》中并未给予出低位平均热值，这两项由于并非主要用于燃料，因此不计入能源消费中。

在加工转换投入产出量中，"火力发电""供热"是排放二氧化碳的重要环节，"洗选煤""炼焦""炼油"等燃料燃烧排放二氧化碳相对较少，并没有"充分燃烧"可忽略。

在"终端消费量"中，"工业"和"建筑业"属第二产业，其中在"工业"中，包含"用作原料、材料"的部分并未以氧化形式转化为二氧化碳，需要扣除。由于本地生产的电热排放已经在加工转换中进行了计算，不再重复计算。

因此能源消费碳排放量数据选取为：能源加工转换部分的"火力发电"和"供热"数据求和后取绝对值加上终端消费量减去终端消费量中作为原料的燃料消费量。所核算结果为地区直接排放量，核算的能源品种范围不包括电力与热力，但如果以消费者原则计算碳排放，需要核算间接排放，需要参考"可供本地区消费的能源"项下的电力调入调出数据。需要计算的是净外购电带来的二氧化碳排放量，由于京津冀外来电主要来自华北电网，且多为火电，所以计算时可直接选取华北电网的电力排放因子。

经过能源平衡表修正后的地区能源消费二氧化碳排放计算公式为：

能源消费二氧化碳排放 = 直接排放 + 间接排放 = $\sum$（加工转换中火力发电量 + 供热量 + 终端消费量 – 用作原材料量）× 热值 × 含碳量 × 碳氧化率 × 44/12 + 净购入电量 × 排放因子

本书能源消费数据来源于 2001～2017 年《中国能源统计年鉴》中的中国能源平衡表、北京能源平衡表、天津能源平衡表、河北能源平衡表，热值取自《中国能源统计年鉴 2017》各种能源折标准煤参考系数中的平均低位发热量，（其中焦炉煤气取 16726 与 17981 的平均值），含碳量选取省级清单中提供的数值，碳氧化率固体燃料取 0.93，液体燃料取 0.98，气体燃料取 0.99，如表 3–6 所示。

表 3–6　各种能源品种二氧化碳排放因子

能源	热值 （千焦/千克）	含碳量 （吨碳/ 万亿焦）	氧化率	二氧化碳排放因子 （千克二氧化碳/千克或 千克二氧化碳/立方米）
原煤	20908	26.37	0.93	1.8800829
洗精煤	26344	25.41	0.93	2.282657
其他洗煤	8363	25.41	0.93	0.724638
型煤	20908	33.56	0.93	2.392703
焦炭	28435	29.42	0.93	2.852661

续表

能源	热值 （千焦/千克）	含碳量 （吨碳/ 万亿焦）	氧化率	二氧化碳排放因子 （千克二氧化碳/千克或 千克二氧化碳/立方米）
焦炉煤气	17354	13.58	0.99	0.855472
其他煤气	5227	13.58	0.99	0.257267
原油	41816	20.08	0.98	3.017197
汽油	43070	18.9	0.98	2.925055
煤油	43070	19.6	0.98	3.033391
柴油	42652	20.2	0.98	3.095909
燃料油	41816	21.1	0.98	3.170461
液化石油气	50179	17.2	0.98	3.101329
炼厂干气	45998	18.2	0.99	3.038903
天然气	38931	15.32	0.99	2.165015
液化天然气	51498	17.2	0.98	3.182851

说明"二氧化碳排放系数"计算方法，以"原煤"为例：

$1.8800829 = 20908 \times 0.000000001 \times 26.37 \times 0.93 \times 1000 \times 44/12$

电力排放因子的选取——区域电网平均排放因子：

现有研究选取区域国家发改委发布的电网基准线排放因子，但电网基准线排放因子适用于开发新能源电力减排项目（CCER、CER 等）时计算减排量，不适用于计算碳排放。国家应对气候变化战略研究和国际合作中心发布电网用电排放因子，它表示使用一度电产生的温室气体排放，目前公布了 2010 年、2011 年和 2012 年的数据，旨在为地区、行业、企业及其他单位核算电力调入、调出及电力消费所隐含的二氧化碳排放量提供参考。数据如表 3-7 所示。

表 3-7　中国区域电网平均二氧化碳排放因子

单位：千克二氧化碳/千瓦时

区域＼年份	2010	2011	2012
华北区域电网	0.8845	0.8967	0.8843
东北区域电网	0.8045	0.8189	0.7769
华东区域电网	0.7182	0.7129	0.7035
华中区域电网	0.5676	0.5955	0.5257
西北区域电网	0.6958	0.686	0.6671
南方区域电网	0.5960	0.5748	0.5271

资料来源：国家应对气候变化战略研究和国际合作中心。

本书华北区域电网排放因子选择 2010 年、2011 年和 2012 年三年的平均值 0.8885 千克二氧化碳/千瓦时作为计算京津冀净电力的排放因子。

3.4.2　京津冀碳排放总量特征及结构分析

3.4.2.1　总量特征

由图 3 - 23 和表 3 - 8 可知，2000 ~ 2013 年，京津冀能源消费二氧化碳排放总量呈现一直增长趋势，2008 年之前增长率较高，2008 ~ 2009 年伴随着金融危机，增速有所下滑；2010 年和 2011 年两年碳排放增长率较高，尽管北京碳排放增长率出现了明显下降，但是河北维持了较高的增长率，在京津冀中占比达到了 70% 以上，从而带动京津冀碳排放总量达到最大值；之后从 2013 年起，三地增长率明显下降，2014 ~ 2017 年连续为负值，使得 2013 年达峰之后总量显著下降。减排效果显著。

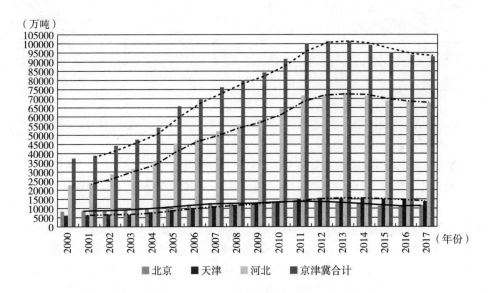

图 3 - 23　2000 ~ 2017 年京津冀能源消费碳排放量变化情况

表 3 - 8　2001 ~ 2017 年京津冀二氧化碳排放增长率变动情况　　　单位:%

年份	北京	天津	河北	京津冀
2001	3.86	3.06	4.41	4.06
2002	1.45	5.17	20.91	13.94
2003	5.98	- 0.24	9.90	7.58
2004	8.54	19.54	13.71	13.51

续表

年份	北京	天津	河北	京津冀
2005	8.85	14.73	26.96	21.73
2006	8.13	11.95	3.99	5.80
2007	7.01	9.59	10.12	9.51
2008	−1.85	5.14	6.79	5.09
2009	3.22	9.51	4.63	5.13
2010	5.14	3.44	10.71	8.73
2011	0.22	9.45	11.27	9.35
2012	0.72	6.57	0.25	1.24
2013	−7.33	−0.40	1.59	0.07
2014	−2.70	−0.41	−2.49	−2.20
2015	−8.99	−3.33	−3.45	−4.13
2016	−0.61	−4.94	−0.79	−1.42
2017	3.11	−3.49	−1.13	−0.98

这一结论与全国总排放量 2013 年首次达峰研究一致（关大博等，2018）。如图 3 - 24 所示。

2000~2013 年中国的碳排放持续增长，以年均 9.3% 的增速从 30 亿吨增长到 95 亿吨，但在 2014 年、2015 年和 2016 年却分别下降了 1.0%、1.8% 和 0.4%，降至 92 亿吨。同时使用其他世界权威机构（如 IEA、EIA 等）发布的碳排放数据进行了检验，均得到了类似的变化趋势。这意味着中国的碳排放在 2013 年就已经出现了峰值。进一步通过结构断点检验（CUSUM test）分析发现，中国的碳排放下降趋势在 2015 年出现了一个显著的结构性突变。

进一步采用指标分解分析法（IDA）对 2007~2016 年中国的碳排放变化进行了驱动因素分解。结果表明（见图 3 - 25），2007~2013 年由基础设施投资等因素所拉动的快速经济增长，是导致碳排放量迅速增加的关键推力。此外，清洁煤炭占比提高，煤炭平均排放系数增大，助长了碳排放的增长。同时，能源强度下降与产业结构升级对碳排放的抑制作用已经初见成效，其中能源强度的下降是 2007~2010 年碳减排的关键因素，而 2010~2013 年产业结构升级对碳排放的促降作用已经超过了能源强度下降的作用。2013 年后，中国基础设施建设投资放缓、产业结构升级、煤炭消费量减少以及能源强度下降，共同推动了碳排放的下降。

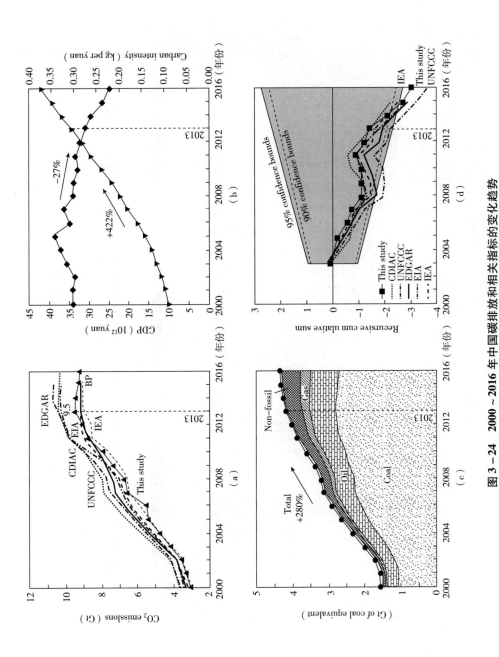

图 3-24 2000~2016 年中国碳排放和相关指标的变化趋势

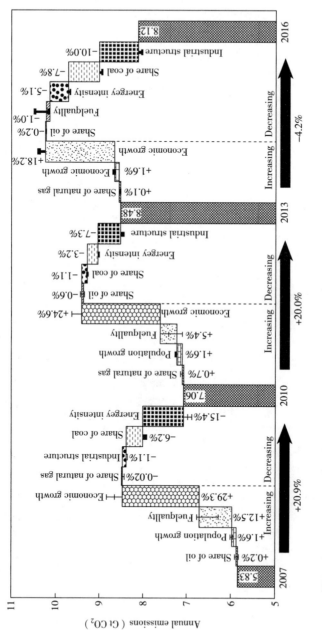

图 3-25 2007~2010 年、2010~2013 年和 2013~2016 年三个时期能源消费碳排放变化的驱动因素贡献

由于中国的产业结构正处于持续转型升级过程中，未来的基础设施建设投资也可能继续下降，因此碳排放显著向上反弹的动力不足；而且，中国在未来将进一步减少煤炭消费比重，优化能源消费结构，并推动产业结构升级，这些战略性调整将成为中国碳排放持续下降的核心驱动因素。

3.4.2.2　结构特征

　　如图 3-26 所示，其中北京碳排放量占京津冀比例从 2000 年的 22.5% 下降为 2015 年的 11.92%，近几年维持在 12% 水平，碳减排效果最为显著，天津占比维持在 14%~16%，2012 年之前维持较高的增长率，2012 年之后减排力度显著加大，自 2013 年起连续五年保持了负增长，2015 年出现明显下降；河北占比从 2000 年的近 60% 提高到 2017 年的 72% 以上，说明河北对整个区域的影响还是很大的，因此工作重点依然应该放在河北能源结构优化方面。2011 年之前碳排放增长率维持较高水平，近几年也出现了负值。由此也带动了区域碳排放的下降。但由于基数大，减排仍然任重道远。

　　由图 3-27 至图 3-31 可知，2000~2017 年，京津冀能源消费量及二氧化碳排放量占全国比例总体呈现下降趋势，能源消费量由 2000 年的 12.34% 下降到 2017 年的 10.15%，碳排放量下降约 2%，但总体碳排放量占比高于能源消费量占比，显示出区域减排压力。为此，京津冀近年来加大了区外电力的引入力度，间接排放占比由 2000 年的 4.24% 上升到 2017 年的 16.1%。特别是北京，能源消费量和直接碳排放都呈现逐步下降趋势，2017 年，北京第二产业占比已下降到 19%，煤炭消耗比例已由 2010 年的 29.59% 下降到 2017 年的 5.65%，直接碳排放占比低于能源消费量占比，北京间接排放占比较高且呈现逐年增长趋势，显示出能源结构和产业结构的双重效应在显现，对外部能源依赖加大。天津 2013 年之前碳排放占比高于能源消费量占比，外部输入比重不高，2013 年之后碳排放比例出现明显下降，其中，第二产业（工业）占比下降到 40.9%（38%），与 2010 年相比下降了 12 个百分点，产业结构调整效应得以显现；河北名义 GDP 在全国占比为 4.3%~5%，而能源消费量却占到 7.5% 左右，碳排放比例高于能源消费占比，2017 年，河北煤炭消费仍维持在 84% 水平，而同期全国能源消费中煤炭占比已降到了 60.4%，第二产业占比维持在 50% 水平，2017 年下降仍达到 46.58%，同年全国第二产业占比已降到 40% 左右，河北调整产业结构特别是能源结构刻不容缓。

　　由图 3-32 可知，京津冀人均二氧化碳排放高于全国水平，天津、河北人均二氧化碳排放一直远远高于全国平均水平，2013 年之前总体呈现上升趋势，2013 年之后才出现下降趋势；北京 2013 年之前也高于全国平均水平，但从 2008 年起人均二氧化碳排放出现下降趋势，2013 年之后低于全国水平。

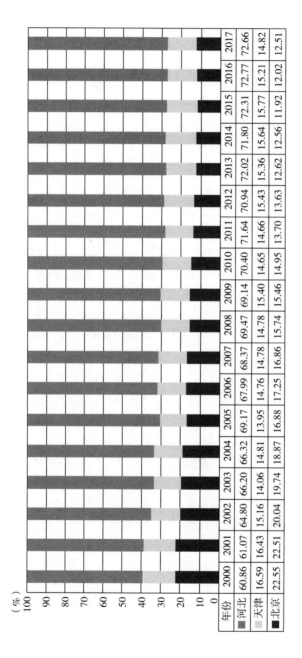

年份	2000	2001	2002	2003	2004	2005	2006	2007	2008	2009	2010	2011	2012	2013	2014	2015	2016	2017
河北	60.86	61.07	64.80	66.20	66.32	69.17	67.99	68.37	69.47	69.14	70.40	71.64	70.94	72.02	71.80	72.31	72.77	72.66
天津	16.59	16.43	15.16	14.06	14.81	13.95	14.76	14.78	14.78	15.40	14.65	14.66	15.43	15.36	15.64	15.77	15.21	14.82
北京	22.55	22.51	20.04	19.74	18.87	16.88	17.25	16.86	15.74	15.46	14.95	13.70	13.63	12.62	12.56	11.92	12.02	12.51

图 3-26 2000~2017 年京津冀能源消费碳排放量结构变化情况

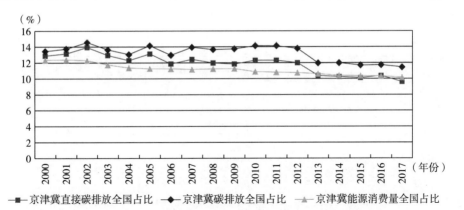

图 3 - 27　京津冀碳排放及能源消费量全国占比

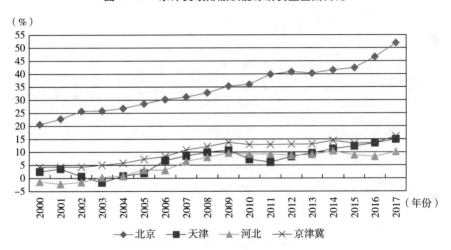

图 3 - 28　京津冀间接碳排放占比

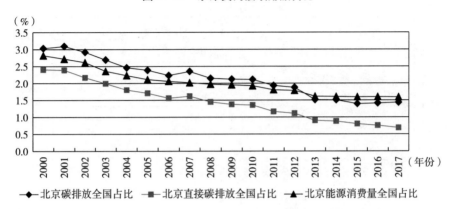

图 3 - 29　北京碳排放及能源消费量全国占比

产业转移视角下京津冀协同碳减排机制研究

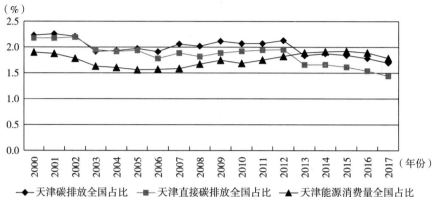

图 3－30　天津碳排放及能源消费量全国占比

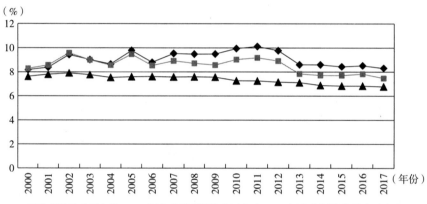

图 3－31　河北二氧化碳排放及能源消费量全国占比

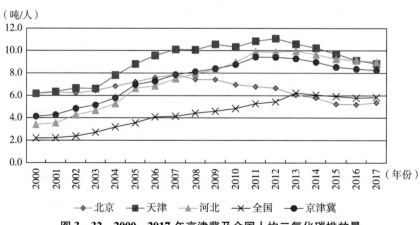

图 3－32　2000～2017 年京津冀及全国人均二氧化碳排放量

3.4.3　京津冀终端能源消费分行业碳排放分析

在测算区域工业碳排放时，遵循并考虑以下几方面，如图 3 – 33 所示。

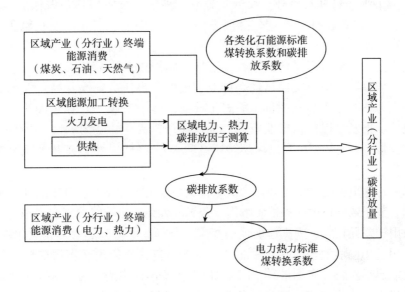

图 3 – 33　区域产业（分行业）碳排放测算流程

《中国能源统计年鉴》提供了全国及分地区能源平衡表（实物量），具体分为农林牧渔业、工业、交通运输仓储业、批发零售住宿餐饮业及其他生活消费。本书重点分析农林牧渔、工业、交通运输及批发零售餐饮业碳排放及转移情况。

第一，在计算能源终端消费碳排放量时，不考虑加工转换过程以及运输和分配、储存过程中的损失量。

第二，由于《中国能源统计年鉴》中有全国分行业终端能源消费量的标准量，可直接乘以各类能源的碳排放系数（包括电力和热力的碳排放系数）加总得到全国分行业碳排放量，而分省分行业只有实物量没有标准量的，需要乘以各自的能源标准量转换系数，转化为标准量，再乘以各自碳排放系数（各类化石能源的碳排放系数采用表 3 – 9 排放清单中的碳排放系数）加总得到分行业碳排放量。

$$C_{it} = \sum_{j=1}^{16} Z_{ijt} + D_{it} + R_{it}$$

$$= \sum_{j=1}^{16} ZSE_{ijt} \times \eta\, Z_{ijt} + DSE_{it} \times \eta\, D_{it} + RSE_{it} \times \eta\, R_{it}$$

$$= \sum_{j=1}^{16} ZE_{ijt} \times \delta Z_{ijt} \times \eta Z_{ijt} + DE_{it} \times \delta D_{it} \times \eta D_{it} + RE_{it} \times \delta E_{it} \times \eta R_{it}$$

$$(3-2)$$

C_{it} 为工业（农林牧渔业、交通运输仓储业、批发零售住宿餐饮业等）i 在时间 t 的二氧化碳碳排放量，Z_{ijt} 为工业（农林牧渔业、交通运输仓储业、批发零售住宿餐饮业等）i 第 j 种终端能源消费在时间 t 的碳排放量，是由第 j 种能源消费实物量 ZE_{ijt} 乘以标煤转换系数 δZ_{ijt} 乘以碳排放系数 ηZ_{ijt} 得到；D_{it}、R_{it} 分别为工业（农林牧渔业、交通运输仓储业、批发零售住宿餐饮业等）能源终端消费中的电力和热力消费在时间 t 的碳排放量，等于工业（农林牧渔业、交通运输仓储业、批发零售住宿餐饮业等）能源终端消费中电力和热力在时间 t 消费量的实物量 DE_{it}（RE_{it}）乘以标煤转换系数 δD_{it}（δE_{it}）乘以碳排放项系数 ηD_{it}（ηR_{it}）。

第三，这里关键是电力和热力的碳排放系数 ηD_{it} 和 ηR_{it}。各地区能源消费结构不同、节能减排技术进步等影响因素差异，各地区终端能源消费中电力和热力碳排放因子差异较大，为更精确地测算区域分行业电力和热力的二氧化碳排放，需要运用《中国能源平衡表（标准量）》《地区能源平衡表（实物量）》（本书指京津冀能源平衡表（实物量））中能源加工转换过程中的火力发电与供热消耗原煤、洗精煤、其他洗煤、型煤、焦炭、焦炉煤气、其他煤气、原油、汽油、煤油、柴油、燃料油、液化石油气、炼厂干气、天然气、液化天然气 16 种（DE_{jt}、DR_{jt}）相对稳定的能源品种碳排放总量除以终端能源消费中电力消费量（ZDB_i）和热力消费量（ZRB_i）作为电力和热力碳排放系数。进而对全国及区域工业（农林牧渔业、交通运输仓储业、批发零售住宿餐饮业等）终端能源消费中的电力和热力二氧化碳排放进行较为精确的测算。

$$\eta D_{it} = \frac{\sum_{j=1}^{16} DE_{jt} \times \delta D_{jt} \times \eta D_{jt}}{DE_i} \qquad (3-3)$$

$$\eta R_{it} = \frac{\sum_{j=1}^{16} DR_{jt} \times \delta R \times \eta R_{jt}}{RE_i} \qquad (3-4)$$

能源消费数据 E_i 来源于 2001～2017 年《中国能源统计年鉴》中的北京能源平衡表、天津能源平衡表、河北能源平衡表中的农林牧渔业；工业（剔除用作原料、材料）；交通运输、仓储和邮政业；批发、零售业和住宿、餐饮业的终端消费量；能源折算标准煤参考系数 F_i 来自 2016 年《中国能源统计年鉴》；碳排放因子 K_i 数据参考《2006 年 IPCC 国家温室气体清单指南》。转换系数如表 3-9 所示。

表 3－9　能源折标准煤系数及碳排放系数

能源品种	折标准煤系数	碳排放系数	能源品种	折标煤系数	碳排放系数
原煤	0.7143	0.7559	汽油	1.4714	0.5538
洗精煤	0.9	0.7559	煤油	1.4714	0.5714
其他洗煤	0.5252	0.7476	柴油	1.4571	0.5921
型煤	0.6	0.7476	燃料油	1.4286	0.6185
焦炭	0.9714	0.855	液化石油气	1.7143	0.5042
焦炉煤气	0.5714	0.3548	炼厂干气	1.5714	0.4602
其他煤气	1.786	0.3548	液化天然气	1.7572	0.4483
原油	1.4286	0.5857	天然气	13.3	0.4483

具体计算方法以 2010 年为例，测算中国及京津冀热力、电力碳排放系数，进而计算终端能源碳排放量及分产业碳排放量（见附表 1 至附表 12）。

具体如附表 1 和附表 2 所示进行测算

2010 年中国终端能源电力碳排放系数。

$$= \frac{\begin{matrix} 98820.28 \times 0.7559 + 4.22 \times 0.7559 + 1696.76 \times 0.7476 + 0 \times \\ 0.7476 + 0 \times 0.855 + 602.71 \times 0.3548 + 0 \times 0.3548 + 5.3 \times \\ 0.5857 + 0 \times 0.5538 + 0 \times 0.5714 + 58.36 \times 0.5921 + 176.99 \times \\ 0.6185 + 0 \times 0.5042 + 116.3 \times 0.4602 + 2151.67 \times 0.4483 + \\ 294.66 \times 0.5042 \end{matrix}}{48381.12} = 1.60$$

同理热力碳排放系数。

$$= \frac{\begin{matrix} 11974.46 \times 0.7559 + 9.48 \times 0.7559 + 408.12 \times 0.7476 + 0 \times \\ 0.7476 + 0 \times 0.855 + 416.15 \times 0.3548 + 0 \times 0.3548 + 4.69 \times \\ 0.5857 + 0 \times 0.5538 + 0 \times 0.5714 + 5.51 \times 0.5921 + 287.63 \times \\ 0.6185 + 1.51 \times 0.5042 + 276.22 \times 0.4602 + 371.87 \times \\ 0.4483 + 15.43 \times 0.5042 \end{matrix}}{10189.7} = 0.98$$

分省分行业碳排放系数考虑标煤转化情况。

如附表 3 和附表 4 所示，2010 年北京市终端能源电力碳排放系数 =（688.66 × 0.7143 × 0.7559 + 5.38 × 0.5252 × 0.7476 + 1.53 × 0.6 × 0.7476 + 0.04 × 0.5714 × 0.3548 + 0.1 × 1.4571 × 0.5921 + 0.49 × 1.4286 × 0.6185 + 1.37 × 1.5714 × 0.4602 + 16.08 × 13.3 × 0.4483）/781.22X1.229 = 0.4916；

同理，得到 2010 年北京市终端能源热力碳排放系数 = 0.702。

如附表 5 和附表 6 所示，2010 年天津市终端能源热力碳排放系数 = 863.87 × 0.7143 × 0.7559 + 0.43 × 1.4286 × 0.6185 + 0.21 × 13.3 × 0.4483/16014.97 × 0.03412 = 0.8566；

2010 年天津市终端能源电力碳排放系数 = 2499.57 × 0.7143 × 0.7559 + 1.75 × 0.5714 × 0.3548 + 0.57 × 13.3 × 0.4483/639.96 × 1.229 = 1.7207；

同理，依据附表 7 和附表 8 计算可得，2010 年河北终端能源电力碳排放系数 = 1.5719；2010 年河北终端能源热力碳排放系数 = 0.9830；

2004~2017 年电力和热力的碳排放系数计算公式同上。

这样依据标煤系数和碳排放系数，可依次计算出全国及京津冀终端能源消费碳排放量、农林牧渔业碳排放量、工业（扣除原料、材料）碳排放量、交通运输、仓储和邮政业碳排放量；批发、零售业和住宿、餐饮业碳排放量。

由表 3 - 10 和表 3 - 11 可知，京津冀和全国一样，工业碳排放占比较大，第一产业占比较低，而京津冀工业碳排放占比高于全国水平，伴随国民经济的快速发展，物流业（交通运输仓储邮政业）也得到了迅猛发展，碳排放呈现逐年增长趋势。

表 3 - 10　2004~2017 年中国分行业终端能源消费碳排放量及占比

单位：万吨，%

年份	全国终端碳排放量	农林牧渔业碳排放量	占比	工业碳排放量	占比	交通运输仓储邮政碳排放量	占比	批发零售住宿餐饮碳排放量	占比	其他占比
2004	142775.37	3396.97	4.48	92281.90	64.63	7895.21	5.53	3938.65	2.76	24.70
2005	150089.34	3652.42	4.57	97800.66	65.16	8508.00	5.67	4095.42	2.73	24.01
2006	162095.34	3905.55	4.41	105743.96	65.24	9290.55	5.73	4401.47	2.72	23.91
2007	174288.58	3965.72	4.06	114959.57	65.96	9998.88	5.74	4691.75	2.69	23.34
2008	176674.92	3909.84	3.89	117657.77	66.60	10186.95	5.77	4696.64	2.66	22.77
2009	181309.54	3952.02	3.85	121114.74	66.80	10275.09	5.67	4758.26	2.62	22.73
2010	210163.00	4390.15	3.46	145978.72	69.46	15135.25	7.20	5063.56	2.41	18.84
2011	234430.84	4695.17	3.27	163510.68	69.75	16633.83	7.10	5980.59	2.55	18.60
2012	239269.67	4683.51	3.26	164047.97	68.56	18123.48	7.57	6390.83	2.67	19.24
2013	246673.27	4823.14	3.27	166678.04	67.57	19264.06	7.81	6723.20	2.73	19.94

续表

年份	全国终端碳排放量	农林牧渔业碳排放量	占比	工业碳排放量	占比	交通运输仓储邮政碳排放量	占比	批发零售住宿餐饮碳排放量	占比	其他占比
2014	246574.59	4755.42	3.28	165511.72	67.12	20019.59	8.12	6693.21	2.71	20.11
2015	244837.45	4777.45	3.36	160594.67	65.59	21014.34	8.58	6882.03	2.81	21.06
2016	248416.31	4891.05	3.44	154927.86	62.37	21620.27	8.70	7104.78	2.86	24.10
2017	251783.66	5073.15	3.55	156558.80	62.18	22877.97	9.09	7280.55	2.89	23.83

表 3–11　2004~2017 年京津冀分行业终端能源消费碳排放量及占比

单位：万吨，%

年份	全国终端碳排放量	农林牧渔业碳排放量	占比	工业碳排放量	占比	交通运输仓储邮政碳排放量	占比	批发零售住宿餐饮碳排放量	占比	其他占比
2004	15317.67	427.30	2.79	10598.83	69.19	750.80	4.90	417.40	2.72	20.39
2005	18133.44	508.50	2.80	13154.83	72.54	940.92	5.19	451.81	2.49	16.97
2006	19491.93	471.93	2.42	13932.97	71.48	1031.44	5.29	471.40	2.42	18.39
2007	20612.02	495.39	2.40	15078.16	73.15	1133.21	5.50	516.36	2.51	16.44
2008	21581.01	489.86	2.27	15289.96	70.85	1227.02	5.69	474.39	2.20	19.00
2009	22365.02	483.58	2.16	15728.14	70.32	1249.92	5.59	493.67	2.21	19.72
2010	23870.80	508.88	2.13	16990.81	71.18	1402.69	5.88	538.29	2.26	18.56
2011	26176.55	541.73	2.07	18890.16	72.16	1514.81	5.79	565.89	2.16	17.82
2012	26738.00	545.35	2.04	19135.96	71.57	1561.30	5.84	601.31	2.25	18.30
2013	26548.36	460.95	1.74	18896.49	71.18	1537.09	5.79	642.11	2.42	18.88
2014	25969.23	469.97	1.81	18196.58	70.07	1543.02	5.94	669.01	2.58	19.60
2015	25508.19	493.98	1.94	17171.82	67.32	1536.29	6.02	701.29	2.75	21.97
2016	25372.98	486.12	1.92	16634.41	65.56	1746.77	6.88	718.34	2.83	22.81
2017	25122.27	530.11	2.11	16592.98	66.05	1689.52	6.73	820.10	3.26	21.85

　　由表 3–12、表 3–13、表 3–14 及图 3–34 可知，京津冀内部分行业终端能源消费碳排放量则呈现明显差异。北京工业碳排放占比从 2004 年的 43.04% 下降到 2017 年的 13.86%，第三产业及生活能源消费占比达到 50%，天津工业碳排放占比约 60%，而河北工业碳排放近几年虽呈现下降趋势，仍然高达 75%；京津第三产业发达，物流业和批发零售住宿餐饮业碳排放占比高于同期全国水

产业转移视角下京津冀协同碳减排机制研究

平，特别是北京市物流业（交通运输仓储邮政业）碳排放量接近同期河北碳排放量，占比呈现显著上升趋势，从 2004 年的 11.45% 上升到接近 30%。京津冀物流业碳排放差异影响因素有待分析（见第 5 章）。

表 3-12　2004～2017 年北京分行业终端能源消费碳排放量及占比

单位：万吨，%

年份	北京终端碳排放量	农林牧渔业碳排放量	占比	工业碳排放量	占比	交通运输仓储邮政碳排放量	占比	批发零售住宿餐饮碳排放量	占比	其他占比
2004	2375.61	46.03	1.94	1022.56	43.04	271.96	11.45	122.71	5.17	38.40
2005	2469.83	60.96	2.47	1074.21	43.49	283.72	11.49	149.24	6.04	36.51
2006	2632.55	46.72	1.77	1000.63	38.01	362.11	13.76	164.80	6.26	40.20
2007	2756.66	48.94	1.78	1058.49	38.40	431.37	15.65	196.30	7.12	37.06
2008	2752.16	48.35	1.76	896.97	32.59	504.60	18.33	174.81	6.35	40.97
2009	2755.28	45.64	1.66	798.79	28.99	509.40	18.49	168.82	6.13	44.74
2010	2851.61	44.49	1.56	893.62	31.34	545.34	19.12	164.34	5.76	42.22
2011	2696.98	43.46	1.61	675.61	25.05	580.01	21.51	169.53	6.29	45.55
2012	2771.29	41.66	1.50	667.76	24.10	594.83	21.46	176.00	6.35	46.58
2013	2659.23	41.24	1.55	531.44	19.98	611.06	22.98	179.26	6.74	48.74
2014	2630.96	37.05	1.41	471.78	17.93	641.87	24.40	177.33	6.74	49.52
2015	2570.32	32.10	1.25	422.16	16.42	662.11	25.76	176.03	6.85	49.72
2016	2588.00	25.47	0.98	385.82	14.91	730.48	28.23	161.84	6.25	49.63
2017	2381.29	18.78	0.79	330.04	13.86	712.15	29.91	147.83	6.21	49.24

表 3-13　2004～2017 年天津分行业终端能源消费碳排放量及占比

单位：万吨，%

年份	天津终端碳排放量	农林牧渔业碳排放量	占比	工业碳排放量	占比	交通运输仓储邮政碳排放量	占比	批发零售住宿餐饮碳排放量	占比	其他占比
2004	2434.57	42.72	1.75	1409.31	57.89	203.47	8.36	175.53	7.21	24.79
2005	2630.74	50.68	1.93	1701.42	64.67	204.63	7.78	182.59	6.94	18.68
2006	2810.39	49.13	1.75	1879.50	66.88	208.90	7.43	189.97	6.76	17.18
2007	3036.44	49.31	1.62	2056.21	67.72	210.09	6.92	199.55	6.57	17.17

续表

年份	天津终端碳排放量	农林牧渔业碳排放量	占比	工业碳排放量	占比	交通运输仓储邮政碳排放量	占比	批发零售住宿餐饮碳排放量	占比	其他占比
2008	3192.30	47.81	1.50	2121.57	66.46	234.12	7.33	126.85	3.97	20.74
2009	3484.29	49.08	1.41	2290.07	65.73	254.06	7.29	137.54	3.95	21.63
2010	3755.01	56.62	1.51	2338.46	62.28	287.13	7.65	159.97	4.26	24.31
2011	4116.03	63.87	1.55	2656.54	64.54	308.49	7.49	167.78	4.08	22.34
2012	4372.10	67.01	1.53	2770.47	63.37	330.06	7.55	172.12	3.94	23.61
2013	4302.01	61.83	1.44	2777.14	64.55	273.38	6.35	139.94	3.25	24.40
2014	4264.17	60.60	1.42	2701.44	63.35	286.95	6.73	134.47	3.15	25.34
2015	4331.24	67.89	1.57	2541.14	58.67	269.37	6.22	143.60	3.32	30.23
2016	4018.79	63.81	1.59	2338.74	58.20	303.53	7.55	140.47	3.50	29.17
2017	4381.40	73.80	1.68	2465.72	56.28	335.59	7.66	167.62	3.83	30.55

表 3-14　2004～2017 年河北分行业终端能源消费碳排放量及占比

单位：万吨,%

年份	河北终端碳排放量	农林牧渔业碳排放量	占比	工业碳排放量	占比	交通运输仓储邮政碳排放量	占比	批发零售住宿餐饮碳排放量	占比	其他占比
2004	10507.49	338.54	3.22	8166.96	77.73	275.37	2.62	119.16	1.13	15.30
2005	13032.87	396.86	3.05	10379.19	79.64	452.57	3.47	119.99	0.92	12.92
2006	14048.99	376.07	2.68	11052.84	78.67	460.43	3.28	116.63	0.83	14.54
2007	14818.92	397.14	2.68	11963.45	80.73	491.74	3.32	120.51	0.81	12.46
2008	15636.55	393.71	2.52	12271.42	78.48	488.30	3.12	172.73	1.10	14.78
2009	16125.45	388.86	2.41	12639.26	78.38	486.45	3.02	187.32	1.16	15.03
2010	17264.18	407.77	2.36	13758.73	79.70	570.21	3.30	213.98	1.24	13.40
2011	19363.54	434.40	2.24	15558.00	80.35	626.31	3.23	228.57	1.18	12.99
2012	19594.62	436.69	2.23	15697.73	80.11	636.41	3.25	253.15	1.29	13.12
2013	19587.12	357.88	1.83	15587.91	79.58	652.65	3.33	322.91	1.65	13.61
2014	19074.10	372.32	1.95	15023.36	78.76	614.20	3.22	357.21	1.87	14.19
2015	18606.64	394.00	2.12	14208.52	76.36	604.80	3.25	381.66	2.05	16.22
2016	18766.19	396.84	2.11	13909.85	74.12	712.76	3.80	416.03	2.22	17.75
2017	18359.57	437.53	2.38	13797.22	75.15	641.78	3.50	504.64	2.75	16.22

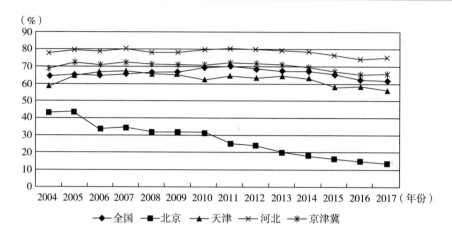

图 3 - 34　全国及京津冀工业碳排放比例

3.4.4　京津冀工业细分行业碳排放测算

根据 IPCC 碳排放计算指南，结合我国工业分行业能源统计数据的特点进行分析，依据上述分行业终端消费碳排放测算方法，由于河北数据获取的局限性，本书只对 2010 ~ 2014 年京津冀工业分行业数据进行测算与分析。

由于工业能源消费产生的碳排放占比较高且存在较大的区域差异，为了获得更为精确的产生二氧化碳排放的能源数据，根据《国民经济行业分类标准》（GB/T 4754—2011），考虑到前后数据的统一性，结合京津冀特点，将工业细分成 35 个行业，采矿业选取（煤炭开采和洗选业；石油和天然气开采业；黑色金属矿采选业；非金属矿采选业）；制造业包括（农副食品加工业；食品制造业；饮料制造业；烟草制造业；纺织业；纺织服装、服饰业；皮革、毛皮、羽毛及其制品及制鞋业；木材加工和木、竹、藤、棕、草制品业；家具制造业；造纸及纸制品业；印刷业和记录媒介的复制；文教体育用品制造业；石油加工、炼焦加工业；化学原料及化学制品制造业；医药制造业；化学纤维制造业；橡胶和塑料制品业；非金属矿物制品业；黑色金属冶炼及压延加工业；有色金属冶炼及压延加工业；金属制品业；通用设备制造业；专用设备制造业；交通运输设备制造业；电气机械和器材制造业；计算机、通信和其他电子设备制造业；仪器仪表及文化、办公用机械制造业；其他制造业；废弃资源综合利用业）；电力热力包括（电力、热力生产和供应业；燃气生产和供应业）。由于涉及行业较多，着重对高耗能行业进行分析。

3.4.4.1　高耗能产业测算

根据《中国能源统计年鉴》，对 2010 年和 2014 年工业各产业能源消费量占比进行测算，如表 3 - 15 和表 3 - 16 所示，前十名高耗能产业分别占到总消费量的 81.59% 和 82.87%。其中，黑色金属冶炼及压延加工业、化学原料及化学制品制造业、非金属矿物制品业、石油加工、炼焦加工业、有色金属冶炼及压延加工业、电力、热力的生产和供应业、煤炭开采和洗选业、纺织业稳定在前八位，近年来，金属制品业、橡胶和塑料制品业逐渐替代了之前的造纸及纸制品业、石油和天然气开采业，进入"十强"行列。

表 3 - 15　2010 年十大高耗能产业能源消费量及占比　　单位：万吨,%

产业名称	能源消费量	工业总能耗	占比
黑色金属冶炼及压延加工业	56413.01	211626.09	26.66
化学原料及化学制品制造业	29111.07	211626.09	13.76
非金属矿物制品业	27655.83	211626.09	13.07
石油加工、炼焦加工业	12826.2	211626.09	6.06
有色金属冶炼及压延加工业	12660.15	211626.09	5.98
电力、热力的生产和供应业	12625.71	211626.09	5.97
煤炭开采和洗选业	7483.93	211626.09	3.54
纺织业	6178.46	211626.09	2.92
造纸及纸制品业	3900.75	211626.09	1.84
石油和天然气开采业	3804.9	211626.09	1.80
占比合计		81.59	

注：表中是发电煤耗计算法得到的 2010 年工业分行业终端能源消费量（标准量）。

表 3 - 16　2014 年十大高耗能产业能源消费量及占比　　单位：万吨,%

产业名称	能源消费量	工业总能耗	占工业能源消费比重
黑色金属冶炼及压延加工业	80336.07	283419.58	28.35
化学原料及化学制品制造业	46660.19	283419.58	16.46
非金属矿物制品业	37105.42	283419.58	13.09
有色金属冶炼及压延加工业	17222.19	283419.58	6.08
石油加工、炼焦加工业	16281	283419.58	5.74
电力、热力的生产和供应业	14143.13	283419.58	4.99
煤炭开采和洗选业	6980.66	283419.58	2.46
纺织业	6884.65	283419.58	2.43
金属制品业	4811.45	283419.58	1.70
橡胶和塑料制品业	4432.85	283419.58	1.56
占比合计		82.87	

注：表中是发电煤耗计算法得到的 2014 年工业分行业终端能源消费量（标准量）。

3.4.4.2　全国工业高能耗行业碳排放量占比

由表 3 - 17 可知，2010 ~ 2014 年，全国高耗能产业碳排放量占比与能源消费占比相匹配，碳排放占比逐年提高。黑色金属冶炼及压延加工业能耗占比及碳排放占比都远远高于其他行业，是第一排放大户，黑色金属冶炼及压延加工业涵盖炼铁、炼钢、钢压延加工和铁合金冶炼。随着我国经济快速发展，投资拉动型的经济增长方式对于钢铁需求旺盛，我国成为全球第一钢铁生产大国。由此也带来巨大的能源消费和碳排放。

表 3 - 17　2010 ~ 2014 年全国工业高能耗行业碳排放量占比　　单位:%

产业名称 ＼ 年份	2010	2011	2012	2013	2014
黑色金属冶炼及压延加工业	29.88	29.48	30.55	30.87	31.08
非金属矿物制品业	14.53	15.56	15.15	14.14	14.12
化学原料及化学制品制造业	12.13	13.44	13.9	14.15	15.09
有色金属冶炼及压延加工业	5.59	5.6	5.69	5.8	5.94
电力、热力的生产和供应业	5.12	5.37	4.81	5.12	4.84
石油加工、炼焦加工业	3.19	3.08	3.05	3.14	3.32
煤炭开采和洗选业	3.24	3.24	3.36	3.29	2.69
纺织业	3.14	3	2.88	2.81	2.56
造纸及纸制品业	2.03	1.92	1.74	1.64	1.57
金属制品业	1.59	1.42	1.52	1.67	1.65
橡胶和塑料制品业	1.63	1.5	1.55	1.56	1.55
占比合计	82.07	83.61	84.20	84.19	84.41

对比表 3 - 17 和表 3 - 18 可知，在十一类高排放行业中，有八大类行业（黑色金属冶炼及压延加工业；电力、热力的生产和供应业；化学原料及化学制品制造业；石油加工、炼焦加工业；非金属矿物制品业；煤炭开采和洗选业；金属制品业；橡胶和塑料制品业）属于高排放行业，另外三类不同，分别是（京津冀集中于黑色金属矿采选业、交通运输设备制造业以及农副食品加工业），有色金属冶炼及压延加工业、纺织业、造纸业并不在京津冀高排放范畴。此外，黑色金属冶炼及压延加工业排放占比高于 50%，电力、热力的生产和供应业也较高。十一类行业碳排放占比合计高于 91%，行业排放集中度更高。进一步需要对京津冀内部行业排放进行分析。

表 3-18 2010~2014 年京津冀高能耗产业碳排放占比 单位:%

产业名称 \ 年份	2010	2011	2012	2013	2014
黑色金属冶炼及压延加工业	51.31	50.22	51.16	53.56	53.53
电力、热力的生产和供应业	17.28	16.61	17.2	17.06	17.19
化学原料及化学制品制造业	5.18	5.91	5.58	5.23	5.43
石油加工、炼焦加工业	4.76	5.12	5.4	5.02	4.98
非金属矿物制品业	3.75	4.05	3.75	3.29	3.22
煤炭开采和洗选业	3.2	3.57	3.93	3.23	3.21
黑色金属矿采选业	3.63	2.96	2.2	1.81	2.08
金属制品业	0.81	0.87	1.26	1.33	1.25
交通运输设备制造业	0.86	0.92	1.07	1.01	0.97
农副食品加工业	0.78	0.79	0.82	0.76	0.71
橡胶和塑料制品业	0.79	0.68	0.68	0.68	0.63
占比合计	92.35	91.70	93.05	92.98	93.20

对比表 3-19、表 3-20 和表 3-21 可知,京津冀十一类行业碳排放占比存在差异,北京仅有四种行业(电力、热力的生产和供应业;非金属矿物制品业;石油加工、炼焦加工业;化学原料及化学制品制造业)与全国相同,其中,电力、热力的生产和供应业占比非常高,其余集中于交通运输设备制造、计算机、医药、饮料农副食品制造等行业;天津、河北高碳排放行业与全国接近(分别有7种、9种),黑色金属冶炼及压延加工业占比分别高达 50%、60%。天津突出在交通运输设备制造业、石油和天然气开采业、食品制造方面差异,河北表现在黑色金属矿采选业、农副食品加工业方面差异。北京和河北高碳排放行业集中度更高,分别达 90% 以及 94%~95% 的水平,天津约为 87%,略高于全国水平。

表 3-19 2010~2014 年北京高能耗产业碳排放量占比 单位:%

产业名称 \ 年份	2010	2011	2012	2013	2014
电力、热力的生产和供应业	47.12	56.25	58.49	67.4	68.17
非金属矿物制品业	6.91	8.51	7.28	6.86	6.03
石油加工、炼焦加工业	6.5	7.73	8.07	3.38	3.79

续表

产业名称 \ 年份	2010	2011	2012	2013	2014
化学原料及化学制品制造业	5.25	5.63	5.16	3.42	2.79
交通运输设备制造业	2.07	2.47	2.86	3.12	3.16
黑色金属矿采选业	19.86	4.39	4.15	0.36	0.31
计算机通信和其他电子设备制造业	0.83	1.16	1.33	1.6	1.63
饮料制造业	1.25	1.57	1.49	1.3	1.18
通用设备制造业	0.8	1.97	0.88	0.76	0.8
医药制造业	0.7	0.88	0.93	0.97	0.99
农副食品制造业	0.7	0.85	0.92	0.87	0.87
占比合计	91.99	91.41	91.56	90.04	89.72

表 3 – 20　2010～2014 年天津高能耗产业碳排放占比　　　单位:%

产业名称 \ 年份	2010	2011	2012	2013	2014
黑色金属冶炼及压延加工业	47.05	45.48	49.44	49.71	49.67
化学原料及化学制品制造业	13.58	15.39	15.14	14.27	14.33
石油加工、炼焦加工业	5.19	4.3	3.35	3.3	3.59
电力、热力的生产和供应业	4.57	4.54	4.08	3.97	3.77
非金属矿物制品业	3.17	2.88	2.77	3.09	2.97
金属制品业	2.59	2.54	2.93	3.04	2.93
交通运输设备制造业	2.79	2.86	2.86	2.78	2.58
石油和天然气开采业	3.26	3.68	2.01	1.88	1.88
橡胶和塑料制品业	2.26	1.96	1.8	1.74	1.63
计算机、通信和其他电子设备制造业	2.07	2.29	2.08	1.85	1.77
食品制造业	0.9	1.58	1.6	1.55	1.58
占比合计	87.43	87.50	88.06	87.18	86.70

表 3 – 21 2010～2014 年河北高能耗产业碳排放占比 单位:%

产业名称 \ 年份	2010	2011	2012	2013	2014
黑色金属冶炼及压延加工业	59.12	56.55	56.59	59.3	59.07
电力、热力的生产和供应业	15.31	14.46	15.17	14.75	15
石油加工、炼焦加工业	4.44	4.98	5.49	5.49	5.35
煤炭开采和洗选业	4.17	4.58	5.05	4.1	4.04
化学原料及化学制品制造业	3.72	4.2	3.86	3.7	4.04
非金属矿物制品业	3.4	3.77	3.56	2.98	3.01
黑色金属矿采选业	1.99	3.2	2.19	2.08	2.37
金属制品业	0.55	0.59	1	1.05	0.98
纺织业	0.79	0.78	0.77	0.74	0.68
农副食品加工业	0.77	0.77	0.78	0.72	0.63
橡胶和塑料制品业	0.56	0.44	0.47	0.48	0.45
占比合计	94.82	94.32	94.93	95.39	95.62

3.4.5 京津冀碳排放强度特征及阶段分析

碳排放强度表示碳排放量与 GDP 的比值,该指标主要用于衡量一个国家或地区的经济水平与碳排放量之间的关系,可以反映一个国家或地区的能源利用效率和技术水平,该指标数值越大说明创造单位总产值所需的碳排放量或所付出的环境代价越大。为实现低碳经济发展,所有国家均需淘汰落后产能以削减碳排放强度,避免能源和资源浪费。与此同时,不同国家和地区发展阶段不同,发达国家和地区的产业结构以高附加值和低能耗为特征的第三产业为主,且在生产过程中采用较为先进的生产工艺和技术,而发展中国家和不发达地区,则主要集中在低附加值和高能耗为特征的第二产业,生产工艺和能源利用技术落后,因此发展中国家的碳排放强度高于发达国家。

由于经济发展过程中价格不断变化,以现价 GDP 计算的单位二氧化碳排放量不能直接比较,所以需要采用 GDP 指数以 2000 年为基期进行换算,2000～2017 年三地名义 GDP 与实际 GDP 如表 3 – 22 至表 3 – 24 所示。

表 3-22　2000~2017 年北京市名义 GDP 与实际 GDP　　　　单位：亿元

年份	北京名义 GDP	GDP 指数 78=100	GDP 指数 2000=100	实际 GDP (1)	GDP 指数 2005=100	实际 GDP (2)
2000	3212.8	823	100	3212.8	—	—
2001	3769.9	920.1	111.8	3591.9	—	—
2002	4396	1028.7	125	4015.8	—	—
2003	5104.1	1142.8	138.9	4461.2	—	—
2004	6164.9	1306.3	158.7	5098.7	—	—
2005	7141.4	1466.9	178.2	5725.2	100	7141.4
2006	8312.6	1654.7	201.1	6459.6	112.8	8055.5
2007	10071.9	1893	230	7389.4	129	9212.4
2008	11392	2063.4	250.7	8054.5	140.7	10047.9
2009	12419	2269.7	275.8	8860.9	154.7	11049.7
2010	14441.6	2505.8	304.5	9783	170.8	12197.5
2011	16627.9	2708.7	329.1	10573.3	184.7	13190.2
2012	18350.1	2925.4	355.5	11421.5	199.4	14247.1
2013	20330.1	3150.7	382.8	12298.6	214.8	15339.7
2014	21944.1	3383.8	411.2	13211	230.8	16482.4
2015	23685.7	3617.3	439.5	14120.3	246.6	17610.7
2016	25669.1	3863.3	469.4	15080.9	263.4	18810.4
2017	28014.9	4122.1	500.8	16089.7	281	20067.9

资料来源：笔者根据《北京市统计年鉴》2017 计算而得。

表 3-23　2000~2017 年天津市名义 GDP 与实际 GDP　　　　单位：亿元

年份	天津名义 GDP	GDP 指数 78=100	GDP 指数 2000=100	实际 GDP (1)	GDP 指数 2005=100	实际 GDP (2)
2000	1701.88	724.3	100.0	1701.9	—	—
2001	1919.09	812.3	112.0	1906.1	—	—
2002	2150.76	915.5	126.2	2148.2	—	—
2003	2578.03	1051	144.9	2466.1	—	—
2004	3141.35	1217	167.8	2855.8	—	—
2005	3947.94	1400.8	193.1	3286.9	100.0	3949.9
2006	4518.94	1608.1	221.7	3773.3	114.8	4532.2
2007	5317.96	1858.9	256.3	4361.8	132.7	5238.9

续表

年份	天津名义 GDP	GDP 指数 78 = 100	GDP 指数 2000 = 100	实际 GDP (1)	GDP 指数 2005 = 100	实际 GDP (2)
2008	6805.54	2169.4	299.1	5090.4	154.9	6115.4
2009	7618.20	2529.5	348.8	5935.3	180.6	7130.0
2010	9343.77	2974.7	410.1	6980.0	212.4	8385.4
2011	11461.70	3468.5	478.2	8138.7	247.6	9775.1
2012	13087.17	3954.1	545.2	9278.6	282.3	11145.0
2013	14659.85	4448.3	613.3	10437.6	317.6	12538.7
2014	15964.54	4897.6	675.3	11492.8	349.6	13802.0
2015	16794.67	5358	738.7	12571.8	382.5	15100.9
2016	17837.89	5845.6	806.0	13717.2	417.3	16474.8
2017	18549.19	6056	835.0	14210.1	432.3	17067.9

表 3 - 24　2000 ~ 2017 年河北省名义 GDP 与实际 GDP　　单位：亿元

年份	河北名义 GDP	GDP 指数 78 = 100	GDP 指数 2000 = 100	实际 GDP (1)	GDP 指数 2005 = 100	实际 GDP (2)
2000	5043.96	885.8	100	5043.96	—	—
2001	5516.76	962.8	108.7	5482.78	—	—
2002	6018.28	1055.3	119.1	6007.36	—	—
2003	6921.69	1177.7	133	6708.47	—	—
2004	8503.21	1329.6	150.1	7570.98	—	—
2005	10047.1	1507.8	170.2	8584.82	100	10047.1
2006	11513.6	1709.8	193	9734.84	113.4	11393.4
2007	13662.32	1928.7	217.7	10980.7	127.9	12850.2
2008	16079.97	2123.4	239.7	12090.37	140.8	14146.3
2009	17319.48	2337.9	263.9	13311.01	155.1	15583.1
2010	20494.19	2623.1	296.1	14935.17	174	17482
2011	24543.87	2919.6	329.6	16624.89	193.6	19451.2
2012	26568.79	3202.8	361.6	18238.96	212.4	21340
2013	28387.44	3465.4	391.2	19731.97	229.8	23088.2
2014	29341.22	3690.6	416.7	21018.18	244.8	24595.3
2015	29686.16	3941.6	445	22445.62	261.4	26263.1
2016	31660.15	4209.6	475.2	23968.9	279.2	28051.5
2017	34016.31	4487.5	506.6	25553.8	297.6	29902.9

从图 3 – 35 可以看出，不论是全国还是京津冀二氧化碳排放强度都呈现下降趋势。显示在经济高速发展的同时，能源利用技术和效率有了一定程度的进步和提高，从而导致碳排放强度的逐步下降。

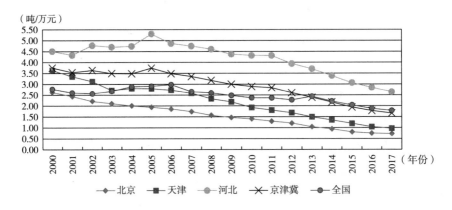

图 3 – 35 2000 ~ 2017 年京津冀及全国二氧化碳强度

2000 ~ 2017 年，京津冀地区总体的能源消费二氧化碳强度从 3.75 吨二氧化碳/万元下降到 1.66 吨二氧化碳/万元，下降了 55.7%。北京、天津碳排放强度低于全国水平，而河北一直处于较高水平，从而使得京津冀总体碳强度高于全国。近年来，随着河北碳强度显著下降，使得京津冀碳强度略低于全国水平。

上述分析可知，京津冀碳排放量呈现前高后低趋势，2012 年达到峰值；人均碳排放量呈现前高后低趋势，2013 年达到峰值；碳排放强度总体呈现持续下降趋势，但各省市在碳排放发展上具有一定的差异性，所以，从总体上建立京津冀区域碳排放协同减排机制有助于区域的整体性可持续发展。

3.4.6 京津冀碳强度控制目标实现情况

强度控制的关键是对排放增量和增速的限制，并最终实现总量减排。当经济增长快于碳排放总量增长时，即使碳强度是降低的，碳排放总量仍然是上升的，唯有碳强度以比增长更大的幅度降低时，才会实质上从总量上削减碳排放。碳强度控制目标是向总量控制目标的过渡阶段，给予经济充分调整的时间，通过技术进步和能源效率的提高来使碳排放总量上升的速度逐步缓和，这种方式给予了国家更多的发展空间，容易被大家所接受。

由表 3 – 25 可知，京津冀三地 2013 年之前碳排放强度下降率小于 GDP 增长率，未能实现绝对减排，自 2013 年起连续五年，实现了碳排放强度下降率高于 GDP 增长率，北京碳排放强度下降率大于 GDP 的增长率，存在绝对减排；而天津从 2015 年起碳排放强度下降率大于 GDP 的增长率；河北从 2014 年出现了前者大于后者情况。

表 3 - 25　京津冀碳排放强度与 GDP 变化对比　　　单位:%

年份	北京		天津		河北		京津冀	
	碳强度下降率	实际 GDP 增长率	碳强度下降率	实际 GDP 增长率	碳强度下降率	实际 GDP 增长率	碳强度下降率	实际 GDP 增长率
2001	-7.10	11.80	-7.98	12.00	-3.95	8.70	-5.63	10.26
2002	-9.26	11.80	-6.68	12.70	10.35	9.57	2.80	10.84
2003	-4.60	11.09	-13.10	14.80	-1.58	11.67	-3.97	12.03
2004	-5.03	14.29	3.23	15.80	0.76	12.86	-0.30	13.86
2005	-3.06	12.29	-0.32	15.10	11.97	13.39	7.40	13.34
2006	-4.16	12.83	-2.48	14.80	-8.29	13.40	-6.76	13.47
2007	-6.45	14.40	-5.19	15.60	-2.37	12.80	-3.81	13.84
2008	-9.96	9.00	-9.91	16.70	-3.01	10.11	-5.33	11.01
2009	-6.17	10.01	-6.08	16.60	-4.97	10.10	-5.61	11.38
2010	-4.77	10.41	-12.04	17.60	-1.33	12.20	-3.59	12.78
2011	-7.27	8.08	-6.13	16.60	-0.04	11.31	-1.91	11.48
2012	-6.76	8.02	-6.52	14.01	-8.62	9.71	-8.12	10.19
2013	-13.94	7.68	-11.46	12.49	-6.09	8.19	-8.25	9.06
2014	-9.42	7.42	-9.55	10.11	-8.46	6.52	-9.16	7.66
2015	-14.85	6.88	-11.62	9.39	-9.59	6.79	-10.79	7.47
2016	-6.94	6.80	-12.88	9.11	-7.09	6.79	-8.20	7.39
2017	-3.36	6.69	-6.84	3.59	-7.27	6.61	-6.45	5.85

中国承诺 2020 年碳强度比 2005 年降低 40% ~ 45%；2030 年比 2005 年下降 60% ~ 65%。以 2005 年为基期，2020 年碳强度下降 45%，则目标值 = 基期值 × (1 - 45%)，如北京 2020 年目标值 = 1.56 × (1 - 45%) = 0.858，以此类推如表 3 - 26、表 3 - 27 所示。北京、天津于 2013 年提前实现了 2020 年的减排目标；河北截至 2015 年碳强度累计下降 52.74%，虽达到了预定目标，但仍然是京津冀减排重点。京津冀 2015 年碳强度累计下降 55.3%，提前 5 年实现了 2020 年减排最高承诺。

表 3 - 26　2020 年京津冀碳强度目标值　　　　单位：吨/万元

	北京	天津	河北	京津冀
2005 年基期值	1.56	2.33	4.5	3.11
2020 年目标值	0.858	1.2815	2.475	1.71

表 3 - 27　京津冀以 2005 年为基期的二氧化碳强度

年份	北京二氧化碳强度 2005 为基期	天津二氧化碳强度 2005 为基期	河北二氧化碳强度 2005 为基期	京津冀二氧化碳强度 2005 为基期
2005	1.56	2.33	4.53	3.11
2006	1.49	2.27	4.15	2.90
2007	1.39	2.15	4.06	2.79
2008	1.26	1.94	3.93	2.64
2009	1.18	1.82	3.74	2.49
2010	1.12	1.60	3.69	2.41
2011	1.04	1.50	3.69	2.36
2012	0.97	1.40	3.37	2.17
2013	0.83	1.24	3.16	1.99
2014	0.76	1.12	2.90	1.81
2015	0.64	0.99	2.62	1.61
2016	0.60	0.87	2.43	1.48
2017	0.58	0.81	2.26	1.39

3.5　本章小结

中国各地区经济和技术水平、产业结构等差异较大，因此，分析京津冀区域碳排放特征及制定相应政策需要从消费者角度去计算和划分碳排放责任，基于能源平衡表应包括地区间引入转出的隐含碳。

2000～2017 年，京津冀碳排放总量、人均碳排放量 2013 年已达到峰值，提前 5 年实现了我国碳排放强度 2020 年比 2005 年下降 45% 最高承诺。但人均碳排放高于全国水平，显示出区域节能减排的成效与潜力。随着国民经济的快速发展，物流业（交通运输仓储邮政业）碳排放呈现逐年增长趋势。京津冀工业碳排放占比较大且高于全国水平，三地碳排放水平存在差异性。北京碳减排效果最为显著，能源结构和产业结构的双重效应在显现。碳排放间接比例较高，外部输入成为能源保障的重要来源；河北碳排放比重远大于能源消费量全国占比，84%的煤炭结构比例和近50%的第二产业结构比例使得调整产业结构特别是能源结构刻不容缓。河北仍然是京津冀减排重点。

在全国十一类高排放行业中，京津冀有八大类行业属于高排放行业。行业排放集中度更高。京津冀内部高碳排放行业又存在差异。

第4章 京津冀产业转移及碳排放转移分析

产业转移是指基于资源禀赋、区位优势和区域经济差异而使某些产业的部分或者全部生产能力与市场供应在不同区域的空间转移过程，是一种特有的存在于经济一体化、市场化、工业化和城镇化进程中的经济现象，由政策导向和经济规律协同作用产生，是经济发展的必然结果。

区域协同发展问题已经上升为国家战略，区域间产业转移已经成为地区经济关联的主要特征，与区域经济的演化进程并行发展。在经济全球化、区域经济一体化快速发展的背景下，产业转移已经成为区域产业协同发展的重要方式。因此，怎样能够实现合理的产业分工、产业转移成为需要考虑的重大课题。

4.1 京津冀产业转移历程及典型案例分析

4.1.1 京津冀产业转移历程

早在1993年，北京市与唐山市共同投资10亿元在渤海建设了京唐港区，京唐港的开发建设打开了北京的海上通道，开启了唐山港口发展的历史。随着"十一五"规划制定及北京奥运会的召开，2005年，首钢整体搬迁到河北曹妃甸是京津冀产业转移的标志性事件。北京的石油和天然气开采业；黑色金属矿采选业；非金属矿产采选业；黑色金属冶炼及压延加工业；金属制品业；石油加工、炼焦加工业、化学原料及化学制品制造业；化学纤维制造业；造纸及纸制品业；有色金属冶炼及压延加工业等重化工业不断向河北唐山、沧州转移，形成了以重化工产业为支撑，沿海港口为龙头的沿海工业产业带。北京重点发展以交通运输设备制造业、邮电通信业、金融保险业、房地产业和批发零售及餐饮业为主的第三产业，积极发展高新产业，逐步转移低端制造业。天津在现有加工制造业优势与港口优势基础上，定位为大力发展电子信息、汽车、生物技术与现代医药、装备制造等先进制造业以及现代商贸、金融保险、中介服务等现代服务业；河北定位在原材料重化工基地、现代化农业基地和重要的旅游休闲度假区域，也是京津高技术产业和先进制造业研发转化及加工配套基地。京津冀不同定位及经济、环境效应导致京津工业产业面临向外转移动能。

如图 4-1 所示，"十一五"和"十二五"期间，天津和河北承接产业转移的规模与地区经济发展趋势相似，呈现逐年上升的趋势。分阶段来看，在 2010 年以前，天津和河北承接产业转移的规模相近，但在 2010 年以后，河北承接产业转移的规模超越天津。这说明河北较好的产业承接能力发挥了有效的作用，吸引了更多的产业来冀发展。

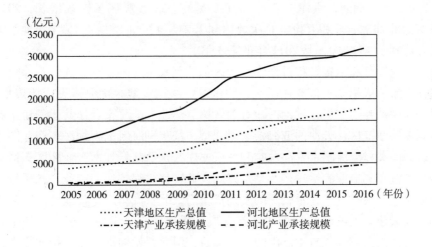

图 4-1　2005~2016 年天津、河北地区生产总值及产业承接规模

资料来源：于可慧. 京津冀产业转移效应研究［D］. 北京：北京科技大学, 2018.

2014 年 2 月 26 日，习近平总书记在北京考察工作时发表重要讲话，首次将京津冀协同发展上升到国家战略层面。2015 年 4 月 30 日，中共中央政治局审议通过《京津冀协同发展规划纲要》。加快了三地产业转移的步伐。2014~2016 年，河北省累计引进京津资金 11041 亿元，占同期省外资金引进总量的 50% 以上；天津市累计引进资金 5227 亿元，项目 4857 个，分别占同期市外资金、项目引进总量的 36% 、44% 。

2014 年，北京（曹妃甸）现代产业发展试验区成立，作为京津冀协同发展四大战略功能区之一，在推进首钢京唐二期项目的基础上，重点培育高端制造业、战略性新兴产业和生产性服务业，形成了优势突出的大规模临港产业集群。短短一年多时间，到 2015 年底，该区对接北京企业 160 余家，包括城建重工新能源汽车项目、北斗二代 CAPS 研发项目、森田（曹妃甸）国际环保科技园项目等。2014 年 5 月,中关村海淀园秦皇岛分园成立,2015 年 4 月,保定—中关村创新中心落户保定,这是中关村首个京外创新中心。前十年免收租金,给予了中关村充分的资金政策支持。创新中心与保定市深度合作,搭建良好的创新创业平台,是战略性新兴产业科技孵化中心。2014 年,北京的动物园批发市场外迁廊坊,现代汽车在沧州开建新工厂使得三地在推动产业转移发展方面取得了显著的成效。2015 年 10 月,北京新发地高碑店农副产品物流园项目正式启动,逐步发挥北京农批市场转移聚集统一承接功能,"菜篮子"得到疏解。"箱包之都"白沟成了北京大红门服装服饰、针织用品批发商户转移的首选之地。

"十二五"期间,京津冀企业相互投资的总次数实现了大幅增长,2011~2015 年,京津冀企业相互投资总次数达到 1.2 万次。尤其是 2015 年实现了大幅增长,达到了 4500 次,是 2011 年的 2.3 倍。

在产业转移和承接转移过程中,园区承接是最主要的一种模式。京津冀逐渐形成在省市一级建立示范产业园区,在区县一级结合地区优势建设产业聚集区,吸引企业主动参与布局,推动产业有效转移。河北省与北京合作共建的唐山曹妃甸协同发展示范区、天津的滨海新区、北京·沧州渤海新区生物医药产业园等省市园区,中关村海淀园秦皇岛分院和北京亦庄、永清高新技术产业园区等区县产业园区。汽车制造业和钢铁产业是京津冀产业转移进程较快的产业。除了较为先进的整车生产线和技术含量较高的发动机生产,北京汽车产业其他的生产环节基本都在向天津和河北转移,天津西青开发区承接了多个北京汽车零部件生产企业,致力于汽车零部件自主品牌的示范项目,河北曹妃甸则主要承接北京专用车产业,力图打造专用汽车产业园,包括特种车辆改装和钢结构生产项目,北汽福田从北京移出的泵车项目等。

不断创新监管模式与利益分配机制。渤海新区生物医药产业园全面落实北京药企异地延伸监管政策,在国内首开"企业在河北、监管属北京"的跨区域管理体系先河。中关村海淀园秦皇岛分园实行"4∶4∶2"利益分配机制,其中北京市海淀区与秦皇岛市地方财政收入各取 40%,另外 20% 用于建立产业基金。

2016 年 7 月,国家工业和信息化部同北京市、天津市和河北省共同制定《京津冀产业转移指南》,以更好地利用三地比较优势,引导产业转移的进行,推动京津冀协同发展,在京津冀区域构建"一个中心、五区五带五链、若干特色基地"("1555N")的产业发展格局,"通武廊"携手打造协同发展试验示范区。从三地产业发展来看,北京高新产业和现代服务业蓬勃发展,工业规模持续缩小,并开始向高端装备制造业、医药、电子等产业为主,产业园区从中心城区向郊区转移明显。截至 2019 年底,全市疏解一般制造业企业累计达到 3047 家,北京产业发展聚焦"高精尖"。2019 年,规模以上工业中高技术制造业、战略性新兴产业增加值分别增长 9.3% 和 5.5%，对工业增长的贡献率分别为 74.7% 和 58.9%（两者有交叉）。在服务业中，金融、信息服务、科技服务等优势产业地位日益加强。2018 年，以中关村国家自主创新示范区、北京经济技术开发区、北京商务中心区、金融街、奥林匹克中心区、首都机场临空经济示范区构建成的高端产业功能区以全市 9.9% 的法人单位，创造了全市 47.7% 的营业收入，凸显出"高精尖"价值。

2016 年 11 月，天津滨海—中关村科技园成立。采取中关村和滨海新区"双主任"创新合作机制。同月，北京企业投资滨海新区 45 个项目集中签约，总投资 350 亿元，其中 24 个项目落户科技园。如百度创新中心、离岸人才创新创业基地等。

2017 年，天津引进京冀 2701 个投资项目，投资总额达 1994.09 亿元，截至 2019 年底，滨海—中关村科技园累计注册企业达到 1443 家。中关村智能制造科创中心项目投入运营，加快京津合作示范区、宝坻京津中关村科技城、武清京津产业新城等承接平台建设。与此同时也加快产业转移。2016 年，天津市天纺集团将滨海新区纺织产业基地整体迁移至南宫，投资 20 亿元打造以毛精纺、高档棉纺织、色织、家纺等上下游为一体的纺织产业基地，助力邢台市发展"4 + 2"新兴主导产业。

河北省依托区位优势、产业基础和市场要素等资源，积极承接京津产业向河北转移。2014～2017 年，河北省共引进京津项目 16000 个，截至 2019 年上半年，北京·沧州渤海新区生物医药产业园签约北京项目 95 个。首钢京唐二期、北京现代沧州工厂、北汽福田、威克多制衣、张北云联等重点产业项目落户河北。近年来，曹妃甸累计实施北京项目 150 个，总投资 3000 多亿元。2016 年 10 月，北京现代悦纳车型在沧州工厂下线，此项目总投资 120 亿元，年产发动机 20 万台，整车 30 万辆。沧州工厂与此前的黄骅工厂强强联手，辐射周边市场和零部件配套企业，带动河北从汽车零部件、整车制造、物流运输、二手车到汽车拆解等的汽车全产业链发展。

与此同时，河北加大产业调整升级力度，2018 年，全省装备制造业增加值比上年增长 8.3%，对全省规模以上工业增长的贡献率为 34.6%，居七大主要行业之首。装备制造业已经超越钢铁产业，成为河北的主导产业。在 2019 年科博会上，河北与北京签约项目 25 个，投资额达 89.28 亿元。

京津冀三地通过产业转移、产业对接及进一步升级，北京首都功能优化，非首都功能得到疏解，一批疏解腾退空间用于城市绿化、停车设施、基础教育等公共服务项目建设和创新创业发展。

京津冀区域内的产业转移已经由梯度转移为主逐渐转变为以城市功能为主，

产业分工、产业创新及产业转移并行，逐渐形成了以技术"进链"、企业"进群"、产业"进带"、园区"进圈"为主线的总体思路以及"项目带动、企业拉动、集群驱动、产城互动、区域联动"的新格局。三地产业空间布局得到优化，已经初步形成了区域产业链，为京津冀产业协同发展打下了基础。

4.1.2 产业转移成功案例分析

4.1.2.1 河北黄骅承接北汽集团产业转移

北京汽车集团有限公司，简称北汽集团，是一家有近60年历史的汽车集团，产业链涵盖进出口、汽车金融、汽车服务贸易和汽车零部件，并已经将业务拓展延伸到通用航空领域，2013年，集团销售汽车216.4万辆，营业收入达2663.8亿元。北汽集团总部设在北京，在全国建有九大商用车和八大乘用车生产基地，在海外20多个国家建有整车工厂。2013年，北京汽车制造厂从北京顺义转移至河北黄骅，2015年，北汽集团黄骅分公司成立并正式投产，这是河北沧州渤海新区承接北京产业转移的重要成果。

（1）北汽集团产业转移动因分析。

北汽集团整车制造业近年来发展迅速，急需扩产。但受到北京市人力资源成本、土地、能源及水资源的严重短缺等要素的限制。此外，随着北汽制造规模的扩大，随之带来环境质量影响巨大，矛盾日益突出。将北汽制造转移出北京市是企业发展的必然结果。另外，黄骅作为承接地战略优势显著。

第一，自然优势。黄骅具备地理区位优势：黄骅地处河北省沧州市，拥有65.8公里海岸线，于2010年建成黄骅综合大港并通航，具备20万吨级通航能力的大港，拥有较强的海运能力，且年吞吐量不断提升，有利于原材料和产品进出口，降低运输成本。是"环渤海"地区重要港口城市，也是"环京津"的枢纽地带。港口腹地广阔，辐射范围大，可向西延伸至内蒙古、陕西、山西等地。

第二，土地优势。在沧州渤海新区临港区内，存在大规模闲置土地，可作为承接京津产业转移的基础，直接用于工业建设；黄骅市拥有丰富的能源和土地资源，沧州市天然气储量丰富，市内设有大港和华北两大油田。

第三，市场和政策优势。2009年，河北省民用货车保有量104万辆，仅低于广东和山东两省，位列全国第三。如果报废更新周期按8年计算，河北省每年有约13万辆的货车需求量，加上周边省份的需求量，该区域有广阔的市场前景。政府为区域内汽车产业发展提供了政策支持。其次有汽车产业基础：从20世纪90年代发展至今，基本形成汽车销售、维修保养、汽车零部件及配件制造和改装车制造为一体的产业体系。这为黄骅承接北汽集团产业转移打下了良好的基础。

（2）产业承接模式及效应。

投资 100 亿元建立北汽—黄骅产业园，该产业园是集整车制造及汽车零部件生产、汽车服务、展览、物流、销售为一体的综合性产业园。北汽制造转移到黄骅后，总装线由最初规划的 3 条增加为 4 条。北汽制造迁入黄骅市，当地的老品牌汽车企业昌骅公司主动与其对接，提供产业配套服务，对黄骅加快自身汽车零配件产业结构调整具有带动作用。天津汽车模具公司于 2009 年落户黄骅经济开发区，迅速与北汽建立起合作。政府加大了符合北汽制造配套企业条件的招商引资工作，进一步延伸了产业链条，加强了配套产业基础设施建设。吸引国内外汽车制造相关企业进入黄骅，如中国重型汽车集团旗下的黄骅光华专用汽车有限公司，专业生产专用汽车模具项目，总投资 6.9 亿元。通过完善黄骅汽车产业格局，优化升级黄骅汽车产业。

综上所述，北汽制造厂的转入和北汽集团黄骅分公司的成立是市场驱动的必然结果，符合产业转出与转入地的共同诉求，也离不开政府引导。河北政府积极承接北汽制造的转入，提供多种优惠政策，构建汽车产业园区，搭建产业转入平台，加快推进京津冀协同发展及产业转移进程。同时，在京津冀未来协同发展中仍需要较强的市场推动作用，要符合经济规律和市场法则，将企业作为推动区域协同发展合作的主体。

地区间的产业转移，不是将高能耗、高污染企业转向发展相对落后的区域，而是将符合各地区定位，有助于产业转型、又能促进区域产业协同发展的企业、产业进行合理的转移，在这一过程中实现产业结构优化，形成协同创新共同体。既注重在改造并提升传统产业、优化升级存量产业，又将重心放在新兴产业增量层面，形成区域新兴产业集群，才能营造以创新为驱动力的新经济圈，创造新的经济增长点。

4.1.2.2　北京·沧州渤海新区生物医药产业园共建共管共享模式案例

2014 年，北京市制定发布了退出、禁止和限制产业目录。迫使化学原料药生产环节必须在 2017 年底前彻底退出。如何妥善安置这些生产企业，在北京周边选址生物医药产业园，避免生产环节原料供应的中断，成为了急需解决的问题。

2014 年 5 月，北京市经信委、北京市食药监局、河北相关部门共同启动了"促进京津冀区域协作、完善首都生物医药产业链"专项工作，组成联合工作小组，先后前往天津滨海新区、蓟县上仓工业园，河北曹妃甸、廊坊、沧州、涿州等共 6 个园区进行实地考察，按照"产业定位明确、配套设施齐备、具备年底动工建设"的选址条件，优选出河北沧州、廊坊以及天津蓟县三个开发区，计划按照"组团入驻、统一规划、集中管理"的原则进行产业布局。并对需要搬迁入驻企业展开调研，获取一手资料。2014 年 9 月进行宣讲，具备承接产业转移能力的三个开发区进行现场推介展示。2014 年 10 月，参照企业的入驻意向，分两次组织有明确合作意向的 30 余家企业到沧州和蓟县进行实地考察，由于工作急需，先期组织部分企业入驻沧州。2014 年 11 月 17 日，达成共建"北京·沧州渤海新区生物医药产业园"合作意向，2015 年 1 月 19 日，京冀两省市在石家庄举行了签约仪式。之后企业陆续进入，截至 2020 年 3 月，共签约项目 143 个，总投资443 亿元。其中，上市公司 12 家、高新技术企业 61 家，北京医药企业共计 95 家，总投 270 亿元。

经验总结：秉持共建、共管、共享理念，"三力合一"。

所谓共建：一是京冀双方以"园中园"的方式，即在渤海新区的临港经济技术开发区建设生物医药专业园区。按照"产城一体"的理念启动园区和城市规划建设，引入北京高端产业园区，入区企业一定要实现技术升级、设备升级和产品升级，将产业园打造成国内一流、国际领先的产业园区。二是高度重视此次合作，由沧州市委副书记牵头成立了专项工作小组，简化工作流程，2015 年 4 月11 日，距签约仪式过去仅 40 个工作日，首批开工的 10 个项目就举行了现场奠基，创造了"沧州速度"。

所谓共管：一是北京市食药监局通过政策创新与突破，在沧州建立直属京外分局，实行异地监管，本市企业避免了繁琐的药品转移审批、注册手续。异地监管也得到国家局的赞同。二是北京市经信委与渤海新区管委会建立定期沟通机制和重大事项协调机制，推进入园企业重点项目落地。三是北京市经信委与工信部对接，将沧州园列为全国医药工业"十三五"时期重点建设的绿色生态医药园，争取得到国家专项资金支持。四是发起设立北京医药行业协会沧州分会，建立园区医药行业污染物排放标准，帮助园区管委会加强绿色生产监督管理。

所谓共享：一是尊重企业意愿在当地设立分支公司，按照规定可以将园区工业产值和税收留在当地，以此支持带动河北经济社会发展。综合一期投资效益预计实现产值约 150 亿元，吸纳当地就业约 8000 人。二是通过该园区建设，北京企业有序集中疏解不符合城市功能的一般性生产环节，减少资源消耗，在京企业集中精力发展研发、销售和高端制剂环节。按照原料药与制剂 1∶6 的带动比推算，也带动北京制剂产值增加，实现双赢。

北京产业转移的"推力"，津冀以自身优势吸引企业扎根的"吸力"，作为市场主体的企业，限制的生产环节得到了妥善安排、发展空间进一步扩大，上下游生产环节配合更加顺畅，通过转移实现效益的"动力"，通过"三力合一"推动北京·沧州渤海新区生物医药产业园生根落地，推进当地由重化工业向精细化工、生物医药产业跨越升级，打造成生物医药区域合作、协同发展示范区。

4.2　京津冀产业转移测度

4.2.1　基于产业动态转移系数

孙值华（2016）认为，运用产业动态转移系数分析各地区的产业分工和转移，能更加清晰直观地表现各行业和部门分工和转移特征。因此，在对京津冀协同发展背景下的产业转移和集聚趋势计量方法，采用产业动态转移系数。

产业动态转移系数，又称产业动态集聚指数，该指数反映在测算期内所研究对象（即某一产业）向该地区或区域的集聚现象，其大小可体现所研究的产业在地区和区域间转移的方向和速度。比较所研究产业增长速度与计算期内区域（京津冀）产业平均增长速度可以得到产业动态转移系数，该系数大于 1 时，表示该产业在该地区是转入趋势，并且系数数值越大转入速度越快；反之就是转出状态，数值越小转出速度越快，也就是说该产业在该地区呈现萎缩趋势。

$$DIF = \frac{S_{ijt}}{S_{it}} \tag{4-1}$$

$$S_{ijt} = \sqrt[t]{e_{ijt} / e_{ij0}} - 1 \tag{4-2}$$

$$S_{it} = \sqrt[t]{\sum_1^n e_{ijt} / \sum_1^n e_{ij0}} - 1 \tag{4-3}$$

其中，0、t 表示时间周期 [0，t]，DIF 为动态集聚指数，S_{ijt} 为 j 产业在 i 地区的平均增速，S_{it} 为 j 产业在该区域的平均增速，e_{ij0} 和 e_{ijt} 分别为 i 地区 j 产业在基期和报告期的总产值，n 为行政区域个数，此处 n = 3。判断准则：$S_{it} > 0$ 表明 j 产业为扩张性产业，反之为收缩性产业。

第一，当 $S_{it} > 0$ 时，若 DIF > 1，表明 j 产业增速高于区域均值，该产业向 i 地区集聚，比较竞争优势明显，应作为重点承接产业；若 DIF < 0，则表明 j 产业在 i 地区已出现衰退，比较竞争优势丧失，应作为当前向外转移产业；若 0 < DIF < 1，则表明尽管 j 产业在 i 地区增长，但增速低于区域均值，比较竞争优势递减，应作为当前次重点的承接产业，未来应考虑产业转型升级或淘汰转移。第二，当 $S_{it} < 0$ 时，若 DIF > 0，则 $S_{ijt} < 0$，表明 j 产业在 i 地区出现负增长，应作为当前淘汰转移产业；若 DIF < 0，则 $S_{ijt} > 0$，表明尽管 j 产业在区域是收缩性产业，但在 i 地区仍然增长，依然具有比较竞争优势，可作为现阶段承接产业，未来考虑转型升级或淘汰转移。

数据来源于《北京市统计年鉴 2001 - 2018》《天津市统计年鉴 2001 - 2018》

《河北经济年鉴2001-2018》《中国统计年鉴2001-2018》。2000~2017年三次产业及工业、建筑业增加值及指数,以2000年为基期进行不变价折算,而三次产业内部缺乏地区生产总值指数,以当年价格进行测算。

由图4-2至图4-7可知,北京市第三产业及建筑业DIF大于或接近于1,具有比较优势,第一产业出现了负值,没有优势,产业呈现转出趋势,第二产业和工业DIF小于1并逐年下降,显示比较优势递减,将是产业面临升级或淘汰趋势;而天津除了第一产业DIF低于1以外,其余第二产业、第三产业都大于1,显示出区域比较优势,但建筑业比较优势在逐步消失;河北第一产业DIF大于1,具有比较优势,其余都接近1,显示具有承接产业转移的潜力;从第三产业内部来看,北京市在交通运输业、批发零售、金融业及其他产业方面接近1,具有一定比较优势,但在住宿餐饮和房地产业方面优势在消失;天津除房地产业外其余DIF都大于1,房地产业也逐年增加;河北在批发零售业、住宿餐饮业方面大于1,也具有一定优势,交通运输业若干年份也大于1,但在其他方面存在劣势。

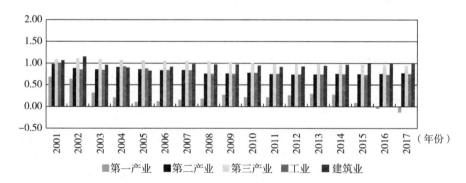

图4-2　2001~2017年北京三次产业及工业、建筑业转移趋势

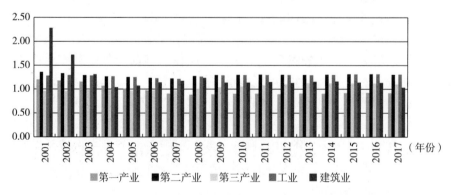

图4-3　2001~2017年天津三次产业及工业、建筑业转移趋势

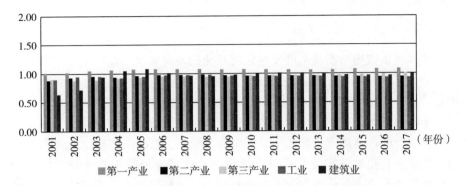

图 4 - 4　2001 ~ 2017 年河北三次产业及工业、建筑业转移趋势

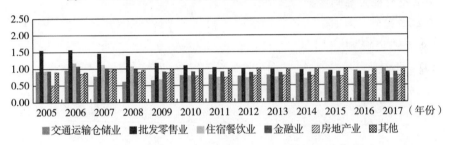

图 4 - 5　2005 ~ 2017 年北京第三产业内部转移趋势

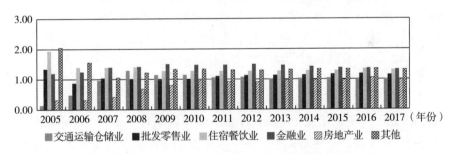

图 4 - 6　2005 ~ 2017 年天津第三产业内部转移趋势

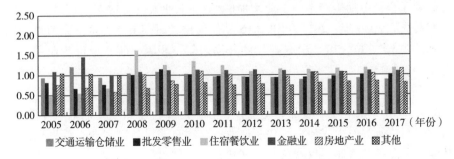

图 4 - 7　2005 ~ 2017 年河北第三产业内部转移趋势

4.2.2 工业产业梯度系数测算

产业梯度系数用于衡量不同地区之间产业的发展水平，也可衡量产业转移水平。某一地区产业梯度的升高意味着该产业存在产业移入，反之，则存在产业移出。

产业梯度系数 = 区位商 × 比较劳动生产率 × 比较资本产出率

区位商反映产业的专业化水平，区位商大于 1，表示该产业专业化程度高于全国平均水平，是地区专业化产业；比较劳动生产率反映了产业技术水平的高低，比较资本产出率反映资本的产业盈利能力，比较资本产出率越高，说明该产业资本的盈利能力越高。

其公式为：

$$IGC = LQ \times CPOR \times CCOR \tag{4-4}$$

$$LQ_{ij} = \frac{e_{ij}/e_i}{E_j/E} \tag{4-5}$$

$$CPOR_{ij} = \frac{e_{ij}/E_j}{l_{ij}/L_j} \tag{4-6}$$

$$CCOR_{ij} = \frac{e_{ij}/E_j}{k_{ij}/K_j} \tag{4-7}$$

LQ_{ij} 是 i 地区（京、津、冀）j 产业的区位商，e_{ij} 是 i 地区 j 产业的产值，e_i 是 i 地区的工业总产值，E_j 是全国 j 产业的总产值，E 为全国工业总产值；$CPOR_{ij}$ 是 i 地区 j 产业的比较劳动生产率，l_{ij} 是 i 地区 j 产业的从业人员，L_j 是全国 j 产业的从业人员；$CCOR_{ij}$ 是 i 地区 j 产业比较资本产出率，k_{ij} 是 i 地区 j 产业平均资本，K_j 是全国 j 产业总资本。

数据来源于《中国工业经济统计年鉴》《中国统计年鉴》《北京统计年鉴》《天津经济统计年鉴》《河北经济年鉴》。《中国工业经济统计年鉴》上缺失的部分行业从业人员数据由各自省份统计年鉴里面的工业增加值与全员劳动生产率的比值求得（全员劳动生产率 = 工业增加值/全部从业人员平均人数）。

本书选取 2006 年、2011 年和 2016 年作为比较时间节点，这三个节点分别是“十一五”“十二五”和“十三五”的开局之年，相隔 5 年，分析产业变动具有代表性。

从表 4 - 1 区位商显示来看，北京区位商大于 1 的产业个数从 2006 年的 11 个下降为 2016 年的 8 个，食品制造业；饮料制造业；印刷业和记录媒介的复制；专用设备制造业等失去优势。医药制造业；交通运输设备制造业；计算机、通信和其他电子设备制造业、仪器仪表及文化；办公用机械制造业；电力、热力生产和供应业；燃气的生产和供应业保有优势。

表 4 - 1 京津冀工业分行业区位商

行业	区位商								
	北京		天津			河北			
	2006	2011	2016	2006	2011	2016	2006	2011	2016
煤炭开采和洗选业	0.78	**1.38**	0.06	0.13	**1.30**	0.02	**1.16**	**1.02**	**1.11**
石油和天然气开采业	0.09	0.87	0.23	**3.16**	**5.70**	**3.92**	**1.05**	0.50	0.43
黑色金属矿采选业	0.32	**1.57**	0.69	0.00	0.39	0.80	**6.88**	**5.91**	**6.18**
非金属矿采选业	0.13	0.01	0.01	0.29	0.12	0.11	0.85	0.60	0.51
农副食品加工业	0.41	0.42	0.36	0.43	0.47	0.60	**1.11**	0.84	0.81
食品制造业	**1.21**	0.92	0.78	0.70	**1.95**	**2.77**	**1.45**	0.91	**1.15**
饮料制造业	**1.15**	0.97	0.55	0.69	0.52	0.49	0.81	0.64	0.66
烟草制造业	0.23	0.37	0.36	0.13	0.19	0.26	0.45	0.42	0.41
纺织业	0.16	0.15	0.02	0.17	0.11	0.09	0.79	0.83	**1.06**
纺织服装、服饰业	0.53	0.48	0.30	0.43	0.69	0.74	0.42	0.45	0.44
皮革、毛皮、羽毛及其制品及制鞋业	0.06	0.06	0.04	0.27	0.11	0.31	**1.49**	**1.91**	**2.17**
木材加工和木、竹、藤、棕草制品业	0.20	0.08	0.06	0.31	0.08	0.06	0.77	0.42	0.46
家具制造业	0.77	0.66	0.58	0.73	0.43	0.63	0.63	0.64	0.83
造纸及纸制品业	0.37	0.32	0.25	0.38	0.49	0.68	0.87	0.82	0.79
印刷业和记录媒介的复制	**2.11**	**1.80**	0.88	0.50	0.42	0.59	0.75	0.85	**1.12**
文教体育用品制造业	0.36	0.24	0.51	0.64	0.64	**1.26**	0.15	0.29	0.60
石油加工、炼焦加工业	**1.38**	**1.42**	0.93	**1.11**	**1.38**	**1.56**	**1.00**	**1.19**	**1.29**
化学原料及化学制品制造业	0.49	0.35	0.22	0.73	0.77	0.69	0.84	0.65	0.74
医药制造业	**1.15**	**1.76**	**1.77**	**1.23**	0.89	0.79	**1.06**	0.79	0.71
化学纤维制造业	0.08	0.02	0.03	0.03	0.06	0.02	0.26	0.23	0.86
橡胶和塑料制品业	0.37	0.28	0.16	0.85	0.70	0.83	0.73	0.82	**1.02**
非金属矿物制品业	0.77	0.64	0.44	0.32	0.29	0.29	**1.18**	0.89	0.79
有色金属冶炼及压延加工业	0.83	0.17	0.11	**1.69**	**2.22**	**2.99**	**3.72**	**3.81**	**4.24**
黑色金属冶炼及压延加工业	0.16	0.15	0.09	0.43	0.70	0.80	0.32	0.29	0.27
金属制品业	0.65	0.63	0.46	**1.18**	**1.51**	**1.53**	**1.07**	**1.47**	**2.00**
通用设备制造业	0.82	0.85	0.64	0.76	0.84	**1.10**	0.62	0.83	0.77
专用设备制造业	**1.49**	**1.26**	0.86	0.68	0.92	**1.10**	0.84	0.73	**1.00**
汽车制造业	—	—	**3.79**	—	—	**1.32**	—	—	0.78
交通运输设备制造业	**1.90**	**2.30**	**1.22**	**1.46**	**1.36**	**2.78**	0.49	0.55	0.64

行业	区位商								
	北京		天津			河北			
	2006	2011	2016	2006	2011	2016	2006	2011	2016
电气机械和器材制造业	0.55	0.88	0.59	0.93	0.64	0.75	0.52	0.61	0.75
计算机、通信和其他电子设备制造业	**2.60**	**1.85**	**1.28**	**2.30**	**1.30**	0.85	0.05	0.10	0.13
仪器仪表及文化、办公用机械制造业	**2.00**	**1.85**	**1.72**	**1.08**	0.69	0.30	0.18	0.23	0.28
其他制造业	0.70	**1.12**	**1.53**	0.48	0.53	**1.90**	0.28	0.35	0.65
废弃资源综合利用业	0.27	0.20	0.09	**1.05**	**2.00**	**2.45**	0.20	0.50	0.54
电力、热力生产和供应业	**1.52**	**2.81**	**4.76**	0.55	0.57	0.65	**1.32**	**1.13**	**1.00**
燃气生产和供应业	**1.39**	**3.17**	**4.02**	0.63	0.91	0.87	0.46	0.43	0.71

注："汽车制造业"于 2016 年开始有统计数据。

天津区位商大于 1 的产业个数从 9 个增加到 12 个（含汽车制造业），石油和天然气开采业；石油加工、炼焦加工业；有色金属冶炼及压延加工业；金属制品业；交通运输设备制造业、废弃资源综合利用业等保持了产业优势，食品制造业区位商指数增幅较大，通用设备制造业、专用设备制造业从小于 1 变为大于 1，显示天津加大了装备制造业发展力度。

河北区位商大于 1 的产业个数从 2006 年的 12 个下降到 2011 年的 7 个，到 2016 年又上升到 12 个，基本维持不变，煤炭开采和洗选业；黑色金属矿采选业；皮革、毛皮、羽毛及其制品及制鞋业；石油加工、炼焦加工业；有色金属冶炼及压延加工业；金属制品业；电力、热力生产和供应业等维持了区位优势；特别是黑色金属矿采选业；有色金属冶炼及压延加工业均值分别达到了 6.32 和 3.92，优势明显。医药制造业有下降，纺织服装、服饰业；文教体育用品制造业；金属制品业增幅较大。

梯度系数 1 以上的产业为相对优势产业，梯度值越高，优势越大；梯度值 1 以下的产业为相对劣势产业，不具有发展优势，按上述公式求出京津冀工业分产业梯度系数，分析三个地区梯度优势产业的差异，由表 4-2 可知，在 36 个产业中，京津冀工业总体梯度系数数值偏低，只有黑色金属矿采选业、有色金属冶炼及压延加工业津冀维持较高梯度系数，工业产业不具有优势。

由表 4-3 可知，从 2006 年到 2011 年再到 2016 年，北京优势产业从 2006 年的 7 个增加到 2011 年的 8 个，随后降到 2016 年的 5 个，天津和河北的梯度优势产业个数在京津冀起初都是 11 个，随着北京产业转移力度加大，天津和河北优势产业增加为 18 个和 14 个。

北京维持优势产业为石油加工、炼焦加工业；煤炭开采和洗选业梯度系数变动较大，逐步退出梯度系数仅为 0.01；计算机、通信和其他电子设备制造业由 2006 年的梯度系数 6.03 下降到 2016 年的 0.83，而电力、热力生产和供应以及燃气生产和供应业梯度系数增加明显；汽车制造业显示出产业优势。

根据京津冀产业转移指导目录要求，北京向外转移的具体产业包括信息技术、装备制造、商贸物流等八大类，根据 2018 年北京产业转移指导目录，北京引导逐步调整退出的产业类型有纺织、轻工、化工、钢铁、机械几大类行业中的部分细分行业。

天津维持优势产业为有色金属冶炼及压延加工业、金属制品业、黑色金属冶炼及压延加工业，整体梯度系数波动较大，食品制造业优势增加明显。黑色金属冶炼及压延加工业降幅较大，由 2011 年的 1.57 下降为 2016 年的 0.57。

河北优势产业集中于黑色金属矿采选业；食品制造业；皮革、毛皮、羽毛及其制品及制鞋业；有色金属冶炼及压延加工业；金属制品业；造纸及纸制品业；电力、热力生产和供应业；家具制造业承接产业转移后梯度系数增加，化学纤维制造业虽然梯度系数未达到 1，但由 2006 年的 0.09 增长到 2016 年的 0.53，增幅较大。金属制品业；纺织业；其他制造业增幅也较大。

表 4-2 京津冀工业梯度系数

行业	梯度系数								
	北京			天津			河北		
	2006	2011	2016	2006	2011	2016	2006	2011	2016
煤炭开采和洗选业	**20.45**	**29.97**	0.01	**21.04**	**14.08**	0.58	**1.15**	**1.34**	**1.30**
石油和天然气开采业	0.03	0.25	0.12	**1.84**	**1.86**	**1.88**	0.60	0.18	0.10
黑色金属矿采选业	0.36	0.14	0.01	—	**7.23**	**22.33**	**12.17**	**10.58**	**7.31**
非金属矿采选业	0.08	0.00	0.00	0.06	0.22	0.01	0.42	0.37	0.41
农副食品加工业	0.27	0.18	0.11	**1.48**	**1.14**	**1.43**	**1.76**	**1.17**	0.86
食品制造业	0.93	0.27	0.19	0.99	**1.49**	**5.24**	**2.01**	**1.19**	**1.23**
饮料制造业	0.74	0.31	0.10	**1.11**	0.59	**1.08**	0.64	0.75	0.57
烟草制造业	0.38	0.56	0.75	0.37	0.52	**1.15**	0.34	0.39	0.33
纺织业	0.08	0.07	0.00	0.19	0.26	0.36	0.74	**1.33**	**1.54**
纺织服装、服饰业	0.22	0.18	0.06	0.21	0.17	**0.41**	**0.47**	0.90	0.65
皮革、毛皮、羽毛及其制品及制鞋业	0.04	0.05	0.02	**1.13**	**1.06**	**6.69**	**3.30**	**5.16**	**3.97**

续表

行业	梯度系数								
	北京			天津			河北		
	2006	2011	2016	2006	2011	2016	2006	2011	2016
木材加工和木、竹、藤、棕草制品业	0.12	0.02	0.02	0.82	0.18	0.24	**1.97**	0.56	0.46
家具制造业	0.49	0.24	0.24	0.29	0.30	0.50	0.55	0.87	**1.09**
造纸及纸制品业	0.43	0.39	0.24	0.72	0.52	0.84	**1.09**	**1.97**	1.07
印刷业和记录媒介的复制	**1.21**	0.67	0.21	0.29	0.41	0.93	**1.03**	**1.46**	**1.68**
文教体育用品制造业	0.18	0.08	**1.39**	0.28	0.36	**3.33**	0.23	0.52	0.72
石油加工、炼焦加工业	**1.75**	**2.82**	**1.67**	**1.26**	**3.10**	**2.71**	**0.68**	**1.01**	**1.26**
化学原料及化学制品制造业	0.39	0.14	0.07	0.82	0.66	0.89	0.66	0.53	0.67
医药制造业	0.86	**1.13**	0.93	0.59	0.43	0.30	0.76	0.44	0.43
化学纤维制造业	0.05	0.00	0.01	0.02	0.26	0.55	0.09	0.11	0.53
橡胶和塑料制品业	0.16	0.23	0.05	0.43	0.14	**1.01**	0.62	**1.49**	**1.42**
非金属矿物制品业	0.63	0.34	0.13	**1.15**	0.69	0.64	0.90	0.65	0.46
有色金属冶炼及压延加工业	0.53	0.04	0.13	**6.55**	**5.83**	**7.99**	**4.92**	**4.41**	**4.26**
黑色金属冶炼及压延加工业	0.11	0.13	0.03	**1.36**	**1.47**	0.57	0.24	0.29	0.31
金属制品业	0.36	0.27	0.11	**1.29**	**1.73**	**2.98**	**1.45**	**2.54**	**3.48**
通用设备制造业	0.68	0.57	0.21	0.67	0.61	**1.04**	0.42	1.10	0.88
专用设备制造业	1.23	0.57	0.17	0.74	0.58	**1.05**	0.75	0.73	0.86
汽车制造业	—	—	6.09	—	—	1.10	—	—	0.58
交通运输设备制造业	**4.07**	**4.43**	0.72	0.91	0.74	0.86	0.32	0.46	0.44
电气机械和器材制造业	0.39	0.66	0.33	0.90	0.62	**1.62**	0.71	0.54	0.85
计算机、通信和其他电子设备制造业	**6.03**	**1.95**	0.83	0.16	0.23	0.19	0.01	0.04	0.06
仪器仪表及文化、办公用机械制造业	**1.94**	**1.21**	0.66	0.32	0.26	0.09	0.08	0.17	0.18
其他制造业	0.73	0.86	0.90	0.18	0.37	**1.73**	0.25	0.26	**1.60**
废弃资源综合利用业	0.11	0.05	0.00	0.08	0.47	0.67	0.16	0.71	0.25
电力、热力生产和供应业	0.98	**2.13**	9.62	3.03	**1.33**	**1.70**	**2.41**	**1.57**	**1.32**
燃气生产和供应业	0.26	2.29	**5.56**	0.09	0.15	0.68	0.09	0.10	0.24

注："汽车制造业"于2016年开始有统计数据。

表 4 - 3　京津冀梯度优势产业

年份	地区	优势产业个数	梯度优势产业
2006	北京	7	煤炭开采和洗选业；印刷业和记录媒介的复制；石油加工、炼焦加工业；专用设备制造业；交通运输设备制造业；计算机、通信和其他电子设备制造业；仪器仪表及文化、办公用机械制造业
2011	北京	8	煤炭开采洗选业；石油加工、炼焦加工业；医药制造业；交通运输设备制造业；计算机、通信和其他电子设备制造业；仪器仪表及文化、办公用机械制造业；电力、热力生产和供应业；燃气生产和供应业
2016	北京	5	文教体育用品制造业；石油加工、炼焦加工业；汽车制造业；电力、热力生产和供应业；燃气生产和供应业
2006	天津	11	煤炭开采和洗选业；石油和天然气开采业；农副食品加工业；饮料制造业；皮革、毛皮、羽毛及其制品及制鞋业；石油加工、炼焦加工业；非金属矿物制品业；有色金属冶炼及压延加工业；金属制品业；黑色金属冶炼及压延工业；电力、热力生产和供应业
2011	天津	11	煤炭开采和洗选业；石油和天然气开采业；黑色金属矿采选业；农副食品加工业；食品制造业；皮革、毛皮、羽毛及其制品及制鞋业；石油加工、炼焦加工业；有色金属冶炼及压延加工业；黑色金属冶炼及压延加工业；金属制品业；电力、热力生产和供应业
2016	天津	18	石油和天然气开采业；黑色金属矿采选业；农副食品加工业；食品制造业；饮料制造业；烟草制造业；皮革、毛皮、羽毛及其制品及制鞋业；文教体育用品制造业；石油加工、炼焦加工业；有色金属冶炼及压延加工业；橡胶和塑料制品业；金属制品业；电气机械和器材制造业；通用设备制造业；专用设备制造业；汽车制造业；电力、热力生产和供应业；其他制造业
2006	河北	11	煤炭开采和洗选业；黑色金属矿采选业；农副食品加工业；食品制造业；皮革、毛皮、羽毛及其制品及制鞋业；木材加工和木、竹、藤、棕草制品业；造纸及纸制品业；印刷业和记录媒介的复制；石油加工、炼焦加工业；金属制品业；电力、热力生产和供应业
2011	河北	13	煤炭开采和洗选业；黑色金属矿采选业；农副食品加工业；食品制造业；纺织业；皮革、毛皮、羽毛及其制品及制鞋业；造纸及纸制品业；印刷业和记录媒介的复制；橡胶和塑料制品业；石油加工、炼焦加工业；有色金属冶炼及压延加工业；金属制品业；电力、热力生产和供应业
2016	河北	14	煤炭开采和洗选业；黑色金属矿采选业；食品制造业；纺织业；皮革、毛皮、羽毛及其制品及制鞋业；家具制造业；造纸及纸制品业；印刷业和记录媒介的复制；石油加工、炼焦加工业；橡胶和塑料制品业；有色金属冶炼及压延加工业；金属制品业；其他制造业；电力、热力生产和供应业

产业梯度系数数据易于从公开渠道获取，计算方法相对简易，但缺点是无法测算产业转移的路径和绝对流量。而投入产出模型可测算产业转移绝对量，区分产业转移方向，但区域间投入产出表5年编制一次（数据不连续），且不易获取，本书使用偏离份额法进行转移量测算。

4.2.3 偏离—份额法测度原理及数据来源

4.2.3.1 测度原理

以一定时期某个产业在某一省（市）的增长为例，把该产业的增长规模分解为全国增长分量、经济区增长分量和省（市）增长分量三个尺度的增长分量。全国增长分量是该产业所在省（市）按照同一产业全国增长率所增加的分量，代表的是该产业所在省（市）的基期水平；经济区增长分量是该省（市）按照该产业所处经济区增长率与全国增长率的差值所增加的分量，可以解释为经济区的产业转移趋势和规模；省（市）增长分量是按照该产业所在省（市）增长率与所在经济区增长率的差值所增加的分量，可以解释为省（市）的产业转移趋势和规模。

以 $Q_{mi,t-1}$、$Q_{mi,t}$ 分别表示 i 省（市）j 产业 t-1、t 时期的工业总产值，以 $Q_{jz,t-1}$、$Q_{jz,t}$ 分别代表 i 省（市）所在的 Z 经济区 j 产业 t-1、t 时期的工业总产值，以 $Q_{je,t-1}$、$Q_{je,t}$ 分别代表全国 j 产业 t-1、t 时期的工业总产值，α、β、γ 分别表示 j 产业在全国、经济区和省（市）的增量系数。则有：

$$\alpha = \frac{Q_{c,t}^{j}}{Q_{c,t-1}^{j}} - 1 \tag{4-8}$$

$$\beta = \frac{Q_{z,t}^{j}}{Q_{z,t-1}^{j}} - \frac{Q_{c,t}^{j}}{Q_{c,t-1}^{j}} \tag{4-9}$$

$$\gamma = \frac{Q_{i,t}^{j}}{Q_{i,t-1}^{j}} - \frac{Q_{z,t}^{j}}{Q_{z,t-1}^{j}} \tag{4-10}$$

$$\alpha + \beta + \gamma = \frac{Q_{c,t}^{j}}{Q_{c,t-1}^{j}} - 1 + \frac{Q_{z,t}^{j}}{Q_{z,t-1}^{j}} - \frac{Q_{c,t}^{j}}{Q_{c,t-1}^{j}} + \frac{Q_{i,t}^{j}}{Q_{i,t-1}^{j}} - \frac{Q_{z,t}^{j}}{Q_{z,t-1}^{j}}$$
$$= \frac{Q_{i,t}^{j}}{Q_{i,t-1}^{j}} - 1 = \frac{Q_{i,t}^{j} - Q_{i,t-1}^{j}}{Q_{i,t-1}^{j}} \tag{4-11}$$

那么，

$$Q_{i,t}^{j} - Q_{i,t-1}^{j} = Q_{i,t-1}^{j} \times \alpha + Q_{i,t-1}^{j} \times \beta + Q_{i,t-1}^{j} \times \gamma$$
$$= Q_{i,t-1}^{j} \times \left(\frac{Q_{c,t}^{j}}{Q_{c,t-1}^{j}} - 1 \right) + Q_{i,t-1}^{j} \times \left(\frac{Q_{z,t}^{j}}{Q_{z,t-1}^{j}} - \frac{Q_{c,t}^{j}}{Q_{c,t-1}^{j}} \right) +$$
$$Q_{i,t-1}^{j} \times \left(\frac{Q_{i,t}^{j}}{Q_{i,t-1}^{j}} - \frac{Q_{z,t}^{j}}{Q_{z,t-1}^{j}} \right) \tag{4-12}$$

式（4 - 12）中：$Q_{i,t-1}^{j} \times \left(\dfrac{Q_{c,t}^{j}}{Q_{c,t-1}^{j}} - 1 \right)$ 表示全国增长分量，即 i 省（市）按照 j 产业全国增长率所增加的分量；$Q_{i,t-1}^{j} \times \left(\dfrac{Q_{z,t}^{j}}{Q_{z,t-1}^{j}} - \dfrac{Q_{c,t}^{j}}{Q_{c,t-1}^{j}} \right)$ 表示经济区增长分量，即 i 省（市）按照所处 Z 经济区的 j 产业增长率与全国增长率的差值所增加的分量，若该项大于 0，则表明时段内经济区有产业转入，若小于 0，则表明经济区有产业转出，若等于 0，则表明无产业转移发生；$Q_{i,t-1}^{j} \times \left(\dfrac{Q_{i,t}^{j}}{Q_{i,t-1}^{j}} - \dfrac{Q_{z,t}^{j}}{Q_{z,t-1}^{j}} \right)$ 表示省（市）增长分量，即所在 i 省（市）j 产业增长率与所处 Z 经济区增长率的差值所增加的分量，若大于 0，则表明时段内该省（市）有产业转入，若小于 0，则表明该省（市）有产业转出，若等于 0，则表明没有发生产业转移。

4.2.3.2　数据来源与处理

数据主要来源于《中国工业经济统计年鉴》《中国经济普查年鉴》《中国统计年鉴》《北京统计年鉴》《天津统计年鉴》《河北经济年鉴》，第一产业、第三产业取 2005 ~ 2018 年增加值相关数据和工业取总产值数据。由于 2017 年中国规模以上工业企业主要指标数据与上年数据之间存在不可比因素，且 2018 年进行全国第四次经济普查，《中国工业经济统计年鉴》停止出版，国家统计局将利用普查结果，组织研究修订历史数据，以保证历史数据可比（参见国家统计局官网说明），因此只能选取 2005 ~ 2016 年京津冀地区工业行业的年度数据，根据《国民经济行业分类》（GB/T 4754—2002）的分类标准选取二位编码工业行业。考虑到数据的可得性和一致性，将塑料制品业和橡胶制品业合并为橡胶和塑料制品业。

4.2.4　第一产业、第三产业转移趋势和规模分析

由表 4 - 4 至表 4 - 7 可知，2005 ~ 2018 年，京津冀第一产业向区域外转移增加 988.32 万元，北京、天津、河北都实现向区外转移；区域内，河北承接了北京和天津的转移。

表 4 - 4　北京第一产业转移偏离份额分析　　　　　　单位：万元

年份	实际增长量	国家分量	总偏离分量	区域增量	省份增量
2005	1.50	3.69	- 2.19	- 1.60	- 0.59
2006	0.30	6.02	- 5.72	- 3.13	- 2.58
2007	12.20	16.72	- 4.52	2.38	- 6.90
2008	12.00	17.76	- 5.76	- 5.21	- 0.55

续表

年份	实际增长量	国家分量	总偏离分量	区域增量	省份增量
2009	5.40	4.79	0.61	4.27	−3.66
2010	6.00	17.78	−11.78	0.22	−12.01
2011	11.70	21.22	−9.52	−5.22	−4.29
2012	13.90	13.81	0.09	−0.91	1.00
2013	11.40	12.91	−1.51	−3.44	1.94
2014	−0.60	8.71	−9.31	−5.37	−3.94
2015	−18.80	6.87	−25.67	−7.69	−17.98
2016	−10.60	6.48	−17.08	−4.48	−12.60
2017	−9.40	3.66	−13.06	−17.96	4.90
2018	0.20	−1.33	1.53	8.91	−7.38
合计	35.20	139.08	−103.88	−39.25	−64.63

表4-5　天津第一产业转移偏离份额分析　　　　　　单位：万元

年份	实际增长量	国家分量	总偏离分量	区域增量	省份增量
2005	7.10	4.54	2.56	−1.97	4.53
2006	−9.03	7.78	−16.81	−4.05	−12.76
2007	6.85	19.82	−12.97	2.82	−15.79
2008	12.40	19.69	−7.29	−5.78	−1.51
2009	6.30	5.27	1.03	4.70	−3.67
2010	16.70	19.62	−2.92	0.25	−3.17
2011	14.10	25.15	−11.05	−6.19	−4.86
2012	11.90	16.40	−4.50	−1.08	−3.41
2013	16.90	14.92	1.98	−3.98	5.96
2014	13.00	10.27	2.73	−6.33	9.06
2015	7.30	8.70	−1.40	−9.73	8.33
2016	11.40	9.64	1.76	−6.66	8.42
2017	−51.24	6.21	−57.45	−30.47	−26.97
2018	6.34	−1.86	8.20	12.50	−4.29
合计	70.02	166.16	−96.14	−56.00	−40.14

表 4-6　河北第一产业转移偏离份额分析　　　　　　单位：万元

年份	实际增长量	国家分量	总偏离分量	区域增量	省份增量
2005	29.57	59.16	-29.59	-25.65	-3.94
2006	61.81	96.96	-35.15	-50.50	15.34
2007	342.91	280.30	62.61	39.92	22.69
2008	229.87	322.47	-92.60	-94.66	2.06
2009	172.75	87.50	85.25	77.92	7.33
2010	355.47	336.05	19.42	4.25	15.18
2011	342.89	442.77	-99.88	-109.03	9.15
2012	281.00	298.31	-17.31	-19.71	2.41
2013	195.30	277.14	-81.84	-73.94	-7.90
2014	65.50	184.26	-118.76	-113.63	-5.13
2015	-8.00	148.82	-156.82	-166.48	9.65
2016	53.30	158.84	-105.54	-109.73	4.19
2017	-362.82	98.45	-461.27	-483.35	22.07
2018	208.62	-34.55	243.17	231.50	11.67
合计	1968.17	2756.47	-788.30	-893.08	104.78

表 4-7　京津冀第一产业转移量合计　　　　　　单位：万元

一产转移量	实际增长量	国家分量	总偏离分量	区域增量	省份增量
北京	35.20	139.08	-103.88	-39.25	-64.63
天津	70.02	166.16	-96.14	-56.00	-40.14
河北	1968.17	2756.47	-788.30	-893.08	104.78
京津冀合计	2073.39	3061.71	-988.32	-988.32	0.00

由表 4-8 至表 4-11 可知，2005～2018 年，京津冀第三产业向区域外转移增加 3703.77 万元，北京、天津、河北都实现向区外转移；区域内，河北转出状态分别由北京、天津承接。

表 4-8　北京第三产业转移偏离份额分析　　　　　　单位：万元

年份	实际增长量	国家分量	总偏离分量	区域增量	省份增量
2005	797.00	681.18	115.82	154.66	-38.84
2006	998.80	927.15	71.65	-27.33	98.98

年份	实际增长量	国家分量	总偏离分量	区域增量	省份增量
2007	1430.70	1574.67	-143.97	-310.73	166.76
2008	1200.40	1348.49	-148.09	-40.63	-107.47
2009	806.60	1132.98	-326.38	233.37	-559.75
2010	1485.50	1665.72	-180.22	-289.84	109.63
2011	1809.30	2045.25	-235.95	-10.81	-225.14
2012	1401.50	1693.40	-291.90	-179.37	-112.53
2013	1635.70	1914.12	-278.42	-280.84	2.41
2014	1344.10	1708.48	-364.38	-350.89	-13.49
2015	1763.20	2117.05	-353.85	-326.59	-27.26
2016	1710.20	2030.33	-320.13	77.91	-398.05
2017	1972.90	2345.82	-372.92	-293.72	-79.20
2018	4940.30	3311.96	1628.34	-330.88	1959.22
合计	23296.20	24496.61	-1200.41	-1975.69	775.27

表4-9 天津第三产业转移偏离份额分析

年份	实际增长量	国家分量	总偏离分量	区域增量	省份增量
2005	330.15	214.78	115.37	48.77	66.60
2006	244.10	306.93	-62.83	-9.05	-53.78
2007	347.70	498.61	-150.91	-98.39	-52.52
2008	636.70	407.90	228.80	-12.29	241.09
2009	518.50	378.59	139.91	77.98	61.93
2010	833.50	600.51	232.99	-104.49	337.48
2011	980.50	793.09	187.41	-4.19	191.60
2012	839.30	693.72	145.58	-73.48	219.06
2013	886.90	820.04	66.86	-120.31	187.18
2014	813.90	752.09	61.81	-154.47	216.27
2015	965.90	959.43	6.47	-148.01	154.48
2016	1368.60	938.07	430.53	36.00	394.54
2017	692.84	1149.72	-456.88	-143.96	-312.92
2018	240.48	1583.01	-1342.52	-158.15	-1184.37
合计	9699.07	10096.49	-397.42	-864.04	466.63

表 4 - 10　河北第三产业转移偏离份额分析　　　　　　单位：万元

年份	实际增长量	国家分量	总偏离分量	区域增量	省份增量
2005	475.54	454.54	21.01	48.77	-27.76
2006	564.08	618.33	-54.25	-9.05	-45.20
2007	808.39	1021.02	-212.63	-98.39	-114.24
2008	688.14	834.05	-145.91	-12.29	-133.62
2009	1267.75	691.95	575.81	77.98	497.82
2010	613.79	1165.39	-551.60	-104.49	-447.10
2011	1362.25	1332.91	29.34	-4.19	33.53
2012	947.55	1127.57	-180.02	-73.48	-106.53
2013	960.36	1270.26	-309.91	-120.31	-189.59
2014	755.84	1113.09	-357.25	-154.47	-202.78
2015	1080.07	1355.29	-275.22	-148.01	-127.21
2016	1327.48	1287.97	39.51	36.00	3.51
2017	1765.44	1517.27	248.17	-143.96	392.13
2018	1274.23	2207.23	-933.00	-158.15	-774.85
合计	13890.92	15996.87	-2105.94	-864.04	-1241.90

表 4 - 11　2005～2018 年京津冀第三产业转移量合计　　　单位：万元

三产转移量	实际增长量	国家分量	总偏离分量	区域增量	省份增量
北京	23296.20	24496.61	-1200.41	-1975.69	775.27
天津	9699.07	10096.49	-397.42	-864.04	466.63
河北	13890.92	15996.87	-2105.94	-864.04	-1241.90
京津冀合计	46886.19	50589.96	-3703.77	-3703.77	0.00

4.2.5　工业转移趋势和规模分析

如表 4 - 12 所示，2005～2016 年，京津冀工业向全国其他地区转移占据主导地位，工业总产值累计达 14582.93 亿元，其中，计算机、通信和其他电子设备制造业向全国各地进行疏解产值达到 4978 亿元，传统中关村一条街已经完成疏解改造、升级，印刷电路板等高污染、高环境风险的生产制造环节已经成为北京市严禁产业目录。

在京津冀内部，工业也实现了产业转移，规模达到 4736.21 亿元。北京向天津、河北分别转移了 1233.45 亿元和 3502.76 亿元。北京加快了产业结构调整和升级的步伐，重点发展高端制造业和现代服务业，对一般性工业进行了疏解。河北土地和矿产资源丰富，当地政府重视重化工业和能源、原材料加工业，提供优惠政策措施吸引产业落户，河北承接了北京74%的区域内产业输出。

表4-12　2005~2016年京津冀工业分行业转移趋势和规模　单位：亿元

行业名称	京津冀向全国其他地区转移量	京津冀地区内部		
		北京	天津	河北
工业	-14582.93	-4736.21	1233.45	3502.76
煤炭开采和洗选业	-523.69	-601.54	14.31	587.23
石油和天然气开采业	-205.67	-44.60	275.10	-230.49
黑色金属矿采选业	-223.04	-29.30	211.55	-182.25
非金属矿采选业	-60.74	-8.00	-8.88	16.88
农副食品加工业	-730.26	-150.51	238.43	-87.93
食品制造业	329.67	-272.47	436.95	-164.48
饮料制造业	-449.31	-122.40	34.18	88.22
烟草制造业	-11.91	-4.18	21.23	-17.05
纺织业	82.53	-140.72	-96.00	236.73
纺织服装、服饰业	-157.21	-126.36	110.80	15.56
皮革、毛皮、羽毛及其制品及制鞋业	-24.38	-27.31	-86.69	113.99
木材加工和木、竹、藤、棕草制品业	-174.03	-17.77	-23.50	41.26
家具制造业	-16.94	-46.67	6.61	40.06
造纸及纸制品业	-79.53	-59.20	76.78	-17.58
印刷业和记录媒介的复制	-112.17	-152.70	26.42	126.28
文教体育用品制造业	348.12	-15.13	-2.89	18.02
石油加工、炼焦加工业	-270.42	-644.44	348.88	296.06
化学原料及化学制品制造业	-1380.34	-500.42	61.5	438.92
医药制造业	-664.78	103.56	-46.72	-56.84
化学纤维制造业	145.09	-2.33	-32.04	34.37
橡胶和塑料制品业	-15.35	-157.14	-44.56	201.71
非金属矿物制品业	-1273.37	-239.03	79.28	159.75
有色金属冶炼及压延加工业	-171.36	-93.32	245.53	-152.21

续表

行业名称	京津冀向全国其他地区转移量	京津冀地区内部		
		北京	天津	河北
黑色金属冶炼及压延加工业	715.81	−1220.64	1115.54	105.11
金属制品业	785.01	−334.30	−223.85	558.14
通用设备制造业	312.31	−362.33	125.89	236.43
专用设备制造业	−340.53	−479.41	150.77	328.64
交通运输设备制造业	1454.37	14.16	−308.08	293.92
电气机械和器材制造业	−257.60	−359.22	−165.66	524.37
计算机、通信和其他电子设备制造业	−4977.99	−155.02	−298.34	453.36
仪器仪表及文化、办公用机械制造业	−261.18	24.30	−61.50	37.21
其他制造业	192.58	−7.44	22.41	−14.97
废弃资源综合利用业	25.11	−21.32	28.32	−7.00
电力、热力生产和供应业	1014.62	1375.83	−121.66	−1254.17
燃气生产和供应业	69.40	3.81	−17.54	13.73

注：表中数据全部为当年的价格。

4.2.6 高耗能行业产业转移趋势和规模分析

分行业来看，如表4−13至表4−18所示，2005~2016年，化学原料及化学制品业；非金属矿物制品业；石油加工、炼焦加工业；石油和天然气开采业；造纸及纸制品业；有色金属冶炼及压延加工业等高耗能产业都实现了向区外转移。

由表4−13、表4−14、表4−15可知，2005~2016年，京津冀的化学原料及制品业；非金属矿物制品业；石油加工、炼焦加工业都实现了转移，而在区域内，河北、天津承接了来自北京的产业转移。

表4−13　2005~2016年京津冀化学原料及化学制品业产业增长及区内外增量

单位：万吨

化学原料及化学制品制造业	实际增长量	国家分量	总偏离分量	区域增量	省份增量
北京	−96.71	667.57	−764.28	−263.86	−500.42
天津	1025.85	1407.37	−381.52	−443.02	61.50
河北	2198.28	2432.82	−234.54	−673.45	438.92
合计	3127.43	4507.77	−1380.34	−1380.34	0.00

表 4 – 14   2005 ~ 2016 年京津冀非金属矿物制品业产业增长及区内外增量

单位：万吨

非金属矿物制品业	实际增长量	国家分量	总偏离分量	区域增量	省份增量
北京	247.64	741.83	-494.20	-255.17	-239.03
天津	359.09	433.23	-74.14	-153.42	79.28
河北	1677.35	2382.39	-705.03	-864.78	159.75
合计	2284.08	3557.45	-1273.37	-1273.37	0.00

表 4 – 15   2005 ~ 2016 年京津冀石油加工、炼焦加工业产业增长及区内外增量

单位：万吨

石油加工、炼焦加工业	实际增长量	国家分量	总偏离分量	区域增量	省份增量
北京	219.82	902.21	-682.40	-37.95	-644.44
天津	998.82	757.38	241.44	-106.95	348.38
河北	1455.45	1284.92	170.54	-125.52	296.06
合计	2674.09	2944.51	-270.42	-270.42	0.00

由表 4 – 16、表 4 – 17、表 4 – 18 可知，2005 ~ 2016 年，京津冀的有色金属冶炼及压延加工产业；造纸及纸制品产业；石油和天然气开采业三地都实现了转移，而在区域内，天津承接了来自北京和河北的产业转移。

表 4 – 16   2005 ~ 2016 年京津冀有色金属冶炼及压延加工产业增长及区内外增量

单位：万吨

有色金属冶炼及压延加工业	实际增长量	国家分量	总偏离分量	区域增量	省份增量
北京	25.78	142.16	-116.38	-23.06	-93.32
天津	818.66	648.48	170.18	-75.35	245.53
河北	407.17	632.34	-225.17	-72.95	-152.21
合计	1251.62	1422.98	-171.36	-171.36	0.00

如表 4 – 17 所示，京津冀的造纸及纸制品产业向区域外实现了转移，主要是天津和河北向区外转移，区域内天津承接了主要来自北京、河北的产业转移。

表 4 – 17   2005 ~ 2016 年京津冀造纸及纸制品产业增长及区内外增量

单位：万吨

造纸及纸制品业	实际增长量	国家分量	总偏离分量	区域增量	省份增量
北京	22.53	90.39	-67.85	-8.65	-59.20
天津	189.49	135.18	54.31	-22.47	76.78
河北	354.27	420.26	-65.99	-48.41	-17.58
合计	566.29	645.82	-79.53	-79.53	0.00

表 4 – 18   2005 ~ 2016 年京津冀石油和天然气开采业增长及区内外增量

单位：万吨

石油和天然气开采业	实际增长量	国家分量	总偏离分量	区域增量	省份增量
北京	16.3	62.61	-46.21	-1.61	-44.60
天津	301.81	243.90	57.61	-217.49	275.10
河北	-67.60	149.47	-217.07	13.42	-230.49
合计	250.21	455.88	-205.67	-205.67	0.00

如表 4 – 19 至表 4 – 22 所示，高能耗的黑色金属冶炼及压延加工业呈现向京津冀转移、特别是向天津、河北趋势；电力、热力生产和供应业呈现向北京、河北、天津三地增加的趋势；纺织业呈现区内外都向河北转移趋势；金属制品业都呈现向京津冀转移，区域内河北承接了来自北京和天津的转移。

表 4 – 19   2005 ~ 2016 年京津冀黑色金属冶炼及压延加工业增长及区内外增量

单位：万吨

黑色金属冶炼及压延加工业	实际增长量	国家分量	总偏离分量	区域增量	省份增量
北京	-399.37	792.48	-1191.84	28.80	-1220.64
天津	3521.82	2194.34	1327.48	211.94	1115.54
河北	8055.11	7474.93	580.17	475.07	105.11
合计	11177.56	10461.75	715.81	715.81	0.00

表 4 – 20   2005 ~ 2016 年京津冀电力、热力生产和供应业增长及区内外增量

单位：万吨

电力、热力生产和供应业	实际增长量	国家分量	总偏离分量	区域增量	省份增量
北京	3612.74	1836.34	1776.41	400.58	1375.83
天津	604.68	601.14	3.54	125.20	-121.66
河北	1461.52	2226.85	-765.33	488.84	-1254.17
合计	5678.94	4664.33	1014.62	1014.62	0.00

表4-21   2005~2016年京津冀纺织业增长及区内外增量   单位：万吨

纺织业	实际增长量	国家分量	总偏离分量	区域增量	省份增量
北京	-47.78	88.72	-136.50	4.22	-140.72
天津	16.68	114.26	-97.58	-1.58	-96.00
河北	1426.72	1110.11	316.61	79.88	236.73
合计	1395.62	1313.09	82.53	82.53	0.00

表4-22   2005~2016年京津冀金属制品业增长及区内外增量   单位：万吨

金属制品业	实际增长量	国家分量	总偏离分量	区域增量	省份增量
北京	174.84	433.39	-258.54	75.76	-334.30
天津	1213.18	1185.41	27.77	251.61	-223.85
河北	3046.65	2030.87	1015.79	457.64	558.14
合计	4434.68	3649.66	785.01	785.01	0.00

由表4-23可知，2006~2016年，即"十一五"到"十三五"期间，北京除电力、热力生产和供应业变化不大外，其余产业企业数量都明显减少，煤炭开采与洗选业及石油天然气开采业已经退出，纺织业、橡胶和塑料业等大量疏解；天津黑色金属冶炼及压延加工业、非金属矿物制品业、有色金属冶炼及压延加工业企业数量明显增加，工业总企业数量"十一五"期间下降明显，"十二五"期间又有所增加，其余产业企业数量都相对减少；而河北工业企业总数量一直在增加，除煤炭开采洗选业和造纸业数量下降外，其余都在增加，承接了北京和天津的疏解企业。

表4-23   2005~2016年高耗能产业企业单位数变化量   单位：个

行业名称	2006年			2011年			2016年		
	北京	天津	河北	北京	天津	河北	北京	天津	河北
工业	6400	6301	10634	3746	5013	11570	3340	5203	14764
黑色金属冶炼及压延加工业	52	267	492	23	326	428	20	315	684
化学原料及化学制品制造业	421	581	765	221	384	804	184	346	979
非金属矿物制品业	435	230	1124	271	221	953	219	259	1297
有色金属冶炼及压延加工业	87	85	194	49	100	194	35	110	207
石油加工、炼焦加工业	50	46	123	25	35	129	16	42	132
电力、热力生产和供应业	78	62	257	61	64	266	74	80	280

续表

行业名称	2006 年			2011 年			2016 年		
	北京	天津	河北	北京	天津	河北	北京	天津	河北
煤炭开采和洗选业	25	3	177	6	3	153	—	3	112
纺织业	161	261	709	76	70	731	19	54	757
金属制品业	384	562	606	229	518	922	182	516	1430
橡胶和塑料制品业	298	390	611	132	302	631	108	308	851
造纸和纸制品业	116	173	313	44	133	273	41	130	243
石油和天然气开采业	2	6	5	6	11	2	—	2	2

4.2.7　基于用电量视角的产业转移分析

2013～2018 年，京津冀积极搭建产业合作平台，开展多种形式的产业转移与承接工作，一批重大产业合作项目相继落地。在制造业方面，河北制造业用电占京津冀区域制造业用电的比重始终在 75% 以上，2018 年比 2013 年增长了 0.12 个百分点。北京制造业占京津冀区域制造业用电占比下降了 0.57 个百分点，5 年来北京共疏解一般制造业企业累计达到 2648 家。制造业用电量占区域用电量比重增长较大的地区有沧州、邢台等，占比减少比较明显的是唐山、石家庄和北京（见图 4-8）。环京津制造业用电占比下降，冀中南地区制造业用电占比上升，主要原因是北京产业疏解，推动产业链纵向延伸，加之区域优势和政策因素，冀中南地区成为产业转移重点。沧州累计引进京津合作项目 1100 多个，引入北京现代、北汽、北京生物医药产业园、高端智能装备产业园等重大项目。

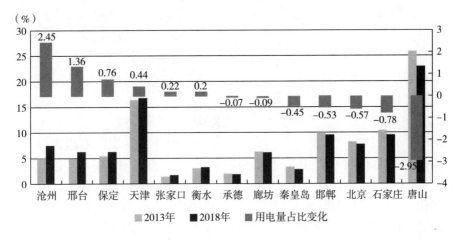

图 4-8　2013 年和 2018 年京津冀城市群制造业占区域制造业用电量的比重及变化

4.3 协同背景下京津冀产业转移政策及存在问题

为贯彻落实习近平总书记两次视察北京系列重要讲话精神以及《京津冀协同发展规划纲要》，加快非首都功能疏解，推动京津冀协同发展，从党中央国务院到京津冀三地政府陆续发布实施了一系列相关政策措施。

4.3.1 相关政策

（1）颁布产业转移指南。

2016年，工信部、北京市人民政府、天津市人民政府、河北省人民政府联合编发了《京津冀产业转移指南》，引导京津冀地区合理有序承接产业转移，优化产业布局。依托北京的科技和人才资源优势，打造具有全球影响力的科技创新中心和战略性新兴产业策源地，承担京津冀地区产业研发、设计、服务等功能，辐射全国；以北京中关村、天津滨海新区等五地区为依托，强化政策支持与引导，实现率先突破；以京津走廊高新技术及生产性服务业产业带等五带重点发展高新技术、生物医药等产业；引导汽车、新能源装备、智能终端、大数据和现代农业五大产业链合理布局，协同发展。2017年颁布《关于加强京津冀产业转移承接重点平台建设的意见》，构建提升"2+4+46"产业合作格局，集中力量打造曹妃甸协同发展示范区、北京新机场临空经济区、张承生态功能区、天津滨海新区四大战略合作功能区，合力打造46个高水平协同创新平台和专业化产业合作平台。2019年河北制定出台《关于进一步做好京津产业转移承接平台建设工作的指导意见》，分别与京津签署《关于进一步加强非首都功能疏解和重点承接平台建设合作协议》《关于进一步深化津冀协同发展战略合作协议》，培育京冀曹妃甸协同发展示范区、津冀芦台汉沽协同发展示范区等43个重点承接平台，深化三地合作。

（2）出台产业目录，明确禁止、限制及鼓励的产业分类。

第一，为严控增量，出台了产业禁限目录。2014年，由北京市发改委牵头制定实施《北京市新增产业的禁止和限制目录（2014版）》（以下简称《目录》）；2015～2020年，每年都对《目录》进行修订，禁限的行业领域进一步扩大；2018年修订《目录》中单列"北京城市副中心"；2020年对符合区域布局要求的城市运行服务保障产业、环保产业，对与百姓生活密切相关、社会关注度高的生产、生活性服务业予以细化修订；对符合首都功能定位的高精尖产业和环节对制造业中研发、中试、设计、技术服务等非生产制造环节予以支持，避免"一刀切"。

第二，为调整存量出台了产业（包括园区）退出目录。2014 年，由北京市经信委制定并以市政府名义发布实施《工业污染行业、生产工艺调整退出及设备淘汰目录（2014 年版）》（以下简称《目录》），使调整退出的企业和业态有了明确的依据。2017 年，市经济信息化委、市环保局对 2014 版《目录》进行了修订，形成了《北京市工业污染行业生产工艺调整退出及设备淘汰目录（2017 年版）》。2018 年天津市出台"工业园区（集聚区）围城问题治理工作实施方案"，今后 5 年，将通过分步治理，"砍掉" 265 个工业园区，使工业园区数量减少至 49 个工业园区和 130 个片区，园区结构调整将为新产业、新业态发展提供更大发展空间和资源、要素方面的支持。

第三，为优化发展出台了鼓励高精尖产业技术和产品目录。2015 年，由北京市经信委制定并以市政府名义发布实施《〈中国制造 2025〉北京行动纲要》。2016 年，又制定实施《北京市鼓励发展的高精尖产品目录（2016 年版）》和《北京市工业企业技术改造指导目录（2016 年版）》。2017 年底，北京市委市政府公布了《加快科技创新发展新一代信息技术等十个高精尖产业的指导意见》，为北京鼓励发展的"高精尖"产业提供了明确答案，2018 年天津市人民政府公布《天津市新一代人工智能产业发展三年行动计划（2018—2020 年）》。

（3）制定税收优惠政策，提高企业迁移积极性。

在迁出地与迁入地税收分享方面，2015 年 6 月，财政部和国家税务总局出台了《京津冀协同发展产业转移对接企业税收收入分享办法》，提出"由迁出地政府主导、符合迁入地区产业布局条件，且迁出前三年内年均缴纳增值税、企业所得税、营业税'三税'大于或等于 2000 万元的企业，纳入分享范围。迁出企业完成工商和税务登记变更并达产后三年内缴纳的'三税'，由迁入地和迁出地按 50%∶50% 比例分享"。在迁移企业的税收优惠方面，2016 年 4 月，北京地税局、国税局联合制定实施《疏解非首都功能产业的税收支持政策（试行）》，政策明确规定，因疏解非首都功能需要，企业需要关闭通产的，可申请办理关停期间房产税和城镇土地使用税的免税手续。

（4）制定资金奖励政策促进转移。

2017 年 5 月，北京市财政局牵头制定《关于设立疏解整治促提升转移支付引导资金的方案》，专门安排 100 亿元转移支付资金，重点聚焦十大专项行动和人口调控，对各区疏解整治促提升工作进行奖励。

（5）共同制定人才政策，缓解企业迁移后顾之忧。

2017 年 7 月，京津冀三地共同发布了《京津冀人才一体化发展规划（2017 –

2030年)》（以下简称《规划》）。这是我国首个跨区域的人才规划，也是首个服务国家重大战略的人才专项规划。《规划》提出了构建区域人才发展新格局、抢占世界优秀杰出人才发展制高点、创新区域人才发展体制机制、构筑区域协同创新人才共同体、打造区域人才政策新优势5项重点任务。2016年11月，京津冀三地人力社保局共同签署《专业技术人员职称资格互认协议》，互认专业技术人员资格证书和专业技术人员职称评审证书。在推动三地就业创业服务一体化、社会保障顺畅衔接、深化区域人才交流、专业技术人员职称资格互认、留学人员创业园共建等多方面达成一致。取得京津冀职称主管部门核发的职称资格证书人员，在三地之间流动时享受同等待遇。

（6）天津、河北制定优惠政策，积极吸引京籍企业迁入。

除了上述京津冀三地共同研究制定的配套政策以外，为吸引首都高端制造业企业的迁入，天津、河北纷纷规划完善园区建设，出台系列优惠政策。河北省研究制定《关于吸引更多京津科技成果到河北转化孵化整改工作方案（2018—2020年)》，2018年，吸纳京津技术成交额达到204亿元，同比增长25%，吸纳京津科技成果占两市输出总额的比重由2015年的1.93%提高到2018年的5.86%，京津已经成为河北省技术成果供给的主要源头。

4.3.2 存在的问题

（1）税收优惠政策有待进一步改进。

根据《京津冀协同发展产业转移对接企业税收收入分享办法》（以下简称《办法》）的规定，"由迁出地政府主导、符合迁入地区产业布局条件，且迁出前三年内年均缴纳增值税、企业所得税、营业税'三税'大于或等于2000万元的企业，纳入分享范围"。其中，对迁出企业的2000万元纳税额要求过高，北京市符合条件的企业寥寥无几，到2019年，没有一家企业能享受此优惠政策。标准有待重新设定。

该《办法》提到的"三税"指增值税、企业所得税、营业税，近两年全面实施"营改增"后，内容没有及时调整并且分享比例没有区分不同税种。

此外，不符合首都功能定位的企业也在享受税收优惠政策。现行的税收优惠政策是普惠制的，没有针对企业情况进行区别对待，少量高耗能、高耗水、一般制造业企业也在享受税收优惠政策。

（2）税收分享机制有待建立。

国家统计局规定，总部企业在异地投资，子公司是独立法人，其产值和税收要单独上报当地政府；如果不是独立法人的分公司，则产值和税收均由母公司上报总部所在地。在疏解非首都功能推动京津冀协同发展的背景下，北汽集团发挥表率作用，在河北沧州投资 30 多亿元建设第四工厂，直接带动当地就业 6000 人以上。为推动该项目的顺利实施，河北省及沧州市政府投入大量人力、物力、财力。但在项目落地后，由于第四工厂是北汽集团的分工厂，其产值和税收按规定都应由总部上报，这一规定挫伤了河北的积极性，也不利于北汽集团的后续发展。

（3）承接地的条件尚不成熟，产业配套能力差距较大，京津冀三地企业资质认证的对接机制不畅。

自改革开放以来，由于北京所具有的独特优势，经济社会发展速度明显快于天津与河北，导致京津冀产业梯度落差较大，产业协同进展较慢。从现有产业协同过程中产业承接情况来看，河北所承接的北京产业多数还停留在低层次水平。如，第一产业主要围绕北京城市居民的"菜篮子""米袋子"进行产业合作，第三产业多集中在物流、旅游等传统服务行业，第二产业多集中在技术含量低、附加值低、耗能高的产业。而高新技术产业转移受河北产业配套基础薄弱和缺乏相应的政策环境制约，因而承接得较少，产业集聚缓慢。

京津冀三地对于企业资质和认证的对接机制尚未有效建立起来，即从北京搬迁到天津、河北的企业，几乎所有资质许可甚至 ISO 系列认证都需要在迁入地重新申请，且审批周期较长，严重影响到企业的落地和运行。自 2018 年以来，北京市坚持把优化营商环境作为加快政府职能转变、促进高质量发展的重要抓手，不断深化改革锐意创新，取得明显效果，在 2019 年国家发改委对 22 个城市营商环境试评价中综合排名第一。相比之下，天津尤其是河北的营商环境还有较大差距，特别是产业服务体系不完善。目前，河北、天津两地承接平台虽多但布局比较分散，有的承接平台公共服务设施配套能力不足，且存在同质化竞争的现象。

（4）产业转移中伴随污染与碳排放转移。

环境污染也随着产业转移规模的扩大而有所增加。在津冀产业承接的前期标准、中期监督和后期调控工作中，如果没有对环境进行严格的把控，也会导致在承接工业或是一般服务业时，造成环境污染的情况。京津冀区域还没有形成统一的环境监督与调控机制，京津冀三地的环境污染惩罚标准的不一致，会让企业在选择转移地时以利益作为首要标准，天津和河北的产业布局也会吸引更多工业企业进入，如果没有对承接企业进行较高环境要求，对新建的产业园区进行及时的监督和把控，承接产业转移则会较大地损害地区生态环境，引起经济发展和环境保护之间的矛盾。转移量如何下节分析。

4.4 京津冀碳转移趋势和规模分析

4.4.1 京津冀终端能源消费碳转移分析

同样采用偏离份额法将京津冀终端能源消费碳排放量进行分解，测度其碳转移情况。由表4-24至表4-27可知，2005~2017年，京津冀终端能源消费碳排放向区域外转移2951.61万吨，北京、天津、河北都实现向区外转移；区域内，北京实现净转出1352.13万吨，天津转入459.65万吨，河北转入892.48万吨，河北占到北京转出量的66%。

表4-24　北京终端能源消费碳排放偏离份额分解　　单位：万吨

年份	实际增长量	国家分量	总偏离分量	区域增量	省份增量
2005	94.22	121.70	-27.48	315.00	-342.48
2006	162.72	197.57	-34.85	-12.54	-22.31
2007	124.11	198.03	-73.91	-46.75	-27.16
2008	-4.50	37.74	-42.25	91.85	-134.10
2009	3.12	72.20	-69.07	27.79	-96.86
2010	96.33	438.47	-342.15	-252.97	-89.18
2011	-154.63	329.28	-483.91	-53.83	-430.07
2012	74.31	55.67	18.64	2.18	16.46
2013	-112.06	85.75	-197.81	-105.41	-92.40
2014	-28.27	-1.06	-27.21	-56.95	29.74
2015	-60.64	-18.54	-42.10	-28.17	-13.93
2016	17.68	37.57	-19.89	-51.20	31.31
2017	-206.71	35.08	-241.79	-60.65	-181.14
合计	5.68	1589.45	-1583.78	-231.65	-1352.13

表4-25　天津终端能源消费碳排放偏离份额分解　　单位：万吨

年份	实际增长量	国家分量	总偏离分量	区域增量	省份增量
2005	196.17	124.72	71.46	322.82	-251.36
2006	179.65	210.44	-30.79	-13.35	-17.44

续表

年份	实际增长量	国家分量	总偏离分量	区域增量	省份增量
2007	226.05	211.40	14.64	−49.91	64.55
2008	155.86	41.57	114.28	101.17	13.11
2009	291.99	83.74	208.25	32.23	176.02
2010	270.73	554.49	−283.76	−319.90	36.14
2011	361.02	433.60	−72.58	−70.89	−1.69
2012	256.07	84.96	171.11	3.33	167.78
2013	−70.09	135.28	−205.37	−166.29	−39.08
2014	−37.84	−1.72	−36.12	−92.12	56.01
2015	67.07	−30.04	97.11	−45.66	142.77
2016	−312.45	63.31	−375.76	−86.27	−289.49
2017	362.61	54.48	308.14	−94.19	402.32
合计	1946.83	1966.23	−19.39	−479.04	459.65

表 4 − 26　河北终端能源消费碳排放偏离份额分解　　　单位：万吨

年份	实际增长量	国家分量	总偏离分量	区域增量	省份增量
2005	2525.38	538.27	1987.11	1393.27	593.84
2006	1016.12	1042.53	−26.41	−66.16	39.75
2007	769.92	1056.80	−286.88	−249.49	−37.39
2008	817.64	202.90	614.74	493.75	120.98
2009	488.89	410.19	78.71	157.87	−79.16
2010	1138.73	2566.19	−1427.46	−1480.50	53.04
2011	2099.36	1993.52	105.84	−325.93	431.76
2012	231.08	399.68	−168.59	15.65	−184.24
2013	−7.50	606.31	−613.81	−745.29	131.48
2014	−513.02	−7.84	−505.18	−419.44	−85.74
2015	−467.46	−134.38	−333.08	−204.25	−128.84
2016	159.55	271.98	−112.43	−370.61	258.18
2017	−406.61	254.38	−660.99	−439.81	−221.18
合计	7852.08	9200.53	−1348.44	−2240.93	892.48

表4-27 2005~2017年京津冀终端能源消费碳排放转移量合计 单位：万吨

碳排放转移量	实际增长量	国家分量	总偏离分量	区域增量	省份增量
北京	5.68	1589.45	-1583.78	-231.65	-1352.13
天津	1946.83	1966.23	-19.39	-479.04	459.65
河北	7852.08	9200.53	-1348.44	-2240.93	892.48
京津冀合计	9804.60	12756.21	-2951.61	-2951.61	0.00

4.4.2 京津冀工业碳转移分析

由表4-28至表4-31可知，2005~2017年，京津冀工业碳排放向区域外转移2260.21万吨，占到京津冀终端消费碳排放转出量的77.3%，北京、天津、河北都实现向区外转移；区域内，北京实现净转出1229.51万吨，津冀承接了北京的转移，天津转入266.93万吨，河北转入962.58万吨，占到北京转出量的78.29%。此外伴随产业转移和碳转移，北京工业碳排放增量出现了明显下降，增量为-692.52万吨。

表4-28 北京工业碳排放偏离份额分解   单位：万吨

年份	实际增长量	国家分量	总偏离分量	区域增量	省份增量
2005	51.66	61.15	-9.49	185.45	-194.94
2006	-73.59	87.25	-160.84	-23.70	-137.13
2007	57.87	87.20	-29.34	-4.96	-24.37
2008	-161.52	24.84	-186.37	-9.98	-176.39
2009	-98.19	26.35	-124.54	-0.65	-123.89
2010	94.84	163.98	-69.15	-99.86	30.71
2011	-218.01	107.32	-325.33	-7.43	-317.91
2012	-7.86	2.22	-10.08	6.57	-16.65
2013	-136.32	10.71	-147.02	-19.06	-127.96
2014	-59.66	-3.72	-55.94	-15.97	-39.97
2015	-49.62	-14.02	-35.61	-12.55	-23.05
2016	-36.35	-14.90	-21.45	1.68	-23.13
2017	-55.78	4.06	-59.84	-5.02	-54.82
合计	-692.52	542.47	-1234.99	-5.48	-1229.51

表 4 – 29　天津工业碳排放偏离份额分解　　　　　单位：万吨

年份	实际增长量	国家分量	总偏离分量	区域增量	省份增量
2005	292.11	84.28	207.82	255.59	−47.76
2006	178.08	138.19	39.90	−37.54	77.44
2007	176.71	163.80	12.91	−9.32	22.23
2008	65.36	48.26	17.10	−19.38	36.47
2009	168.51	62.34	106.17	−1.53	107.71
2010	48.38	470.14	−421.75	−286.29	−135.47
2011	318.08	280.85	37.24	−19.44	56.68
2012	113.93	8.73	105.20	25.84	79.37
2013	6.66	44.42	−37.75	−79.09	41.33
2014	−75.70	−19.43	−56.27	−83.43	27.16
2015	−160.30	−80.25	−80.05	−71.88	−8.17
2016	−202.40	−89.67	−112.73	10.14	−122.87
2017	126.98	24.62	102.36	−30.44	132.81
合计	1056.41	1136.26	−79.85	−346.78	266.93

表 4 – 30　河北工业碳排放偏离份额分解　　　　　单位：万吨

年份	实际增长量	国家分量	总偏离分量	区域增量	省份增量
2005	2212.23	488.41	1723.82	1481.12	242.70
2006	673.65	842.99	−169.34	−229.03	59.69
2007	910.61	963.26	−52.65	−54.80	2.15
2008	307.97	280.79	27.18	−112.74	139.92
2009	367.86	360.55	7.31	−8.88	16.18
2010	1119.45	2594.75	−1475.30	−1580.06	104.76
2011	1799.27	1652.41	146.85	−114.37	261.23
2012	139.73	51.12	88.60	151.32	−62.72
2013	−109.82	251.67	−361.49	−448.11	86.63
2014	−564.55	−109.08	−455.47	−468.29	12.81
2015	−814.84	−446.32	−368.52	−399.74	31.22
2016	−298.67	−501.37	202.70	56.69	146.00
2017	−112.62	146.43	−259.05	−181.07	−77.99
合计	5630.26	6575.64	−945.37	−1907.96	962.58

表 4 - 31   2005 ~ 2017 年京津冀工业碳排放转移量合计   单位：万吨

地区	实际增长量	国家分量	总偏离分量	区域增量	省份增量
北京	− 692.52	542.47	− 1234.99	− 5.48	− 1229.51
天津	1056.41	1136.26	− 79.85	− 346.78	266.93
河北	5630.26	6575.64	− 945.37	− 1907.96	962.58
京津冀合计	5994.15	8254.36	− 2260.21	− 2260.21	0.00

4.4.3   工业内部分行业碳转移趋势和规模分析

进一步对京津冀工业及分行业碳排放情况进行分析（受制于河北数据限制，仅限于 2010 ~ 2014 年这个时间段）。

由表 4 - 32 可知，2010 ~ 2014 年，伴随产业转移也发生了碳转移，主要高耗能产业黑色金属冶炼及压延加工业；化学原料及化学制品业；非金属矿物制品业；有色金属冶炼及压延加工业；石油加工、炼焦加工业等都呈现向区域外转移趋势，京津冀向全国其他地区实现工业碳转移 1581.58 亿元，其中高能耗产业共转移 1035.32 亿元，占到同期工业区外转移的 65.5%，京津冀内部，河北、天津分别承接了北京 62.6% 和 37.3% 的碳转移。

表 4 - 32   2010 ~ 2014 年京津冀工业分行业碳转移趋势和规模   单位：亿元

行业名称	京津冀—全国其他地区转移量	京津冀区域内部		
		北京	天津	河北
工业	− 1581.58	− 650.39	242.59	407.81
煤炭开采和洗选业	56.54	− 0.23	4.84	− 4.61
石油和天然气开采业	− 59.75	− 9.76	7.26	2.5
黑色金属矿采选业	− 261.26	− 287.63	43.91	243.72
非金属矿采选业	− 7.28	− 2.2	− 0.28	2.47
农副食品加工业	− 15.26	− 1	8.01	− 7.01
食品制造业	33.52	− 8.42	11.43	− 2.71
饮料制造业	− 18.17	− 3.12	0.93	2.19
烟草制造业	− 1.44	0.27	− 0.47	0.2
纺织业	11.35	− 3.97	− 4.55	8.53
纺织服装、服饰业	− 2.41	− 1.34	0.16	1.17
皮革、毛皮、羽毛及其制品及制鞋业	− 3.43	− 0.11	− 0.38	0.49

续表

行业名称	京津冀—全国其他地区转移量	京津冀区域内部		
		北京	天津	河北
木材加工和木、竹、藤、棕、草制品业	− 0.03	− 0.04	− 0.32	0.36
家具制造业	− 8.6	− 0.28	− 0.39	0.67
造纸及纸制品业	− 1.55	− 1.7	7.78	− 6.08
印刷业和记录媒介的复制	− 3.1	− 2.93	0.77	2.16
文教体育用品制造业	6.19	− 1.98	− 0.05	2.03
石油加工、炼焦加工业	− 79.64	− 88.47	− 39.18	127.66
化学原料及化学制品制造业	− 272.03	− 74.5	38.98	35.52
医药制造业	− 42.16	3.77	2.54	− 6.31
化学纤维制造业	3.52	− 0.02	− 0.76	0.78
橡胶、塑料制品业	− 33.3	− 1.1	− 0.36	1.46
非金属矿物制品业	− 144.15	− 41.97	13.48	28.49
有色金属冶炼及压延加工业	− 1.97	− 2.34	7.28	− 4.95
黑色金属冶炼及压延加工业	− 763.64	− 1.77	124.16	− 122.39
金属制品业	55.25	− 4.88	− 18.72	23.61
通用设备制造业	124.6	0.74	− 6.15	5.41
专用设备制造业	51.59	− 10.64	15.37	− 4.74
交通运输设备制造业	6.17	− 3.46	− 8.12	11.58
电气机械和器材制造业	− 9.37	− 2.24	− 1.71	3.95
计算机、通信和其他电子设备制造业	− 1.24	5.42	− 4.84	− 0.58
仪器仪表及文化、办公用机械制造业	− 0.81	1.25	− 1.09	− 0.16
其他制造业	7.96	− 0.18	− 1.6	1.78
废弃资源综合利用业	5.3	− 1.71	0.61	1.1
电力、热力生产和供应业	164.27	27.71	− 10.67	− 17.04
燃气生产和供应业	28.58	8.25	− 4.45	− 3.8

注：表中数据全部为当年的价格。

进一步对工业产业转移与碳转移进行对比分析，由表4－33可知，2004～2017 年，北京工业增加值占比下降 5.38%，河北增加 0.33%，天津增加

5.05%；北京工业向天津和河北发生产业转移，主要转移至天津；同期北京碳排放下降7.66%，河北增加6.09%，天津增加1.56%，北京碳排放下降幅度高于产业转移幅度，可见更多高能耗行业得以转移，但碳排放主要转移到河北。

表4-33 京津冀工业增加值及碳排放占比变动情况　　　　单位:%

年份	京津冀工业增加值			京津冀工业碳排放		
	北京占比	天津占比	河北占比	北京占比	天津占比	河北占比
2004	22.55	22.52	54.93	9.65	13.30	77.06
2005	20.55	23.25	56.19	8.17	12.93	78.90
2006	19.26	23.46	57.28	7.18	13.49	79.33
2007	18.67	23.48	57.85	7.02	13.64	79.34
2008	16.05	25.26	58.69	5.87	13.88	80.25
2009	16.75	25.83	57.42	5.08	14.56	80.36
2010	16.71	26.17	57.12	5.26	13.76	80.98
2011	15.26	26.60	58.15	3.58	14.06	82.36
2012	15.27	27.65	57.08	3.49	14.48	82.03
2013	15.45	28.22	56.33	2.81	14.70	82.49
2014	15.79	28.97	55.24	2.59	14.85	82.56
2015	16.22	29.56	54.22	2.46	14.80	82.74
2016	16.63	28.10	55.28	2.32	14.06	83.62
2017	17.17	27.57	55.26	1.99	14.86	83.15

4.4.4　京津冀区际贸易隐含碳排放转移特征

由上述分析可知，京—津—冀碳排放存在差异，且存在区际碳转移。河北是京津冀减排重点地区。区域间贸易往来结果就是一些区域为其他区域提供中间产品、最终产品，若以生产者责任视角来看，应该统计在该区域排放的二氧化碳量，但以消费者责任计算该区域排放的二氧化碳量时，这些产品排放的二氧化碳应该统计在产品消费地。区域间贸易隐含碳排放计算采用区域间投入产出表（2012）来测算（王安静等，2017）。

北京碳净转出为29.75-6.07=23.68千万吨；天津碳净转出为19.15-11.12=8.03千万吨；河北碳净转出为36.68-52.92=-16.24千万吨，呈现转入状态。省际间的碳转出量，由表4-34可知，比如1.55表示北京通过使用天津的中间产品与最终产品而转移给天津的二氧化碳量。北京的碳转出主要转出到河北、内蒙古、山东。天津主要转出到山东、河北和内蒙古。河北则主要转出到内蒙古、山西、山东。北京向天津碳排放净转出量为 1.55 − 0.43 = 1.12 千万吨；北京向河北碳排放净转出量为 5.48 − 0.76 = 4.72 千万吨；天津向河北碳排放净转出量为 2.7 − 1.11 = 1.59 千万吨。京津向河北碳排放净转出量合计 = 4.72 + 1.59 = 6.31 千万吨。其中，北京占比 = 4.72/6.31 = 74.8%。与上述结论相吻合。

表 4 - 34　京津冀与其他省份碳转移　　　　　　　单位：千万吨

	北京	天津	河北	山西	内蒙古	辽宁	吉林	黑龙江	上海	江苏	浙江	安徽	福建	江西	山东
北京		1.55	5.48	1.86	3.75	2.20	0.85	0.81	0.24	1.33	0.51	0.56	0.3	0.26	3.16
天津	0.43		2.70	1.68	2.18	1.49	0.47	0.47	0.16	0.80	0.40	0.36	0.22	0.15	2.96
河北	0.76	1.11		3.81	4.97	2.44	1.11	1.02	0.35	1.99	0.87	0.94	0.44	0.37	3.40

	河南	湖北	湖南	广东	广西	海南	重庆	四川	贵州	云南	陕西	甘肃	青海	宁夏	新疆
北京	1.38	0.65	0.39	0.55	0.27	0.05	0.31	0.51	0.37	0.33	0.60	0.44	0.09	0.43	0.52
天津	0.82	0.42	0.25	0.38	0.26		0.31	0.29	0.28	0.38	0.34	0.34	0.08	0.32	0.34
河北	2.98	1.31	0.68	1.10	0.49	0.11	0.43	0.90	0.78	0.67	0.89	0.87	0.21	0.75	0.93

近年来，北京市土地、劳动力薪酬等要素成本的持续上涨，第三产业的发展以及政府对环境规制力度的增大，特别是自 2015 年《京津冀协同发展规划纲要》发布以来，制造业由北京市、天津市向河北省的转移扩散趋势愈加明显，在带动河北经济发展的同时，也带来能耗的迅速增加，2016 年河北碳排放量的增加与地区产业转移有很大关系。因此，要将京津冀地区作为整体划分碳排放权，京津要与河北一起承担碳排放责任。

4.4.5　京津冀物流业碳排放转移分析

由表 4 - 35 至表 4 - 38 可知，2005 ~ 2017 年，京津冀交通运输仓储业碳排放向区域外转移 231.28 万吨，北京、天津、河北都实现向区外转移；区域内，北京承接了津冀转移 82.41 万吨，此外伴随产业转移和碳转移，京津冀物流业碳排放量都实现了增长。

表 4 - 35　北京交通运输仓储业碳排放偏离份额分解　　　　单位：万吨

年份	实际增长量	国家分量	总偏离分量	区域增量	省份增量
2005	11.76	21.11	− 9.35	47.76	− 57.11
2006	78.38	26.10	52.29	1.20	51.09
2007	69.27	27.61	41.66	8.12	33.54

续表

年份	实际增长量	国家分量	总偏离分量	区域增量	省份增量
2008	73. 22	8. 11	65. 11	27. 60	37. 51
2009	4. 81	4. 37	0. 44	5. 05	− 4. 61
2010	35. 94	240. 95	− 205. 01	− 178. 69	− 26. 32
2011	34. 67	54. 00	− 19. 33	− 10. 40	− 8. 93
2012	14. 83	51. 94	− 37. 12	− 34. 14	− 2. 98
2013	16. 22	37. 44	− 21. 21	− 46. 66	25. 45
2014	30. 81	23. 97	6. 84	− 21. 61	28. 45
2015	20. 25	31. 89	− 11. 65	− 34. 69	23. 05
2016	68. 37	19. 09	49. 27	71. 62	− 22. 35
2017	− 18. 33	42. 49	− 60. 83	− 66. 44	5. 61
合计	**440. 19**	**589. 06**	**− 148. 88**	**− 231. 28**	**82. 41**

表 4 - 36   天津交通运输仓储业碳排放偏离份额分解   单位：万吨

年份	实际增长量	国家分量	总偏离分量	区域增量	省份增量
2005	1. 16	15. 79	− 14. 63	35. 73	− 50. 36
2006	4. 27	18. 82	− 14. 55	0. 86	− 15. 41
2007	1. 19	15. 93	− 14. 74	4. 69	− 19. 42
2008	24. 03	3. 95	20. 07	13. 44	6. 63
2009	19. 94	2. 03	17. 92	2. 34	15. 57
2010	33. 07	120. 17	− 87. 10	− 89. 12	2. 02
2011	21. 36	28. 43	− 7. 07	− 5. 48	− 1. 59
2012	21. 57	27. 63	− 6. 06	− 18. 16	12. 10
2013	− 56. 68	20. 77	− 77. 45	− 25. 89	− 51. 56
2014	13. 57	10. 72	2. 84	− 9. 67	12. 51
2015	− 17. 57	14. 26	− 31. 83	− 15. 51	− 16. 32
2016	34. 15	7. 77	26. 39	29. 14	− 2. 75
2017	32. 06	17. 66	14. 41	− 27. 61	42. 01
合计	**132. 12**	**303. 92**	**− 171. 80**	**− 105. 23**	**− 66. 57**

表 4 – 37　河北交通运输仓储业碳排放偏离份额分解　　　单位：万吨

年份	实际增长量	国家分量	总偏离分量	区域增量	省份增量
2005	177.20	21.37	155.83	48.36	107.47
2006	7.86	41.63	– 33.76	1.91	– 35.67
2007	31.32	35.10	– 3.79	10.33	– 14.12
2008	– 3.44	9.25	– 12.69	31.46	– 44.15
2009	– 1.85	4.22	– 6.07	4.89	– 10.96
2010	83.76	230.09	– 146.34	– 170.64	24.30
2011	56.10	56.46	– 0.36	– 10.88	10.52
2012	10.10	56.09	– 45.99	– 36.87	– 9.12
2013	16.24	40.05	– 23.81	– 49.92	26.11
2014	– 38.44	25.60	– 64.04	– 23.08	– 40.96
2015	– 9.41	30.52	– 39.93	– 33.20	– 6.73
2016	107.97	17.44	90.53	65.42	25.10
2017	– 70.98	41.46	– 112.45	– 64.82	– 47.62
合计	**366.41**	**609.29**	**– 242.88**	**– 227.04**	**– 15.83**

表 4 – 38　2005～2017 年京津冀交通运输仓储业碳排放转移量合计

单位：万吨

地区	实际增长量	国家分量	总偏离分量	区域增量	省份增量
北京	440.19	589.06	– 148.88	– 231.28	82.41
天津	132.12	303.92	– 171.80	– 105.23	– 66.57
河北	366.41	609.29	– 242.88	– 227.04	– 15.83
京津冀合计	**938.72**	**1502.27**	**– 563.55**	**– 563.55**	**0.00**

4.5　本章小结

　　从动态集聚指数、产业梯度系数、偏离份额分析角度对京津冀产业转移进行测度表明：2005～2016 年，京津冀工业向全国其他地区转移是区内转移量的3.08 倍，占据主导地位。在京津冀内部，河北承接了北京 74% 的区域内产业输出，冀中南地区成为承接产业转移重点。终端能源消费碳排放也呈现向区外转移态势，区域内，北京实现净转出 1352.13 万吨，津冀各承接 1/3 和 2/3 的转出量。区内碳转移总量中，工业碳转移占比达90.9%，而河北又占到北京工业转出量的78.3%。北京碳排放下降幅度高于产业转移幅度，更多高能耗行业得以转移，但碳排放主要转移到河北。

工业36个行业中，京津冀工业总体梯度系数数值偏低，只有黑色金属矿采选业、有色金属冶炼及压延加工业津冀维持较高梯度系数，工业产业不具有优势。在京津冀区域制造业的转移规模和范围都还很有限，进一步拓展的空间和潜力较大。

在产业转移和承接转移过程中，园区承接是最主要的一种模式。京津冀区域内的产业转移已经形成新格局。但目前存在产业转移税收优惠政策有待进一步改进，税收分享机制有待建立，承接地的条件尚不成熟，产业配套能力差距较大，京津冀三地企业资质认证的对接机制不畅等问题。

产业转入区政府和企业应充分重视承接产业转移的生态环境效应，加强同产业转出区在低碳技术领域的合作与交流。重视能源替代产业及"风光无限"等新能源产业发展，培育绿色低碳发展新动能。尽快推动企业相关资质和认证的三地互认，完善税收优惠政策及分享机制。

第5章　京津冀碳排放影响因素分析

5.1　京津冀碳排放与影响因素灰色关联分析

5.1.1　STIRPAT 模型和灰色关联度分析模型的构建

5.1.1.1　STIRPAT 模型框架及机理

IPAT 恒等式最早是由 Enrlich 与 Holden 于 1971 年提出，用来反映人文因素对环境产生影响的量化模型，广泛应用于能源和环境经济学领域，其形式为 I = PAT，I 代表碳排放量，P 代表人口总量，A 代表富裕度（即人均国内生产总值），T 代表技术，即单位能耗或单位国内生产总值产生的碳排放量。为克服 IPAT 在实际应用中限于线性分析的不足，后来学者建立了 IPAT 模型的随机形式 STIRPAT 模型。$I_i = aP_i^b A_i^c T_i^d e_i$。其中，a 为常数系数项；b、c、d 分别表示人口数量、经济发展水平、碳排放强度的弹性系数；e_i 为随机误差项。该扩展的随机模型可以用来分析人文因素对环境的非线性影响。

由于 STIRPAT 模型可以根据研究需要引入相关变量，借鉴 STIRPAT 模型的扩展形式可分析区域碳排放量的主要影响因素。取自然对象形式如下：

lnC = lna + blnP + clnEI + dlnG + flnS + glnE + hlnT + lnU

其中，C 代表地区能源消费产生的人均碳排放量（万吨）；P 代表碳强度（吨/万元），G 代表人均 GDP（元/人）；EI 代表能源强度（吨标准煤/万元），T 代表产业转移；U 代表城市化水平，S 代表产业结构；E 代表能源结构。

低碳发展和区域协调发展既是挑战也是机遇。当前，研究区域碳排放的文献大都是按照碳排放总量等作为考察对象。考虑到我国人口基数较大，采用碳排放总量虽然能体现量的特性，却无法体现质的特性，因而在由相对减排转向绝对减排的减排目标驱使下，采用人均碳排放量和碳强度指标来分析区域碳排放差异更为合理。

人均碳排放指标可以体现使用能源和自然资源、寻求发展、享有碳排放权利以及承担碳减排义务等方面的人际公平。如果将人均碳排放指标纳入减排标准，不但可以真正实现碳排放权利以及生存和发展权利的人际公平，而且可以为人口数量较大的发展中国家提供更大的发展空间和更多的发展契机。碳排放强度可以反映出一个国家的能源利用技术水平和能源利用效率，以它为指标可以敦促高碳排放强度国家努力淘汰落后生产技术和生产工艺并引进先进产能，从而提高能源利用技术和效率，避免能源浪费，降低碳排放强度。

在区域产业转移过程中，劳动、资本、知识、技术、产品等客体内容在产业转出方推力以及产业承接方拉力综合作用下，由产业转出区转移至产业承接区。中国区域发展不均衡，经济梯度差异明显，碳排放也存在差别。产业转移的规模、结构、空间流向也会导致碳排放的自由移动。结合 STIRPAT 环境框架，产业转移伴随大量的人口要素、经济要素以及技术要素的自由流动，产生的人口效应、经济效应、技术效应继而会对碳排放产生促进或抑制作用。其中，人口自由流动会导致能源消费绝对量变动，城镇化水平的提高或降低可通过改变人们生产及生活方式而对碳排放产生影响。经济增长一方面体现为生产方式更加集约高效，可有效控制碳排放；另一方面经济绝对规模的扩大意味着需要消耗更多能源资源。产业转移带来的技术溢出有利于提高资源利用效率，促使产业结构向低碳转型，形成低碳经济；采用清洁技术，降低煤炭使用，通过改变能源结构来抑制碳排放。

5.1.1.2 灰色关联度分析模型

灰色关联分析法目的是通过特定的方法厘清系统各因素间的关系，找出影响最大的因素。这种分析方法是由邓聚龙教授于 1982 年提出的，主要是通过定量描述和对比不同时期相关的统计数据来进行研究，从而影响系统发展的主次要素。如果两变量在系统发展过程中相对变化基本一致，则认为两者关联度大；反之，两者关联度就小。灰色关联度分析法可以对一个系统发展的变化态势进行定量描述和比较。灰色关联分析法一般包括以下计算和步骤：第一步，列出原始数据并确定参考数列（母数列）和比较数列（子数列）；第二步，对原始数据进行变换转化；第三步，计算变量直接关联系数；第四步，求关联度；第五步，排关联序；第六步，列关联矩阵。

第一步，确定参考数列及比较数列。

设有 m 个时间序列：

t	$X_1^{(1)}$	$X_2^{(1)}$	$X_3^{(1)}$	$\cdots$	$X_n^{(1)}$
1	$X_1^{(1)}$	$X_2^{(1)}$	$X_3^{(1)}$	$\cdots$	$X_n^{(1)}$
2	$X_1^{(1)}$	$X_2^{(1)}$	$X_3^{(1)}$	$\cdots$	$X_n^{(1)}$
$\cdots$	$\cdots$	$\cdots$	$\cdots$	$\cdots$	$\cdots$

n　　$X_1^{(m)}$　　$X_2^{(m)}$　　$X_3^{(m)}$　　$\cdots$　　$X_n^{(m)}$

即，$\{X_1^{(0)}(t)\}$，$\{X_2^{(0)}(t)\}$，$\cdots$，$\{X_m^{(0)}(t)\}$，$t=1$，2，$\cdots$，N

N 为各序列的长度即数据个数，这 m 个序列代表 m 个因素（变量）。另设定参考序列：

$\{X_0^{(0)}(t)\}$，$t=1$，2，$\cdots$，N，该参考序列即为母序列，而上述 m 个时间序列为比较序列即子序列。关联度是两个序列关联度大小的度量，由此关联度需要一个可量化的模型。

第二步，原始数据处理。

由于系统中因素的量纲（单位）不相同，如本书中提到的人均碳排放量单位为万吨，产业结构单位为百分比，且数值的数量级相差悬殊，无法直接进行比较，几何曲线比例也相差较大，因此，对原始数据需要消除量纲（单位）的工作，转化为变量之间可以比较的数据序列。本书对不同变量的量纲统一采用标准化变换方法：先分别求出各个序列的平均值和标准差，然后将各个原始数据减去平均值后再除以标准差，这样得到的新数据序列为标准化序列。量纲统一，其均值为 0，方差为 1。

$$X_i^{(t)} = \frac{Xi(t) = Xn(m) - AvgXn(m)}{Sta\ Xn(m)} \tag{5-1}$$

第三步，计算关联系数。

数据变换后的母序列记为 $\{X_0(t)\}$，子序列记为 $\{X_i(t)\}$，则在时刻 $t=k$ 时母序列 $\{X_0(t)\}$ 与子序列 $\{X_i(t)\}$ 的关联系数 $L_{0i}(k)$ 可由下式计算：

$$r_{0i}(k) = \frac{\Delta_{min} + \rho\ \Delta_{max}}{\Delta_{oi}(k) + \rho\ \Delta_{max}}, \tag{5-2}$$

其中，$\Delta_{oi}(k)$ 表示 k 时刻两比较序列的绝对差，即 $\Delta_{oi}(k) = |\ x_0(k) - x_i(k)\ |$ $(1 \leqslant i \leqslant m)$；$\Delta_{max}$ 和 Δ_{min} 分别表示所有比较序列各个时刻绝对差中的最大值和最小值。ρ 称为分辨系数，其意义是削弱最大绝对差数值太大引起的失真，提高关联系数之间的差异显著性，$\rho \in (0,1)$，一般情况下可取 0.1~0.5。本书运算取 $\rho = 0.5$。

第四步，求关联度。

由上述可知，灰色关联度分析实际是对时间序列数据进行几何关系比较，若两序列在各个时刻点都重合在一起，即关联系数均等于 1，则两序列的关联度也必然等于 1。另外，两比较序列在任何时刻也可垂直，所以关联系数均大于 0，故关联度也都大于 0。因此，两序列的关联度便以两比较序列各个时刻的关联系数之平均值计算，即：

$$r_{0i} = \frac{1}{N}\sum_{k=1}^{N} r_{0i}(k) \tag{5-3}$$

其中，r_{0i} 为子序列 i 与母序列 0 的关联度，N 为比较序列的长度（即数据个数）。

5.1.2 京津冀人均碳排量与影响因素灰色关联分析

根据 STIRPAT 模型，本书中人均二氧化碳排放量（X_0）主要影响因素有碳排放强度（X_1）、产业结构（X_2 - 第二产业占比）、能源强度（X_3）、能源结构（X_4 - 煤炭消费占比）、人口城市化率（X_5）、经济发展水平（X_6 - 人均 GDP）、工业碳转移系数（X_7）、工业转移量（X_8）等。

将 2005 ~ 2017 年京津冀地区人均碳排放量作为参考序列 $X_0 = [X_0(k) \mid k = 1, 2, \cdots, n]$，碳排放强度、产业结构、能源强度、能源结构、人口城市化率、经济发展水平、工业碳转移系数、工业转移量作为比较序列 $X_i = [X_i(k) \mid k = 1, 2, \cdots, n]$。对数据进行无量纲化处理如表 5 - 1 至表 5 - 3 所示：

表 5 - 1　京津冀人均碳排放量及影响因素无量纲化处理结果

年份	人均二氧化碳排放量	碳排放强度	产业结构	能源强度	能源结构	人口城市化率	经济发展水平	工业碳转移系数	工业转移量
	X'_0	X'_1	X'_2	X'_3	X'_4	X'_5	X'_6	X'_7	X'_8
2005	- 1.8732	1.5659	1.0092	1.6064	1.3139	- 1.6133	- 1.5065	0.0969	0.4734
2006	- 1.4901	1.1891	0.8793	1.3940	1.0832	- 1.3715	- 1.3238	- 0.7356	0.1966
2007	- 0.7631	0.9907	0.5978	1.0921	0.9923	- 1.0811	- 1.0564	- 0.3989	- 0.6583
2008	- 0.4628	0.7233	0.7831	0.7166	0.8237	- 0.7373	- 0.7748	- 0.5282	0.5410
2009	- 0.1287	0.4567	0.2527	0.4255	0.6908	- 0.3503	- 0.6291	- 0.2724	0.0403
2010	0.4397	0.2974	0.4086	0.1118	0.1715	- 0.1654	- 0.2995	- 1.2944	1.1075
2011	1.3161	0.2168	0.6194	- 0.0771	0.0418	0.0612	0.1385	- 0.4011	1.4696
2012	1.2885	- 0.1264	0.4023	- 0.3422	- 0.0126	0.2887	0.3968	0.0951	0.5354
2013	1.1295	- 0.4473	0.1108	- 0.5374	- 0.2096	0.5169	0.6499	1.0210	- 0.3490
2014	0.7236	- 0.7747	- 0.2117	- 0.8094	- 0.5174	0.7118	0.8199	0.1335	- 1.2180
2015	0.1530	- 1.1245	- 1.0929	- 1.0416	- 1.1088	1.0008	0.9486	- 0.0710	- 1.7268
2016	- 0.0654	- 1.3620	- 1.6775	- 1.2373	- 1.4803	1.2683	1.1974	- 0.4332	- 1.3601
2017	- 0.2121	- 1.5333	- 2.0970	- 1.3760	- 1.7885	1.4781	1.4735	2.7997	0.9486

表 5－2　参数序列和比较序列差数列

序号	$\mid X'_0(k) - X'_1(k) \mid$	$\mid X'_0(k) - X'_2(k) \mid$	$\mid X'_0(k) - X'_3(k) \mid$	$\mid X'_0(k) - X'_4(k) \mid$	$\mid X'_0(k) - X'_5(k) \mid$	$\mid X'_0(k) - X'_6(k) \mid$	$\mid X'_0(k) - X'_7(k) \mid$	$\mid X'_0(k) - X'_8(k) \mid$
1	3.4391	2.8824	3.4795	3.1871	0.2599	0.3666	1.9700	2.3466
2	2.6792	2.3693	2.8840	2.5733	0.1186	0.1663	0.7544	1.6867
3	1.7538	1.3609	1.8552	1.7554	0.3180	0.2933	0.3642	0.1048
4	1.1862	1.2459	1.1795	1.2866	0.2745	0.3120	0.0654	1.0038
5	0.5854	0.3814	0.5541	0.8195	0.2216	0.5004	0.1437	0.1690
6	0.1423	0.0312	0.3279	0.2682	0.6052	0.7392	1.7341	0.6677
7	1.0993	0.6967	1.3932	1.2743	1.2549	1.1777	1.7172	0.1534
8	1.4150	0.8863	1.6307	1.3012	0.9999	0.8917	1.1935	0.7532
9	1.5768	1.0187	1.6669	1.3391	0.6126	0.4796	0.1085	1.4786
10	1.4984	0.9354	1.5330	1.2410	0.0119	0.0963	0.5902	1.9416
11	1.2775	1.2460	1.1946	1.2618	0.8477	0.7956	0.2240	1.8799
12	1.2966	1.6121	1.1719	1.4150	1.3337	1.2627	0.3678	1.2947
13	1.3212	1.8849	1.1639	1.5764	1.6902	1.6856	3.0118	1.1607
$\max\Delta i(k)$	3.4391	2.8824	3.4795	3.1871	1.6902	1.6856	3.0118	2.3466
$\min\Delta i(k)$	0.1423	0.0312	0.3279	0.2682	0.0119	0.0963	0.0654	0.1048

其中，$\Delta(\max) = 3.4795$，$\Delta(\min) = 0.0119$。

表 5－3　参数序列和比较序列关联系数

年份	$r_1(k)$	$r_2(k)$	$r_3(k)$	$r_4(k)$	$r_5(k)$	$r_6(k)$	$r_7(k)$	$r_8(k)$
2005	0.3382	0.3790	0.3356	0.3555	0.8760	0.8316	0.4722	0.4287
2006	0.3964	0.4263	0.3788	0.4061	0.9426	0.9190	0.7023	0.5112
2007	0.5014	0.5649	0.4873	0.5012	0.8513	0.8616	0.8325	0.9496
2008	0.5987	0.5867	0.6000	0.5788	0.8696	0.8537	0.9704	0.6385
2009	0.7534	0.8258	0.7636	0.6844	0.8931	0.7819	0.9300	0.9177
2010	0.9307	0.9891	0.8472	0.8723	0.7470	0.7066	0.5042	0.7276
2011	0.6170	0.7189	0.5591	0.5812	0.5849	0.6004	0.5067	0.9252
2012	0.5552	0.6670	0.5197	0.5760	0.6394	0.6657	0.5972	0.7026
2013	0.5281	0.6350	0.5142	0.5689	0.7446	0.7893	0.9477	0.5443
2014	0.5409	0.6548	0.5352	0.5876	1.0000	0.9540	0.7518	0.4758
2015	0.5805	0.5867	0.5969	0.5836	0.6770	0.6909	0.8920	0.4839
2016	0.5769	0.5226	0.6016	0.5552	0.5699	0.5834	0.8311	0.5772
2017	0.5723	0.4833	0.6032	0.5282	0.5107	0.5114	0.3686	0.6039

根据式（5－3），可求出 $r_1 = $ （0.3382 ＋ 0.3964 ＋ 0.5014 ＋ 0.5987 ＋ 0.7534 ＋ 0.9307 ＋ 0.6170 ＋ 0.5552 ＋ 0.5281 ＋ 0.5409 ＋ 0.5805 ＋ 0.5769 ＋ 0.5723）/13 ＝ 0.5761，以此类推求出 $r_2 \sim r_8$。

由表 5－4 可知，$r_5 > r_6 > r_7 > r_8 > r_2 > r_1 > r_4 > r_3$，影响较大因素为人口城市化率、经济发展水平和工业碳转移系数、工业转移量（都大于 0.6）。在人口城市化率进一步增强、经济进一步发展前提下，控制工业碳排放进而降低转移量，提高碳强度、调整能源结构是必然选择。

表 5－4　京津冀人均碳排放量与影响因素关联度

比较序列	r_1	r_2	r_3	r_4	r_5	r_6	r_7	r_8
关联度系数	0.5761	0.6185	0.5648	0.5676	0.7620	0.7500	0.7159	0.6528

5.1.3　京津冀碳强度与影响因素灰色关联分析

按照如上灰色关联方法，可测算碳强度与影响因素有产业结构（X_2）、能源强度（X_3）、能源结构（X_4）、人口城市化率（X_5）、经济发展水平（X_6）、工业碳转移系数（X_7）、工业转移量（X_8）的关联度，如表 5－5、表 5－6 所示。

表 5－5　参数序列和比较序列差数列

序号	$\lvert X'_1(k) - X'_2(k) \rvert$	$\lvert X'_1(k) - X'_3(k) \rvert$	$\lvert X'_1(k) - X'_4(k) \rvert$	$\lvert X'_1(k) - X'_5(k) \rvert$	$\lvert X'_1(k) - X'_6(k) \rvert$	$\lvert X'_0(k) - X'_7(k) \rvert$	$\lvert X'_0(k) - X'_8(k) \rvert$
1	0.5567	0.0405	0.2520	3.1792	3.0724	1.4690	1.0925
2	0.3098	0.2049	0.1059	2.5606	2.5129	1.9247	0.9925
3	0.3929	0.1014	0.0017	2.0717	2.0471	1.3896	1.6489
4	0.0597	0.0067	0.1004	1.4606	1.4982	1.2515	0.1823
5	0.2040	0.0312	0.2341	0.8070	1.0858	0.7290	0.4164
6	0.1111	0.1856	0.1259	0.4629	0.5969	1.5918	0.8100
7	0.4026	0.2939	0.1750	0.1556	0.0784	0.6179	1.2527
8	0.5287	0.2158	0.1138	0.4151	0.5233	0.2215	0.6618
9	0.5582	0.0900	0.2377	0.9642	1.0972	1.4683	0.0983
10	0.5630	0.0347	0.2574	1.4865	1.5946	0.9082	0.4433
11	0.0315	0.0828	0.0156	2.1252	2.0730	1.0535	0.6024
12	0.3155	0.1247	0.1183	2.6303	2.5594	0.9288	0.0019
13	0.5637	0.1573	0.2552	3.0113	3.0068	4.333	2.4819
$\max\Delta i(k)$	0.5637	0.2939	0.2574	3.1792	3.0724	4.333	2.4819
$\min\Delta i(k)$	0.0315	0.0067	0.0017	0.1556	0.0784	0.2215	0.0019

其中，$\Delta\,(\max)\,=4.3330$，$\Delta\,(\min)\,=0.0017$。

表 5 - 6　参数序列和比较序列关联系数

年份	$r_2(k)$	$r_3(k)$	$r_4(k)$	$r_5(k)$	$r_6(k)$	$r_7(k)$	$r_8(k)$
2005	0.7962	0.9824	0.8965	0.4056	0.4139	0.5964	0.6653
2006	0.8756	0.9143	0.9542	0.4587	0.4634	0.5300	0.6864
2007	0.8472	0.9560	1.0000	0.5116	0.5146	0.6097	0.5683
2008	0.9739	0.9977	0.9565	0.5978	0.5917	0.6343	0.9231
2009	0.9147	0.9866	0.9032	0.7292	0.6667	0.7488	0.8394
2010	0.9520	0.9218	0.9458	0.8246	0.7846	0.5769	0.7284
2011	0.8440	0.8812	0.9260	0.9337	0.9658	0.7787	0.6341
2012	0.8045	0.9101	0.9508	0.8399	0.8061	0.9080	0.7666
2013	0.7958	0.9609	0.9018	0.6926	0.6643	0.5965	0.9574
2014	0.7944	0.9850	0.8945	0.5935	0.5765	0.7052	0.8308
2015	0.9864	0.9639	0.9936	0.5052	0.5114	0.6734	0.7831
2016	0.8736	0.9463	0.9490	0.4520	0.4588	0.7005	0.9999
2017	0.7941	0.9331	0.8953	0.4187	0.4191	0.3336	0.4664

根据式（5 - 3），可求出 r_2 = (0.7962 + 0.8756 + 0.8472 + 0.9739 + 0.9147 + 0.9520 + 0.844 + 0.8045 + 0.7958 + 0.7944 + 0.9864 + 0.8736 + 0.7941)/13 = 0.8656，以此类推求出 $r_3 \sim r_8$。

由表 5 - 7 可知，$r_3 > r_4 > r_2 > r_8 > r_7 > r_5 > r_6$，都大于 0.6，联系显著。主要影响因素排序为能源强度、能源结构、产业结构、工业转移量。通过技术进步提高能源强度，调整能源结构和产业结构是必然选择。

表 5 - 7　京津冀碳强度与影响因素关联度

比较序列	r_2	r_3	r_4	r_5	r_6	r_7	r_8
关联度系数	0.8656	0.9492	0.9359	0.6125	0.6028	0.6455	0.7576

5.1.4　北京人均碳排放量、碳强度与影响因素关联度分析

（1）北京人均碳排放量与影响因素关联度分析。

将 2005 ~ 2017 年北京人均碳排放量作为参考序列 $X_0 = [X_0(k) \mid k = 1, 2, \cdots, n]$，碳排放强度、产业结构、能源强度、能源结构、人口城市化率、经济发展水

平、工业碳转移系数、工业转移量作为比较序列 $X_i = [X_i(k) \mid k = 1, 2, \cdots, n]$。对数据进行无量纲化处理如表5-8至表5-10所示。

表5-8　北京人均碳排放量及影响因素无量纲化处理结果

年份	人均二氧化碳排放量	碳排放强度	产业结构	能源强度	能源结构	人口城市化率	经济发展水平	工业碳转移系数	工业转移量
	X'_0	X'_1	X'_2	X'_3	X'^4	X'_5	X'_6	X'_7	X'_8
2005	0.8100	1.5612	2.0692	1.8960	1.4846	−1.9911	−1.4338	−1.0263	0.7158
2006	1.1292	1.3699	1.3967	1.5054	1.2396	−1.2766	−1.2229	0.6961	0.1989
2007	1.3193	1.0850	0.8658	0.9704	0.8912	−1.1122	−0.9088	−1.9759	−0.3263
2008	0.6973	0.6697	0.1579	0.5447	0.6876	−0.7091	−0.7462	0.4507	−1.6142
2009	0.5577	0.4406	0.0871	0.3814	0.4944	−0.6047	−0.6523	1.6720	0.6986
2010	0.5324	0.2742	0.2641	0.0864	0.2891	0.3492	−0.3894	−1.5718	0.4615
2011	0.3259	0.0299	−0.0545	−0.2909	0.0364	0.6253	−0.0526	0.7451	−2.2142
2012	0.1908	−0.1789	−0.2314	−0.4742	−0.0878	0.5904	0.1897	0.5235	0.4643
2013	−0.5188	−0.5806	−0.4084	−0.6572	−0.2526	0.6937	0.4762	0.3078	0.9436
2014	−0.8201	−0.8150	−0.5146	−0.7891	−0.5062	0.7934	0.7013	0.1589	0.7608
2015	−1.4656	−1.1481	−1.0809	−0.9382	−1.0832	0.9028	0.9755	−0.0737	−0.9056
2016	−1.5085	−1.2811	−1.2224	−1.0610	−1.4171	0.8947	1.3217	−0.2083	0.7915
2017	−1.3186	−1.3408	−1.3286	−1.1737	−1.7759	0.8441	1.7416	0.3018	0.0253

表5-9　参数序列和比较序列差数列

序号	$\mid X'_0(k) - X'_1(k) \mid$	$\mid X'_0(k) - X'_2(k) \mid$	$\mid X'_0(k) - X'_3(k) \mid$	$\mid X'_0(k) - X'_4(k) \mid$	$\mid X'_0(k) - X'_5(k) \mid$	$\mid X'_0(k) - X'_6(k) \mid$	$\mid X'_0(k) - X'_7(k) \mid$	$\mid X'_0(k) - X'_8(k) \mid$
1	0.7512	1.2592	1.0860	0.6746	2.8011	2.2438	1.8363	0.0942
2	0.2407	0.2675	0.3762	0.1104	2.4058	2.3521	0.4331	0.9304
3	0.2342	0.4535	0.3489	0.4281	2.4315	2.2281	3.2951	1.6456
4	0.0276	0.5394	0.1526	0.0097	1.4064	1.4435	0.2466	2.3115
5	0.1171	0.4706	0.1763	0.0633	1.1624	1.2100	1.1143	0.1409
6	0.2582	0.2683	0.4459	0.2433	0.1831	0.9217	2.1041	0.0709
7	0.2961	0.3804	0.6169	0.2896	0.2994	0.3785	0.4192	2.5401
8	0.3696	0.4222	0.6650	0.2786	0.3997	0.0011	0.3327	0.2735
9	0.0617	0.1104	0.1384	0.2662	1.2125	0.9950	0.8266	1.4624

续表

序号	$\lvert X'_0(k) - X'_1(k) \rvert$	$\lvert X'_0(k) - X'_2(k) \rvert$	$\lvert X'_0(k) - X'_3(k) \rvert$	$\lvert X'_0(k) - X'_4(k) \rvert$	$\lvert X'_0(k) - X'_5(k) \rvert$	$\lvert X'_0(k) - X'_6(k) \rvert$	$\lvert X'_0(k) - X'_7(k) \rvert$	$\lvert X'_0(k) - X'_8(k) \rvert$
10	0.0051	0.3056	0.0311	0.3139	1.6136	1.5214	0.9791	1.5810
11	0.3175	0.3847	0.5273	0.3823	2.3684	2.4411	1.3919	0.5599
12	0.2274	0.2861	0.4475	0.0915	2.4032	2.8302	1.3002	2.3000
13	0.0223	0.0101	0.1449	0.4573	2.1626	3.0602	1.6203	1.3438
maxΔi（k）	0.7512	1.2592	1.086	0.6746	2.8011	3.0602	3.2951	2.5401
minΔi（k）	0.0051	0.0101	0.0311	0.0097	0.1831	0.0011	0.2466	0.0709

其中，Δ（max）$=3.2951$，Δ（min）$=0.0011$。

表 5 – 10　参数序列和比较序列关联系数

年份	$r_1(k)$	$r_2(k)$	$r_3(k)$	$r_4(k)$	$r_5(k)$	$r_6(k)$	$r_7(k)$	$r_8(k)$
2005	0.6873	0.5672	0.6031	0.7100	0.3706	0.4237	0.4732	0.9466
2006	0.8731	0.8609	0.8147	0.9378	0.4067	0.4122	0.7924	0.6395
2007	0.8761	0.7847	0.8258	0.7943	0.4042	0.4254	0.3336	0.5006
2008	0.9842	0.7539	0.9159	0.9948	0.5398	0.5334	0.8704	0.4164
2009	0.9343	0.7783	0.9039	0.9636	0.5867	0.5769	0.5969	0.9218
2010	0.8651	0.8605	0.7875	0.8719	0.9006	0.6417	0.4394	0.9594
2011	0.8482	0.8130	0.7281	0.8511	0.8468	0.8137	0.7977	0.3937
2012	0.8173	0.7965	0.7129	0.8559	0.8053	1.0000	0.8325	0.8582
2013	0.9645	0.9378	0.9231	0.8615	0.5764	0.6239	0.6663	0.5301
2014	0.9976	0.8441	0.9821	0.8405	0.5056	0.5202	0.6277	0.5107
2015	0.8390	0.8112	0.7580	0.8122	0.4105	0.4032	0.5424	0.7468
2016	0.8793	0.8526	0.7869	0.9480	0.4070	0.3682	0.5593	0.4176
2017	0.9873	0.9946	0.9198	0.7833	0.4327	0.3502	0.5045	0.5511

根据式（5 – 3），可求出 $r_1 \sim r_8$。由表 5 – 11 可知，$r_1 > r_4 > r_3 > r_2 > r_8 > r_7 > r_5 > r_6$，主要影响因素排序为碳排放强度、能源结构、能源强度、产业结构、工业转移量。通过降低碳强度、调整能源结构、降低能源消耗和产业结构是必然选择。

表 5 - 11　北京人均碳排放量与影响因素关联度

比较序列	r_1	r_2	r_3	r_4	r_5	r_6	r_7	r_8
关联度系数	0.8887	0.8196	0.8201	0.8634	0.5533	0.5456	0.6182	0.6456

（2）北京碳强度与影响因素灰色关联分析。

按照如上灰色关联方法，可测算碳强度与影响因素有产业结构（X_2）、能源强度（X_3）、能源结构（X_4）、人口城市化率（X_5）、经济发展水平（X_6）、工业碳转移系数（X_7）、工业转移量（X_8）的关联度，如表 5 - 12、表 5 - 13 所示。

表 5 - 12　参数序列和比较序列差数列

序号	$\mid X'_1(k) - X'_2(k)\mid$	$\mid X'_1(k) - X'_3(k)\mid$	$\mid X'_1(k) - X'_4(k)\mid$	$\mid X'_1(k) - X'_5(k)\mid$	$\mid X'_1(k) - X'_6(k)\mid$	$\mid X'_0(k) - X'_7(k)\mid$	$\mid X'_0(k) - X'_8(k)\mid$
1	0.5080	0.3348	0.0766	3.5523	2.9950	2.5875	0.8454
2	0.0268	0.1355	0.1303	2.6465	2.5928	0.6738	1.1710
3	0.2193	0.1146	0.1939	2.1973	1.9938	3.0609	1.4113
4	0.5118	0.1250	0.0179	1.3788	1.4159	0.2190	2.2840
5	0.3535	0.0592	0.0538	1.0453	1.0929	1.2314	0.2580
6	0.0101	0.1878	0.0149	0.0750	0.6636	1.8460	0.1873
7	0.0843	0.3208	0.0065	0.5955	0.0824	0.7152	2.2441
8	0.0526	0.2953	0.0910	0.7693	0.3686	0.7024	0.6432
9	0.1722	0.0767	0.3280	1.2743	1.0567	0.8884	1.5242
10	0.3005	0.0260	0.3088	1.6084	1.5163	0.9740	1.5758
11	0.0672	0.2098	0.0648	2.0509	2.1236	1.0744	0.2424
12	0.0587	0.2201	0.1359	2.1758	2.6028	1.0728	2.0726
13	0.0122	0.1672	0.435	2.1849	3.0824	1.6426	1.3661
maxΔi（k）	0.5118	0.3348	0.435	3.5523	3.0824	3.0609	2.284
minΔi（k）	0.0101	0.0260	0.0065	0.075	0.0824	0.2190	0.1873

其中，Δ（max）=3.5523，Δ（min）=0.0065。

表 5-13　参数序列和比较序列关联系数

年份	$r_2(k)$	$r_3(k)$	$r_4(k)$	$r_5(k)$	$r_6(k)$	$r_7(k)$	$r_8(k)$
2005	0.7804	0.8445	0.9622	0.3346	0.3736	0.4085	0.6800
2006	0.9888	0.9325	0.9351	0.4031	0.4080	0.7276	0.6049
2007	0.8934	0.9428	0.9049	0.4486	0.4729	0.3685	0.5593
2008	0.7791	0.9377	0.9937	0.5650	0.5585	0.8935	0.4391
2009	0.8371	0.9713	0.9742	0.6318	0.6213	0.5927	0.8764
2010	0.9980	0.9077	0.9953	0.9630	0.7307	0.4922	0.9079
2011	0.9582	0.8501	1.0000	0.7517	0.9591	0.7155	0.4434
2012	0.9748	0.8606	0.9547	0.7003	0.8312	0.7192	0.7368
2013	0.9150	0.9621	0.8472	0.5844	0.6293	0.6690	0.5401
2014	0.8584	0.9892	0.8550	0.5267	0.5414	0.6482	0.5318
2015	0.9671	0.8976	0.9683	0.4658	0.4571	0.6254	0.8831
2016	0.9716	0.8930	0.9323	0.4511	0.4071	0.6257	0.4632
2017	0.9968	0.9173	0.8062	0.4500	0.3669	0.5214	0.5673

　　根据式 (5-3)，可求出 $r^2 \sim r^8$。由表 5-14 可知，$r_4 > r_2 > r_3 > r_8 > r_7 > r_6 > r_5$，影响因素排序为能源结构、产业结构、能源强度、工业转移量、工业碳转移系数。调整能源结构和产业结构，通过技术进步降低能源强度是必然选择，此外通过产业转移有效降低了碳强度。

表 5-14　北京碳强度与影响因素关联度

比较序列	r_2	r_3	r_4	r_5	r_6	r_7	r_8
关联度系数	**0.9168**	**0.9159**	**0.9330**	0.5597	0.5659	**0.6160**	**0.6333**

5.1.5　天津人均碳排放量、碳强度与影响因素关联度分析

（1）天津人均碳排放量与影响因素关联度分析。

　　将 2005~2017 年天津人均碳排放量作为参考序列 $X_0 = [X_0(k) \mid k = 1, 2, \cdots, n]$，碳排放强度、产业结构、能源强度、能源结构、人口城市化率、经济发展水平、工业碳转移系数、工业转移量作为比较序列 $X_i = [X_i(k) \mid k = 1, 2, \cdots, n]$。对数据进行无量纲化处理如表 5-15 至表 5-17 所示。

表5-15　天津人均碳排放量及影响因素无量纲化处理结果

年份	人均二氧化碳排放量	碳排放强度	产业结构	能源强度	能源结构	人口城市化率	经济发展水平	工业碳转移系数	工业转移量
	X'_0	X'_1	X'_2	X'_3	X'^4	X'_5	X'_6	X'_7	X'_8
2005	-1.6136	1.4887	0.8058	1.7843	1.8645	-1.5860	-1.4796	0.4687	-0.2366
2006	-0.5831	1.3790	0.8888	1.5915	1.2171	-1.3742	-1.3336	0.3044	0.4489
2007	0.1524	1.1555	0.8888	1.1509	0.8390	-1.1752	-1.1362	0.2536	-0.6356
2008	0.1094	0.7502	0.9302	0.3935	0.4159	-0.8620	-0.7811	0.3171	-0.1811
2009	0.7743	0.5269	0.4739	0.2869	0.1040	-0.5954	-0.6360	0.4412	0.4098
2010	0.4553	0.1109	0.3702	0.0669	0.1328	-0.0692	-0.2911	-2.7077	0.5489
2011	1.1545	-0.0747	0.3909	-0.2880	0.0334	0.2553	0.1520	0.2684	1.2373
2012	1.4720	-0.2608	0.2457	-0.4780	0.2076	0.6155	0.4310	0.5401	1.0689
2013	0.8099	-0.5667	-0.0239	-0.6096	-0.1460	0.7710	0.6741	-1.6795	0.8641
2014	0.3303	-0.7914	-0.2728	-0.7731	-0.5627	0.8635	0.8720	0.4794	-0.0731
2015	-0.3941	-1.0399	-0.8122	-0.8825	-1.0990	0.9862	0.9877	0.3972	0.2815
2016	-1.1671	-1.2827	-1.7871	-1.0590	-1.3874	1.0854	1.1840	0.4166	-2.2933
2017	-1.5595	-1.3952	-2.0982	-1.2396	-1.6192	1.0853	1.3568	0.5006	-1.4397

表5-16　参数序列和比较序列差数列

序号	$\mid X'_0(k) - X'_1(k) \mid$	$\mid X'_0(k) - X'_2(k) \mid$	$\mid X'_0(k) - X'_3(k) \mid$	$\mid X'_0(k) - X'_4(k) \mid$	$\mid X'_0(k) - X'_5(k) \mid$	$\mid X'_0(k) - X'_6(k) \mid$	$\mid X'_0(k) - X'_7(k) \mid$	$\mid X'_0(k) - X'_8(k) \mid$
1	3.1023	2.4194	3.3978	3.4781	0.0275	0.1340	2.0822	1.3770
2	1.9621	1.4719	2.1746	1.8003	0.7911	0.7505	0.8876	1.0320
3	1.0031	0.7364	0.9985	0.6866	1.3275	1.2885	0.1012	0.7880
4	0.6409	0.8209	0.2842	0.3065	0.9714	0.8905	0.2077	0.2905
5	0.2474	0.3005	0.4875	0.6704	1.3698	1.4104	0.3331	0.3646
6	0.3444	0.0851	0.3885	0.3225	0.5246	0.7464	3.1631	0.0936
7	1.2292	0.7636	1.4425	1.1211	0.8993	1.0025	0.8861	0.0828
8	1.7328	1.2263	1.9500	1.2644	0.8566	1.0410	0.9320	0.4031
9	1.3766	0.8338	1.4195	0.9559	0.0389	0.1358	2.4894	0.0542
10	1.1217	0.6032	1.1035	0.8930	0.5331	0.5417	0.1490	0.4034
11	0.6458	0.4181	0.4884	0.7049	1.3803	1.3818	0.7913	0.6756
12	0.1156	0.6200	0.1081	0.2203	2.2525	2.3511	1.5837	1.1262
13	0.1644	0.5387	0.32	0.0597	2.6448	2.9163	2.0601	0.1198
max∆i（k）	3.1023	2.4194	3.3978	3.4781	2.6448	2.9163	3.1631	1.377
min∆i（k）	0.1156	0.0851	0.1081	0.0597	0.0275	0.1340	0.1012	0.0542

其中，Δ（max）$= 3.4781$，Δ（min）$= 0.0275$。

表 5-17 参数序列和比较序列关联系数

年份	$r_1(k)$	$r_2(k)$	$r_3(k)$	$r_4(k)$	$r_5(k)$	$r_6(k)$	$r_7(k)$	$r_8(k)$
2005	0.3649	0.4248	0.3439	0.3386	1.0000	0.9431	0.4623	0.5669
2006	0.4773	0.5502	0.4514	0.4991	0.6982	0.7096	0.6725	0.6375
2007	0.6442	0.7136	0.6453	0.7283	0.5761	0.5835	0.9599	0.6991
2008	0.7423	0.6901	0.8731	0.8636	0.6518	0.6718	0.9074	0.8704
2009	0.8893	0.8662	0.7934	0.7332	0.5682	0.5609	0.8525	0.8398
2010	0.8479	0.9684	0.8303	0.8569	0.7804	0.7107	0.3604	0.9639
2011	0.5951	0.7059	0.5552	0.6176	0.6696	0.6444	0.6729	0.9697
2012	0.5088	0.5957	0.4789	0.5882	0.6806	0.6354	0.6614	0.8246
2013	0.5670	0.6866	0.5593	0.6555	0.9936	0.9422	0.4178	0.9851
2014	0.6175	0.7542	0.6215	0.6712	0.7775	0.7745	0.9356	0.8245
2015	0.7407	0.8189	0.7931	0.7228	0.5663	0.5660	0.6981	0.7316
2016	0.9525	0.7488	0.9564	0.9016	0.4426	0.4319	0.5316	0.6165
2017	0.9281	0.7756	0.8580	0.9821	0.4030	0.3795	0.4650	0.9503

根据式（5-3），可求出 $r_1 \sim r_8$。

由表 5-18 可知，影响因素都显著，$r_8 > r_2 > r_4 > r_1 > r_5 > r_3 > r_7 > r_6$，影响因素排序为工业转移量、产业结构、能源结构、碳排放强度、人口城市化率、能源强度、工业碳转移系数、经济发展水平。通过工业碳转移对碳排放量影响显著，调整产业结构、能源结构是降低碳排放必然选择。

表 5-18 天津人均碳排放量与影响因素关联度

比较序列	r_1	r_2	r_3	r_4	r_5	r_6	r_7	r_8
关联度系数	0.6827	**0.7153**	0.6738	**0.7045**	0.6775	0.6580	0.6613	**0.8062**

（2）天津碳强度与影响因素灰色关联分析。

按照如上灰色关联方法，可测算碳强度与影响因素有产业结构（X_2）、能源强度（X_3）、能源结构（X_4）、人口城市化率（X_5）、经济发展水平（X_6）、工业碳转移系数（X_7）、工业转移量（X_8）的关联度。对数据进行无量纲化处理如表 5-19 和表 5-20 所示。

表 5-19   参数序列和比较序列差数列

序号	$\lvert X'_1(k) - X'_2(k) \rvert$	$\lvert X'_1(k) - X'_3(k) \rvert$	$\lvert X'_1(k) - X'_4(k) \rvert$	$\lvert X'_1(k) - X'_5(k) \rvert$	$\lvert X'_1(k) - X'_6(k) \rvert$	$\lvert X'_0(k) - X'_7(k) \rvert$	$\lvert X'_0(k) - X'_8(k) \rvert$
1	0.6829	0.2956	0.3758	3.0747	2.9683	1.0200	1.7253
2	0.4902	0.2125	0.1618	2.7532	2.7126	1.0745	0.9301
3	0.2668	0.0046	0.3165	2.3307	2.2917	0.9019	1.7911
4	0.1800	0.3567	0.3343	1.6123	1.5314	0.4331	0.9313
5	0.0530	0.2401	0.4230	1.1224	1.1630	0.0857	0.1172
6	0.2593	0.0440	0.0219	0.1801	0.4020	2.8186	0.4380
7	0.4656	0.2133	0.1081	0.3299	0.2267	0.3431	1.3120
8	0.5065	0.2172	0.4684	0.8763	0.6918	0.8009	1.3297
9	0.5427	0.0429	0.4206	1.3377	1.2408	1.1129	1.4307
10	0.5185	0.0182	0.2287	1.6548	1.6634	1.2707	0.7183
11	0.2278	0.1574	0.0591	2.0262	2.0276	1.4371	1.3214
12	0.5044	0.2237	0.1047	2.3681	2.4666	1.6993	1.0106
13	0.7031	0.1556	0.2241	2.4804	2.752	1.8957	0.0445
max$\Delta i(k)$	0.7031	0.3567	0.4684	3.0747	2.9683	2.8186	1.7911
min$\Delta i(k)$	0.0530	0.0046	0.0219	0.1801	0.0857	0.0857	0.0445

其中，$\Delta(\max) = 3.0747$，$\Delta(\min) = 0.0046$。

表 5-20   参数序列和比较序列关联系数

年份	$r_2(k)$	$r_3(k)$	$r_4(k)$	$r_5(k)$	$r_6(k)$	$r_7(k)$	$r_8(k)$
2005	0.6945	0.8412	0.8060	0.3343	0.3422	0.6029	0.4726
2006	0.7605	0.8812	0.9075	0.3594	0.3628	0.5904	0.6249
2007	0.8547	1.0000	0.8317	0.3986	0.4027	0.6321	0.4633
2008	0.8979	0.8141	0.8238	0.4896	0.5025	0.7825	0.6246
2009	0.9695	0.8675	0.7866	0.5797	0.5710	0.9500	0.9320
2010	0.8582	0.9750	0.9889	0.8978	0.7951	0.3540	0.7806
2011	0.7698	0.8808	0.9371	0.8258	0.8741	0.8200	0.5412
2012	0.7544	0.8788	0.7688	0.6388	0.6917	0.6595	0.5378
2013	0.7413	0.9757	0.7875	0.5363	0.5550	0.5818	0.5195
2014	0.7500	0.9912	0.8731	0.4830	0.4817	0.5491	0.6836
2015	0.8736	0.9098	0.9659	0.4327	0.4325	0.5184	0.5394
2016	0.7552	0.8756	0.9390	0.3948	0.3851	0.4764	0.6052
2017	0.6882	0.9108	0.8754	0.3838	0.3595	0.4491	0.9747

根据式 (5-3)，可求出 $r_1 \sim r_8$。由表 5-21 可知，$r_3 > r_4 > r_2 > r_8 > r_7 > r_6 > r_5$，主要影响因素排序为能源强度、能源结构、产业结构、工业转移量、工业碳转移系数。通过技术进步降低能源强度，调整能源结构和产业结构是必然选择。

表 5-21　天津碳强度与影响因素关联度

比较序列	r_2	r_3	r_4	r_5	r_6	r_7	r_8
关联度系数	**0.7975**	**0.9078**	**0.8686**	0.5196	0.5197	**0.6128**	**0.6384**

5.1.6　河北人均碳排放量、碳强度与影响因素关联度分析

（1）河北人均碳排放量与影响因素关联度分析。

将 2005～2017 年河北人均碳排放量作为参考序列 $X_0 = [X_0(k) \mid k = 1, 2, \cdots, 4n]$，碳排放强度、产业结构、能源强度、能源结构、人口城市化率、经济发展水平、工业碳转移系数、工业转移量作为比较序列 $X_i = [X_i(k) \mid k = 1, 2, \cdots, n]$。对数据进行无量纲化处理如表 5-22 至表 5-24 所示：

表 5-22　河北人均碳排放量及影响因素无量纲化处理结果

年份	人均二氧化碳排放量 X'_0	碳排放强度 X'_1	产业结构 X'_2	能源强度 X'_3	能源结构 X'^4	人口城市化率 X'_5	经济发展水平 X'_6	工业碳转移系数 X'_7	工业转移量 X'_8
2005	-1.7887	1.5628	0.3651	1.7930	0.8835	-1.4987	-1.5750	0.2546	0.4563
2006	-1.5981	1.0312	0.6278	1.5754	0.8035	-1.3015	-1.3802	-0.6022	0.0356
2007	-1.0342	0.8923	0.4795	1.1299	1.0715	-1.0284	-1.0929	-0.4413	0.1533
2008	-0.6348	0.7207	1.1236	0.5585	1.0541	-0.7285	-0.7727	-0.3198	1.6248
2009	-0.3594	0.4414	0.1363	0.4384	1.1237	-0.3897	-0.6174	-0.3767	-0.3307
2010	0.2371	0.3718	0.3481	-0.0673	0.1490	-0.2457	-0.2457	-1.4888	0.6952
2011	1.0628	0.3720	0.8948	-0.4272	-0.0668	-0.0506	0.2744	-0.3253	1.9235
2012	1.0287	-0.0779	0.5939	-0.5911	-0.1469	0.1697	0.5206	0.1340	-0.1544
2013	1.1122	-0.3687	0.3481	-0.6915	-0.2064	0.4114	0.7376	2.3435	-1.0886
2014	0.8369	-0.7477	-0.0205	-0.8137	-0.2873	0.6329	0.8361	0.2775	-1.2408
2015	0.5013	-1.1404	-1.1562	-0.8380	-0.9510	0.9991	0.8597	-0.0172	-1.1150
2016	0.3892	-1.4039	-1.5291	-0.9694	-1.4871	1.3634	1.0906	-0.9574	-0.0422
2017	0.2469	-1.6536	-2.2114	-1.0971	-1.9397	1.6728	1.3651	1.5191	-0.9170

表 5 - 23　参数序列和比较序列差数列

序号	$\lvert X'_0(k) - X'_1(k) \rvert$	$\lvert X'_0(k) - X'_2(k) \rvert$	$\lvert X'_0(k) - X'_3(k) \rvert$	$\lvert X'_0(k) - X'_4(k) \rvert$	$\lvert X'_0(k) - X'_5(k) \rvert$	$\lvert X'_0(k) - X'_6(k) \rvert$	$\lvert X'_0(k) - X'_7(k) \rvert$	$\lvert X'_0(k) - X'_8(k) \rvert$
1	3.3515	2.1538	3.5817	2.6722	0.2901	0.2137	2.0434	2.2450
2	2.6293	2.2259	3.1734	2.4015	0.2966	0.2179	0.9959	1.6337
3	1.9265	1.5137	2.1641	2.1057	0.0058	0.0588	0.5929	1.1874
4	1.3555	1.7584	1.1933	1.6889	0.0937	0.1380	0.3149	2.2596
5	0.8007	0.4956	0.7978	1.4831	0.0304	0.2581	0.0173	0.0287
6	0.1347	0.1111	0.3044	0.0881	0.4890	0.4828	1.7259	0.4581
7	0.6908	0.1680	1.4900	1.1296	1.1134	0.7884	1.3881	0.8607
8	1.1065	0.4348	1.6197	1.1756	0.8590	0.5081	0.8947	1.1831
9	1.4809	0.7641	1.8038	1.3186	0.7009	0.3746	1.2312	2.2008
10	1.5846	0.8574	1.6506	1.1242	0.2040	0.0008	0.5594	2.0777
11	1.6417	1.6575	1.3393	1.4523	0.4978	0.3584	0.5185	1.6163
12	1.7931	1.9184	1.3586	1.8764	0.9742	0.7014	1.3466	0.4314
13	1.9005	2.4583	1.344	2.1866	1.426	1.1182	1.2722	1.1639
maxΔi (k)	3.3515	2.4583	3.5817	2.6722	1.426	1.1182	2.0434	2.2596
minΔi (k)	0.1347	0.1111	0.3044	0.081	0.0058	0.0008	0.0173	0.0287

其中，Δ（max）= 3.5817，Δ（min）= 0.0008。

表 5 - 24　参数序列和比较序列关联系数

年份	$r_1(k)$	$r_2(k)$	$r_3(k)$	$r_4(k)$	$r_5(k)$	$r_6(k)$	$r_7(k)$	$r_8(k)$
2005	0.3484	0.4542	0.3335	0.4014	0.8610	0.8938	0.4673	0.4439
2006	0.4053	0.4460	0.3609	0.4274	0.8583	0.8919	0.6429	0.5232
2007	0.4820	0.5422	0.4530	0.4598	0.9972	0.9687	0.7516	0.6016
2008	0.5694	0.5048	0.6004	0.5149	0.9507	0.9289	0.8508	0.4423
2009	0.6913	0.7836	0.6921	0.5472	0.9838	0.8744	0.9909	0.9847
2010	0.9305	0.9420	0.8551	0.9535	0.7859	0.7880	0.5095	0.7966
2011	0.7220	0.9146	0.5461	0.6135	0.6169	0.6946	0.5636	0.6757
2012	0.6184	0.8050	0.5253	0.6040	0.6761	0.7793	0.6671	0.6024
2013	0.5476	0.7013	0.4984	0.5762	0.7190	0.8274	0.5928	0.4488
2014	0.5308	0.6765	0.5206	0.6146	0.8981	1.0000	0.7623	0.4631
2015	0.5220	0.5196	0.5724	0.5524	0.7828	0.8336	0.7758	0.5258
2016	0.4999	0.4830	0.5689	0.4886	0.6480	0.7189	0.5710	0.8062
2017	0.4854	0.4217	0.5715	0.4505	0.5570	0.6159	0.5849	0.6064

根据式（5-3），可求出 $r_1 \sim r_8$。由表 5-25 可知，$r_6 > r_2 > r_4 > r_1 > r_5 > r_3 > r_7 > r_6$，主要影响因素排序为经济发展水平、人口城市化率、工业碳转移系数、产业结构、工业碳转移量。在经济发展城市化率提高背景下，调整产业结构、能源结构是降低碳排放必然选择。

表 5-25 河北人均碳排放量与影响因素关联度

比较序列	r_1	r_2	r_3	r_4	r_5	r_6	r_7	r_8
关联度系数	0.5656	**0.6303**	0.5460	0.5542	**0.7950**	**0.8319**	**0.6716**	**0.6093**

（2）河北碳强度与影响因素灰色关联分析。

按照如上灰色关联方法，可测算碳强度与影响因素有产业结构（X_2）、能源强度（X_3）、能源结构（X_4）、人口城市化率（X_5）、经济发展水平（X_6）、工业碳转移系数（X_7）、工业转移量（X_8）的关联度。对数据进行无量纲化处理如表 5-26 和表 5-27 所示。

表 5-26 参数序列和比较序列差数列

序号	$\vert X'_1(k) - X'_2(k)\vert$	$\vert X'_1(k) - X'_3(k)\vert$	$\vert X'_1(k) - X'_4(k)\vert$	$\vert X'_1(k) - X'_5(k)\vert$	$\vert X'_1(k) - X'_6(k)\vert$	$\vert X'_0(k) - X'_7(k)\vert$	$\vert X'_0(k) - X'_8(k)\vert$
1	1.1977	0.2302	0.6793	3.0614	3.1378	1.3082	1.1065
2	0.4034	0.5442	0.2278	2.3327	2.4114	1.6334	0.9956
3	0.4128	0.2376	0.1792	1.9207	1.9853	1.3336	0.7391
4	0.4029	0.1622	0.3334	1.4492	1.4935	1.0406	0.9041
5	0.3051	0.0029	0.6823	0.8311	1.0588	0.8180	0.7721
6	0.0236	0.4391	0.2228	0.6237	0.6175	1.8606	0.3235
7	0.5228	0.7992	0.4389	0.4226	0.0976	0.6974	1.5515
8	0.6718	0.5132	0.0690	0.2475	0.5984	0.2118	0.0766
9	0.7169	0.3228	0.1624	0.7801	1.1063	2.7122	0.7199
10	0.7272	0.0660	0.4604	1.3806	1.5838	1.0253	0.4930
11	0.0158	0.3024	0.1894	2.1395	2.0001	1.1232	0.0254
12	0.1252	0.4346	0.0832	2.7673	2.4945	0.4465	1.3617
13	0.5578	0.5565	0.2861	3.3265	3.0187	3.1727	0.7366
maxΔi（k）	1.1977	0.7992	0.6823	3.3265	3.1378	3.1727	1.5515
minΔi（k）	0.0158	0.0029	0.0690	0.2475	0.0976	0.2118	0.0254

其中，Δ（max）= 3.3265，Δ（min）= 0.0029。

表5-27　参数序列和比较序列关联系数

年份	r_2 (k)	r_3 (k)	r_4 (k)	r_5 (k)	r_6 (k)	r_7 (k)	r_8 (k)
2005	0.5472	0.8019	0.6594	0.3394	0.3342	0.5280	0.5640
2006	0.7402	0.6967	0.8029	0.3986	0.3912	0.4787	0.5860
2007	0.7371	0.7991	0.8222	0.4422	0.4347	0.5238	0.6442
2008	0.7404	0.8291	0.7640	0.5054	0.4987	0.5769	0.6055
2009	0.7740	0.9005	0.6586	0.6220	0.5733	0.6251	0.6361
2010	0.8905	0.7287	0.8048	0.6743	0.6760	0.4493	0.7675
2011	0.7030	0.6295	0.7288	0.7340	0.8566	0.6547	0.4902
2012	0.6614	0.7058	0.8694	0.7953	0.6812	0.8091	0.8660
2013	0.6498	0.7677	0.8290	0.6341	0.5641	0.3654	0.6490
2014	0.6471	0.8708	0.7220	0.5162	0.4856	0.5800	0.7119
2015	0.8942	0.7750	0.8180	0.4179	0.4330	0.5609	0.8897
2016	0.8446	0.7301	0.8630	0.3610	0.3837	0.7263	0.5192
2017	0.6927	0.6931	0.7810	0.3220	0.3424	0.3319	0.6448

　　由表5-28可知，$r_4 > r_3 > r_2 > r_8 > r_7 > r_5 > r_6$，主要影响因素排序为能源结构、能源强度、产业结构、工业转移量。通过调整能源结构和产业结构，技术进步降低能源强度是必然选择。

表5-28　河北碳强度与影响因素关联度

比较序列	r_2	r_3	r_4	r_5	r_6	r_7	r_8
关联度系数	**0.7325**	**0.7637**	**0.7787**	0.5202	0.5119	0.5546	**0.6595**

5.2　京津冀物流业碳排放差异影响因素分析

　　第3章研究表明，京津冀物流业（交通运输仓储邮政业）得到了迅猛发展，碳排放呈现逐年增长趋势。已有研究表明，2018～2019年，秋冬季的PM2.5来源解析表明，工业用煤、民用散煤、柴油车对区域PM2.5的贡献分别为36%、17%、16%，以煤为主的能源结构、以公路运输为主的货运方式是京津冀高排放的主要来源。因此，需要进一步深入研究京津冀物流业碳排放差异及驱动因素。

　　Houda Achour 和 Mounir Belloumi（2016）采用LMDI测算了1985～2014年来突尼斯交通部门能源消耗的影响因素，经济产出、交通强度、人口规模和交通结构的影响是导致碳排放增长的最重要因素，能源强度的影响对减少排放量有显著的贡献；TIMILSINA. G. R 等（2009）研究了部分亚洲国家 1980～2005 年运输部门碳排放情况，发现经济增长、人口规模和能源强度是运输部门碳排放量增长的主要因素；TAPIO P.（2005）提出脱钩弹性系数，对 1970～2001 年欧洲的运输业经济增长与运输量之间的脱钩情况进行了研究。张诗青等（2017）对 2000～2013 年中国交通运输碳排放时空分布格局进行研究；吕倩和高俊莲（2018）人均 GDP、能源强度、第三产业占比和公共交通是京津冀地区 2000～2013 年交通运输碳排放重要驱动因素。

在中国虽然统计产业分类体系中没有"物流业"，但交通运输、仓储和邮政业占据了物流业增加值 80% 以上的份额，可以在很大程度上反映整个物流业的发展状况。以中国物流业为例，主要集中于三方面的研究：①对中国物流业整体碳排放的分析：王丽萍和刘明浩（2018）对 1997～2014 年中国物流业的直接能源消耗碳排放和基于投入产出表的隐含碳排放进行了测算，进一步对碳排放因素进行了分析；Ma 和 Wang（2015）以物流业碳排放强度为指标，运用基尼系数及组群分解方法，对中国 30 个省份及东部、中部、西部 1997～2011 年物流业碳排放的空间非均衡程度进行测度。②对于区域物流碳排放的分析：宁宁宁（2015）采用标准差法、变异系数法和泰尔指数法，测度中国八大区域物流碳排放水平的差异，利用 LMDI 模型分解区域物流碳排放差异因素；袁娇（2019）对我国物流业碳排放的区域差异测度及影响因素进行了分析。③京津冀物流碳排放分析：苑清敏等（2016）对京津冀 1998～2012 年物流业碳排放量进行测算，对京津冀物流业碳排放脱钩效应进行分析；赵松岭（2019）对京津冀物流业碳排放进行测度，提出低碳协同发展机制。

从已有研究看，对京津冀及内部各省市物流业能源消耗碳排放差异性特征及影响因素缺乏深入分析。本章解决如下问题：①京津冀物流业能源消费结构及碳排放具有哪些特征？②京津冀物流业碳排放是否具有差异性？③京津冀物流业碳排放影响因素有哪些？

5.2.1 京津冀物流业碳排放现状分析

5.2.1.1 京津冀物流业发展现状

如图 5－1 所示，北京市物流业增加值从 2005 年的 403 亿元增加到 2017 年的 1208.4 亿元，年均增长率 9.58%；天津市物流业增加值从 2005 年的 277 亿元增到 2017 年的 780.4 亿元，年均增长率 9.01%；河北省物流业年均增长率达到 10.5%。京津冀物流业增加值年均增速为 9.74%。增速以 2011 年为分界线，2011 年（含）前增速为 15.48%，2011 年后增速为 4.29%。

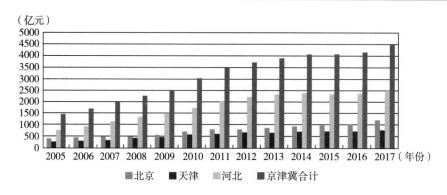

图 5 - 1　2005～2017 年京—津—冀物流业增加值

物流业固定资产投资额，可以反映出物流业基础设施建设情况。如图 5 - 2 所示，2005～2017 年京津冀三地投资额总体呈现增长趋势，特别是 2013 年之前呈现较快的增长趋势。从全国范围内来看，京津冀物流业固定资产投资额维持在 9% 左右，2007 年占全国比重达到峰值为 10.8%，近几年，随着京津冀物流业基础设施建设日益完善，比重有所下降。与此同时，河北省物流业固定资产投资逐年增加，占京津冀比例由 2008 年的 39.9% 提高到 2017 年的 56.2%，显示出京津冀一体化实施中河北省有序承接并加大了区域性物流基地的建设。如图 5 - 3 所示，京津冀货运量维持与 GDP 同步变动趋势，显示物流业国民经济基础产业的地位。

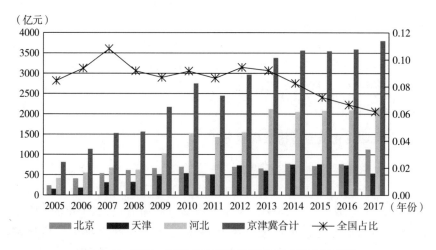

图 5 - 2　2005～2017 年京津冀物流业固定资产投资额

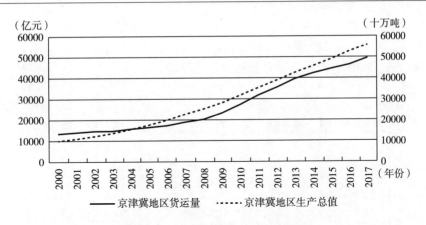

图 5 - 3　京津冀货运量与生产总值变动

5.2.1.2　京津冀物流业能源消耗总量及结构特征

由图 5 - 4 可知，京津冀能源消耗量呈现增长趋势。北京市呈增长趋势，2005 ~ 2008 年处于快速增长阶段，2009 年后增幅降低。而天津市 2005 ~ 2012 年增长，2012 年达到峰值，之后能源消耗量呈平缓下降趋势。河北省 2013 年之前呈增长趋势，达到峰值，2013 年后呈"下降—上升—下降"波动态势。物流业能源消耗主要是原煤、汽油、煤油、柴油、燃料油、液化石油气、天然气和电力这八种。但各地因为地理位置、基础设施等情况，各种能源消耗量比重存在差别。

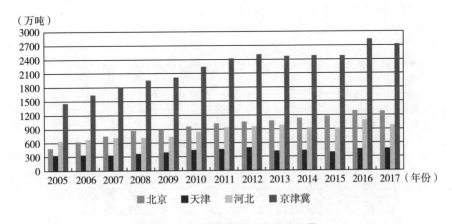

图 5 - 4　京津冀物流业能源消耗量

如图 5 - 5 所示，北京市物流业能源消耗主要是煤油、柴油、汽油、电力、天然气和原煤，煤油占据主要部分，2009 年后煤油占比逐年上升，反映了航空运输日益发达，随着 2019 年北京大兴国际机场投入使用，北京市航空物流会发展得更快。随着电动和天然气新能源汽车的逐步增加，柴油、汽油消耗量近些年呈下降趋势，2005 年后原煤消耗总量也不断下降。

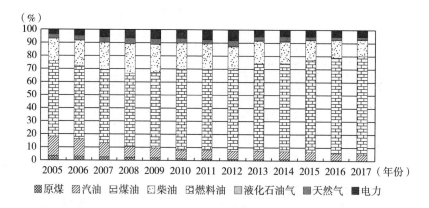

图 5-5　2005~2016 年北京市物流业能源消耗结构

如图 5-6 所示，天津市物流业能源消耗主要是柴油、燃料油、煤油、汽油、电力、原煤和天然气。天津水路运输业比较发达，柴油消耗量最高，燃料油消耗量也很大，但 2012 年后煤油消耗量升高，燃料油消耗量降低，可以看出水运虽成本低但时间消耗长，航空运输优势得以体现。相关数据表明，天津市公路货运量在 2012 年达到顶峰后逐渐下降，汽油消耗量 2012 年后大幅下降，天然气使用量明显上升，电力使用量也是逐年递增。

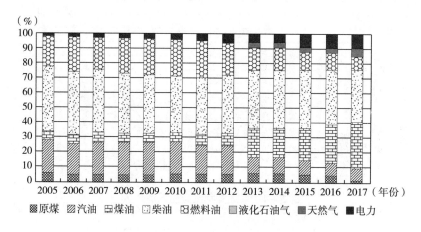

图 5-6　2005~2017 年天津市物流业能源消耗结构

如图 5 - 7 所示，河北省物流业能源消耗主要是柴油、汽油、电力、天然气、原煤和煤油，河北是中国主要重化工业基地，船舶、工程机械、货车导致柴油消耗量最高且仍在增长，电气化铁路行驶里程的不断增加，新能源车的使用，使电力和天然气消耗总量呈增长趋势，原煤消耗量呈明显下降趋势，随着航空运输业的不断发展，煤油消耗量 2013 年之后也呈现明显增长趋势。

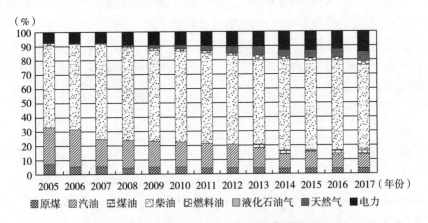

图 5 - 7　2005 ~ 2017 年河北省物流业能源消耗结构

5.2.2　京津冀物流业碳排放特征及差异分析

5.2.2.1　计算方法与数据来源

按照 IPCC 温室气体排放清单，碳排放依据计算公式如下：

$$C = \sum_{i=1}^{n} E_i F_i K_i \tag{5 - 4}$$

其中，C 代表物流碳排放总量；E_i 表示第 i 种能源消费量；F_i 是第 i 种能源的标煤转化系数，K_i 是第 i 种能源的碳排放系数。i = 1，2，…，8，分别为原煤、汽油、煤油、柴油、燃料油、液化石油气、天然气和电力。为了确保数据的可比性，所有燃料转化为标煤。在计算碳排放量时，只计算能源的终端消费量，而不计算加工转换过程以及运输和分配、储存过程中的损失量。能源消费数据 E_i 来源于 2006 ~ 2018 年的《中国能源统计年鉴》中的北京能源平衡表、天津能源平衡表、河北能源平衡表表中的交通运输、仓储和邮政业终端消费量；能源折算标准煤参考系数 F_i 来自 2017 年的《中国能源统计年鉴》；碳排放因子 K_i 数据参考《2006 年 IPCC 国家温室气体清单指南》。

5.2.2.2 京津冀物流业碳排放特征及差异分析

（1）总量特征。

如图5-8所示，2005~2017年京津冀能源消耗碳排放量总体呈现增长趋势，其中，北京市碳排放量始终维持上涨趋势；天津市碳排放量2012年达到最大值后近几年略有下降。河北省2013年达到峰值后出现下降，但2016年又出现明显上升。从增速来看，2005~2007年，京津冀物流业碳排放维持8%~10%的增速，受2008年金融危机影响，2009年增速明显下降，2010~2011年经济复苏物流业发展同时产生大量碳排放，2012~2015年节能减排相关政策和技术进步，碳排放量出现了负增加，但2016年又出现明显增长，河北省物流业碳排放增加是主要原因。

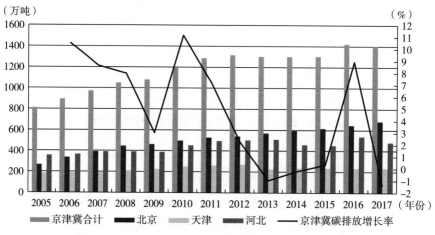

图5-8　2005~2017年京津冀物流业碳排放总量及增速

（2）京津冀物流碳排放水平差异分析。

碳生产率是指单位碳排放量的产值产出水平，用物流业增加值与碳排放量的比值来衡量。碳生产率越小，说明单位二氧化碳的物流产出越小，碳排放水平越高。

$$y = Y/C \qquad\qquad (5-5)$$

其中，C为已经计算得到的物流业碳排放总量，单位为万吨；Y为物流业增加值，为了消除价格因素的影响，将物流业增加值的名义值调整为2005年不变价格的实际增加值，单位为亿元。数据来源于为2018年《中国统计年鉴》。

由图5-9可知，京津冀三地碳生产率存在差异，碳生产率从高到低为河北省、天津市、北京市。京津冀总体碳生产率呈现上升趋势，碳排放水平逐步下降。

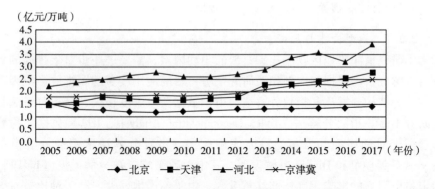

（亿元/万吨）

图 5 - 9 　 2005 ～ 2017 年京津冀碳生产率

为研究区域物流碳排放水平的差异程度，以标准差、极差为指标，对区域物流碳排放水平的绝对差异进行测算分析。极差反映的是区域物流碳排放水平差异最大的离散范围，极差越大，说明物流碳排放水平较高和较低区域的差异就越大。计算公式为：

$$\eta = X_{max} - X_{min} \tag{5-6}$$

其中，η 代表极差，X 用京津冀三地各自碳生产率指标来表示。

标准差反映的是区域碳排放差异的绝对离散水平；标准差越大，说明不同区域物流碳排放水平的离散程度就越大。计算京津冀碳生产率极差、标准差，得出碳排放水平离散程度、离散范围，分析碳排放水平差异程度。

由图 5 - 10 可知，京津冀物流碳排放水平绝对差异波动较大不稳定，极差与标准差的变化趋势一致，总体呈现上涨趋势，说明京津冀物流碳排放水平不均衡。

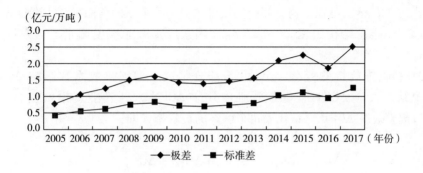

图 5 - 10 　 2005 ～ 2017 年京津冀物流业碳排放水平差异程度

5.2.3 京津冀物流碳排放影响因素分析

5.2.3.1 模型构建与数据来源

为了研究京津冀地区物流业碳排放的驱动因素，需要进一步对碳排放的各因素进行分解分析。根据国内外相关研究来看，目前应用较多的碳排放影响因素分解的方法为结构分解法和指数分解法。由于数据获取难度较大，结构分解法目前应用研究不多。指数分解法（Index Decomposition Analysis，IDA）数据较易获取且适合用于时间序列的分析，目前应用较多。指数分解法常用的分解模型有Laspeyres 分解模型和 Divisia 分解模型，其中对数平均指数分解模型（LMDI）可以确定每个因素的影响程度，即其贡献率。由于不产生残差，是一种比较有效的分解方法。京津冀物流碳排放影响因素分解如下：

$$C = \sum_i C_i^t = \sum_i \frac{C_i^t}{E_i^t} \times \frac{E_i^t}{E^t} \times \frac{E^t}{Y^t} \times \frac{Y^t}{P^t} \times P^t \qquad (5-7)$$

其中，C 为物流碳排放量，t 表示时间，i 为能源类型，C_i 为区域物流消耗的第 i 种能源碳的排放量，E_i 为第 i 种能源消耗量，E 为物流能源总消耗量，Y 为物流产值，P 为地区人口数。进而公式可写成：

$$C = \sum_i (CEF_i^t \times ETE_i^t \times EYS^t \times YPT^t \times PTS^t) \qquad (5-8)$$

其中，$CET_i = \dfrac{C_i}{E_i}$ 表示单位能源消耗所产生的碳排放，即碳排放系数；$ETE_i = \dfrac{E_i}{E}$ 表示第 i 种能源在物流能源消耗中所占的比例，即能源结构；$EYS^t = \dfrac{E^t}{Y^t}$ 表示第 t 期物流业单位增加值的能源消耗量，即能源强度；$YPT^t = \dfrac{Y^t}{P^t}$ 表示物流人均 GDP，即产业规模效应；$PTS = P$ 表示地区口人数，即人口规模效应。

从式（5-8）可知，物流部门的碳排放分为 5 个不同的因素：①碳排放系数的因素。②能源结构因素。③能源强度因素。④产业规模因素。⑤人口规模因素。

ΔC 指碳排放量的变化，ΔC 由 5 部分组成：①碳排放系数影响 ΔC_{CEF}。②能源结构效应 ΔC_{ETE}。③能源强度效应 ΔC_{EYS}。④产业规模效应 ΔC_{YPT}。⑤人口规模效应 ΔC_{PTS}。D 代表每个因素的贡献率，即：

$$\Delta C = C^t - C^0 = \Delta C_{CEF} + \Delta C_{ETE} + \Delta C_{EYS} + \Delta C_{YPT} + \Delta C_{PTS} \qquad (5-9)$$

$$\Delta C_{CEF} = \sum_i W_i \times \ln \frac{CEF_i^t}{CEF_i^0} \qquad D_{CEF} = \frac{\Delta C_{CEF}}{\Delta C} \qquad (5-10)$$

$$\Delta C_{ETE} = \sum_i W_i \times \ln \frac{ETE_i^t}{ETE_i^0} \qquad D_{ETE} = \frac{\Delta C_{ETE}}{\Delta C} \qquad (5-11)$$

$$\Delta C_{EYS} = \sum_i W_i \times \ln \frac{EYS_i^t}{EYS_i^0} \qquad D_{EYS} = \frac{\Delta C_{EYS}}{\Delta C} \qquad (5-12)$$

$$\Delta C_{YTP} = \sum_i W_i \times \ln \frac{YTP_i^t}{YTP_i^0} \qquad D_{YTP} = \frac{\Delta C_{YTP}}{\Delta C} \qquad (5-13)$$

$$\Delta C_{PTS} = \sum_i W_i \times \ln \frac{PTS_i^t}{PTS_i^0} \qquad D_{PTS} = \frac{\Delta C_{PTS}}{\Delta C} \qquad (5-14)$$

$$W_i = \frac{C_i^t - C_i^0}{\ln (C_i^t - C_i^0)} \qquad (5-15)$$

$$D = D_{CEF} + D_{ETE} + D_{EYS} + D_{YTP} + D_{PTS} = 1 \qquad (5-16)$$

化石燃料的碳排放系数都是固定的，$\Delta C_{CEF} = 0$，$\Delta D_{DEF} = 0$。因此，影响京津冀物流碳排放的因素主要是能源结构、能源强度、产业规模和人口规模。

能源数据来源于 2006~2017 年《中国能源统计年鉴》能源平衡表，物流业增加值和人口数据来源于国家统计局《中国统计年鉴》，为了消除价格因素的影响，将物流业增加值的名义值调整为 2005 年不变价格的实际增加值，单位为亿元。

5.2.3.2　北京市物流碳排放影响因素分析

如图 5-11 所示，2006~2016 年北京市物流业碳排放量增加，能源结构对物流碳排放量影响不大，产业规模和人口规模是主要影响因素。2008 年之前能源强度起到促进作用，这是因为伴随国民经济发展，物流业发展速度增快，在很多物流环节中出现了高耗能高排放，节能减排并未引起重视。近年来，低碳物流发展进程加快，研制和引进了更多清洁能源，能源利用率升高，2011 年后对碳排放起抑制作用。产业和人口规模贡献最大，产业规模贡献值呈现逐年增长趋势。人口规模促进作用持续加大，但 2014 年来北京市人口增量减少，人口规模贡献度趋于稳定。

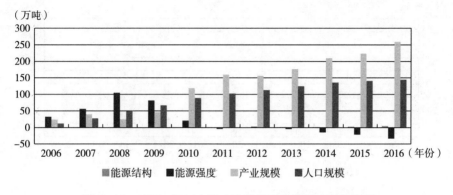

图 5-11　2006~2016 年北京市物流碳排放影响因素分解

5.2.3.3　天津市物流碳排放影响因素分析

如图 5 - 12 所示，2006～2016 年天津市物流碳排放量增加，能源结构对于天津市物流碳排放量影响不大，而能源强度和产业规模影响较大。能源强度对碳排放一直起抑制作用，产业规模促进物流碳排放，2012 年达到最高后略有下降。天津市人口数量持续上涨，人口规模一直起到促进物流碳排放的作用，近几年人口增速减缓，人口规模贡献度也逐渐放缓。

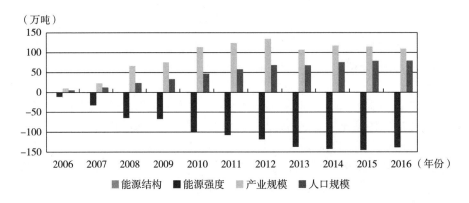

图 5 - 12　2006～2016 年天津市物流碳排放影响因素分解

5.2.3.4　河北省物流碳排放影响因素分析

如图 5 - 13 所示，河北省物流碳排放量影响因素中，能源结构贡献很少。能源强度和产业规模影响较大。能源强度一直起抑制作用，2014 年达到峰值。产业规模是碳排放上涨主因，河北省人口规模起促进作用，但相对产业规模效果不显著。

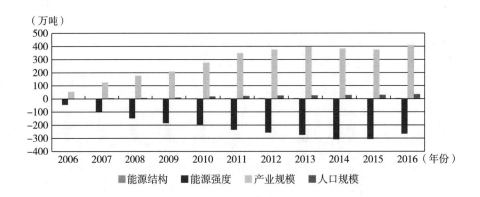

图 5 - 13　2006～2016 年河北省物流碳排放影响因素分解

整体来看，京津冀物流业近年来快速发展，基础设施日益完善，交通密集发达，随着京津冀一体化进程加快，物流业产业规模可能会出现波动情况，但是整体对于物流业碳排放贡献度在上升。

5.2.3.5　能源结构因素对京津冀物流业碳排放影响

如前所述，能源结构对碳排放量的影响不显著，需要进一步分析。从表 5 - 29 中我们可以看到北京市 2007 年与 2012 年能源结构因素对碳排放量出现了抑制作用，其余年份均为促进作用。而天津市的情况可以分为 2006～2009 年、2010～2012 年、2013～2016 年三个阶段，这三个阶段能源结构因素对碳排放量分别呈现了"抑制—促进—抑制"的作用。河北省 2006 年、2008 年与 2009 年能源结构因素对碳排放量出现了抑制作用，其余年份均为促进作用，但整体波动幅度较大。

表 5 - 29　2006～2016 年能源结构因素对京津冀物流碳排放的影响效果

年份	北京能源结构效应		天津能源结构效应		河北能源结构效应	
	ΔC_{ETE}	D_{ETE}	ΔC_{ETE}	D_{ETE}	ΔC_{ETE}	D_{ETE}
2006	0.05	0.0007	- 0.10	- 0.0202	- 2.24	- 0.1996
2007	- 0.04	- 0.0003	- 0.77	- 0.3830	0.93	0.0263
2008	0.44	0.0025	- 0.28	- 0.0114	- 0.82	- 0.0236
2009	0.38	0.0019	- 0.52	- 0.0126	- 1.88	- 0.0580
2010	0.63	0.0027	0.50	0.0080	3.14	0.0321
2011	0.78	0.0030	0.60	0.0079	4.96	0.0354
2012	- 0.42	- 0.0016	0.01	0.0001	5.95	0.0401
2013	1.44	0.0048	- 0.76	- 0.0209	5.24	0.0339
2014	1.16	0.0035	- 0.41	- 0.0082	2.48	0.0237
2015	2.83	0.0082	- 0.86	- 0.0180	1.14	0.0117
2016	4.43	0.0118	- 0.92	- 0.0185	4.47	0.0244

每种能源的碳排放系数不同，所以当物流活动中所消耗的能源种类与所占比例发生变化时，会对碳排放量产生促进或抑制的情况。北京市煤油占据主要部分，2009 年后煤油占比逐年上升，超过了汽油、原煤下降幅度，总体促进了碳排放；而天津市汽油消耗量 2012 年后大幅下降，天然气使用量明显上升，电力使用量也是逐年递增，总体对碳排放起一定抑制作用；河北省 2008 年、2009 年原煤、汽油、柴油消耗量都出现下降情况，也对碳排放量产生抑制影响。但整体上柴油、煤油消耗量仍在增长，清洁能源使用量占总消耗量的比重较少，所以能

源结构对碳排放起促进作用。

5.3 本章小结

第一，依据 STIRPAT 模型对京津冀人均二氧化碳排放量、碳排放强度、能源结构、能源强度、产业结构、工业转移量、经济发展水平、人口城市化率、工业碳转移系数等进行灰色关联分析表明，京津冀人均二氧化碳排放量主要影响因素为人口城市化率、经济发展水平和工业碳转移系数、工业转移量。京津冀碳强度影响因素都显著，主要因素为能源强度、能源结构、产业结构、工业转移量。产业转移对人均二氧化碳排放量、碳排放强度影响都较显著。但三地人均二氧化碳排放量、碳排放强度影响因素各有不同。在人口城市化率进一步增强、经济进一步发展的前提下，控制工业碳排放进而降低转移量，提升技术水平，提高能源使用效率，降低能源强度、调整能源结构是必然选择。

第二，2005～2017 年，京津冀物流业能源消耗和碳排放量总体呈现上升趋势，京津冀三地碳生产率差距增大，物流碳排放水平不均衡。

物流业碳排放影响因素分析表明，产业规模和人口规模促进京津冀物流碳排放增加，能源强度抑制物流碳排放效果越来越强，而能源结构对物流碳排放的贡献值较小。三地之间主要影响因素又存在差异：北京市产业规模和人口规模是主要影响因素，2011 年后能源强度对碳排放起到抑制作用，但抑制作用低于天津市和河北省；天津市能源强度和产业规模、人口规模影响较大；河北省产业规模和能源强度影响较大；京津冀地区物流业以柴油、煤油等为主的能源结构仍未得到明显改善。因此，需要在控制人口规模前提下，降低能源强度，增加天然气、电力、太阳能等清洁能源的使用，完善充气站和充电站等基础设施建设，助力绿色交通发展。能源结构与交通结构有着密切的关联，大力发展绿色交通，三地应发展高铁、空铁联运，提升多式联运服务水平，完善京津冀物流业碳减排协同机制。

第6章 京津冀协同碳减排机制分析

6.1 京津冀协同发展历程及特征分析

京津冀协同发展从其历程来看，可以概括为五个阶段。

第一阶段：从改革开放初期到"八五"末期（1980～1995年）。

1981年，华北地区经济技术合作协会成立，这是全国最早的区域协作组织。可以说是华北地区推进一体化的雏形。1982年颁布的《北京城市建设总体规划方案》，提出了"首都圈"的概念。1986年，时任天津市市长的李瑞环同志提出环渤海区域合作问题，随之提出了环京津冀区域经济概念。在其倡导下，发起成立了环渤海地区15个城市市长联席会。1988年，北京与保定、廊坊、唐山、秦皇岛、张家口、承德6地市组建了环京经济协作区，建立了市长、专员联席会议制度，设立了日常工作机构，建立了供销社联合会，农副产品交易市场、工业品批发市场相继建立，通过投资入股、联合生产、技术合作等多种方式发展跨省市的企业联合与协作，涌现了一批北京与河北跨区域的联合企业及合作项目。20世纪80年代后期，中科院又开展了"京津渤地区发展与环境研究"和"京津地区生态系统功能与污染综合防治研究"，提出了合理利用资源、协调发展产业、加强污染综合防治等一系列措施和方案。

这一时期的区域合作呈现出以下特点：行政分割、各自为政，竞争大于合作；在计划经济体制下，区域合作由政府主导；京津冀三地协作内容主要是物资、技术的合作。协作层次主要是以解决局部问题为主的自发式探索，以短期合作为主。

第二阶段：社会主义市场经济体制确立并快速发展期（1995～2003年）。

这个时期是我国改革开放发展的加速期，也是京津冀单打独斗、盲目竞争期。1995年，河北省确立了"两环开放带动（内环京津，外环渤海）"战略。1996年，在《中华人民共和国国民经济和社会发展"九五"计划和2010年远景目标规划纲要》中明确提出，我国要"按照市场经济规律和内在联系以及地理自然特点，突破行政区划界限，逐步形成 7 个跨省区市的经济区域"。其中，第一个是长江三角洲，第二个就是环渤海地区。1996 年，在《北京市经济发展战略研究报告》中首次提及"2 + 7"模式"首都经济圈"的概念，即以京津为核心，包括河北省的唐山、秦皇岛、承德、张家口、保定、廊坊和沧州 7 个市。20 世纪 90 年代末，由清华大学吴良镛教授主持，会同北京、天津和河北三省市的主要城市和区域发展决策管理研究部门近百名专家，开始展开《京津冀北（大北京地区）城乡空间发展规划研究》（以下简称《规划》）。2001 年《规划》出台，从而将京津冀一体化发展研究提升到了一个新的阶段。

综观这一时期京津冀的发展，主要呈现以下特点：

第一，战略上逐渐重视。经济合作领域的对接日益密切。在三地各自的发展战略规划中，都寄予了对方以及京津冀整体区域足够的重视与期望。

第二，实践效果并未推进。虽然一体化统筹推进区域发展的理念已经逐步得到认可，但受地方利益的驱使和政府 GDP 考核机制的局限，各地忙于争产业、争项目，无暇顾及区域一体化的统筹推进。

第三，随着市场经济体制的建立，以政府为主导的区域合作模式弊端逐渐显现。各项规划以及区域合作更多的是停留在概念层面上，没有实质性进展。

第三阶段：新世纪新推动期（2004～2013 年）。

进入 21 世纪后，中国加入 WTO，经济全球化、区域经济一体化成为浪潮。京津冀三地开始达成区域合作共识与框架协议。2004 年 2 月，国家发改委地区经济司召集北京市、天津市和河北省三地的发改委在廊坊就推进京津冀区域经济一体化进程，加强京津冀经济交流与合作达成了十点共识，俗称"廊坊共识"，这开启了京津冀都市圈区域合作的新时期，标志着京津冀区域合作进程将加速进入更具实质意义的阶段。

2004 年 5 月 21 日，在北京召开由北京、天津、河北、山西、内蒙古、辽宁、山东环渤海七省份领导参加的"环渤海经济圈合作与发展高层论坛"，达成了建立环渤海合作机制共识，6 月召开七省份环渤海合作机制会议，达成了《环渤海区域合作框架协议》，合作机制名称确定为环渤海区域经济合作联席会议。2006 年，在唐山召开动员大会，国家发展和改革委员会宣布正式启动京津冀都市圈规划的编制。2008 年 2 月，"第一次京津冀发改委区域工作联席会"召开。京津冀发改委共同签署了《北京市、天津市、河北省发改委建立"促进京津冀都市圈发展协调沟通机制"的意见》。2011 年 2 月，国家发改委又启动了首都经济圈的规划和编制，但进展一直较慢。围绕"首都经济圈"涵盖的范围引起了广泛争论。出现了"2 + 5""2 + 7""2 + 8""2 + 11"等多个方案。2013 年 9 月 18 日，时任国务院副总理张高丽出席在京召开的经济技术及周边地区大气污染防治工作会议，环保部牵头制订了《大气污染防治行动计划》。

2004 年形成的"廊坊共识"和"环渤海区域合作框架协议"是这一阶段的突破性成果。其后京津冀三地的区域合作进入了更广泛的领域，建立了商业、交通、旅游、环保、区域规划等领域的联席制度。

这一阶段呈现如下特点：

第一，国家层面上积极推动京津冀一体化。市场体制不断完善，区域合作开始由政府主导型逐步向政府与市场共同推动型转化。京津冀三地高层领导频繁接触，一体化体制机制进入了破冰期，推动京津冀区域合作进程进入了更具实质意义的阶段。

第二，虽然区域合作领域较上一阶段有所扩大，但多为资源、生态和环境保护等方面的合作，合作领域的广度和深度十分有限。

第三，受行政分割体制等制度性约束影响，导致区域内部的行政区经济分散化大于一体化，分割强于依存，排斥多于合作，区域经济发展过程中引发了诸多矛盾和问题。30 多年的发展，无论是在经济总量方面，还是在区域经济合作取得的成效方面，都已经落后于长三角地区和珠三角地区；无论是初期提出的京津唐发展规划，还是后来成立的环渤海地区合作组织以及达成的以"廊坊共识"为代表的一系列共识、备忘等，都没有在推动区域经济综合竞争力提升中发挥出应有的作用。踟蹰纠结的京津冀协同发展，亟须一个突破口。

第四阶段：新世纪的历史转折期（2014～2015 年）。

2014 年 2 月 26 日，习近平总书记主持召开京津冀三地协同发展座谈会，强调京津冀要抱团发展，要求北京、天津、河北三地打破"一亩三分地"的思维定式，实现京津冀协同发展。并强调实现京津冀协同发展，是面向未来打造新的首都经济圈、推进区域发展体制机制创新的需要，是一个重大国家战略，并要求抓紧编制首都经济圈一体化发展的相关规划。

2014 年 3 月，国务院总理李克强做政府工作报告，谈到 2014 年重点工作时，提出"加强环渤海及京津冀地区经济协作"。京津冀作为一个词组，第一次在总理政府工作报告中出现。

2014 年 8 月，国务院成立京津冀协同发展领导小组以及相应办公室，国务院副总理张高丽担任组长。也预示着已蹉跎 30 多年的京津冀一体化正面临前所未有的强力推动。紧随其后，京津、京冀、津冀以及三地之间签署了一系列协议及备忘录。

2015 年 4 月 30 日，中央政治局会议审议通过《京津冀协同发展规划纲要》。指出推动京津冀协同发展是一个重大国家战略，核心是有序疏解北京非首都功能。在京津冀交通一体化、生态环境保护、产业升级转移等重点领域率先取得突破。这标志着京津冀协同发展已经完成顶层设计，将进入一个新阶段。2015 年 7 月 31 日下午，国际奥委会第 128 次全会投票决定，将由北京和张家口联合举办 2022 年冬奥会。其加快了京津冀协同发展的步伐，成为京津冀一体化融合的催化剂。

这一阶段阶段性特点：

2014 ~ 2015 年是京津冀协同发展的转折阶段。京津冀协同发展战略上升为国家战略，并在国家层面的若干政策规划文件中得到不同程度的强化，政策的顶层设计，协同机构的设立，推动了京津冀一体化发展上升到了一个前所未有的历史新时期。

第五阶段：全面实施阶段（2015 年至今）。

为了促进区域资源的综合利用，实现产业发展与生态环境的双赢，探索京津冀区域及其周边地区在区域协同发展背景下的新发展模式及路径，2015 年 7 月，国家工业和信息化部印发了《京津冀及周边地区工业资源综合利用区域协同发展行动计划（2015 – 2017 年）》。同年，国家工信部颁布《京津冀产业转移指导目录》（以下简称《目录》），《目录》指出了八种类型的重点转移产业；2016 年 2 月，《"十三五"时期京津冀国民经济和社会发展规划》印发实施。这是全国第一个跨省市的区域"十三五"规划，是推动京津冀协同发展重大国家战略向纵深推进的重要指导性文件，明确了京津冀地区未来五年的发展目标。

2017 年 4 月 1 日，新华社受权发布：中共中央、国务院决定设立河北雄安新区。

2017 年 9 月 30 日，京津冀协同发展投资基金正式成立，意在通过社会资本带动京津冀地区实现区域协同发展的重大突破，为我国其他地区的区域协同发展树立典范。

2017 年末，北京颁布了组织开展"疏解整治促提升"行动的实施意见，开展一般制造业疏解和"散乱污"企业治理的专项治理行动，津冀制定了关于积极承接北京非首都功能指导意见，建立对接产业、重点承接平台、重点对接项目"三级清单"。统筹推动天津各区、河北各地级市与北京各区有效对接，着力构建滨海新区战略合作功能区、宝坻中关村科技城、永清智能制造装备产业园、邯郸高新技术园区、中铁—定州绿色城市商贸物流基地等若干专业承载平台，主动承接北京的产业疏解。

在生态治理层面，国家发改委联合多部门于 2017 年制订了专项生态保护计划，加大了三地生态协同治理的力度。除此之外，北京和河北还就密云水库水资源生态保护工作签署了合作协议，构建了京冀水资源跨区域生态补偿的新机制。

2018 年 11 月，中共中央、国务院明确要求以疏解北京非首都功能为"牛鼻子"推动京津冀协同发展，调整区域经济结构和空间结构。2018 年底批复《河北雄安新区总体规划（2018—2035 年）》以及《北京城市副中心控制性详细规划（街区层面）（2016—2035 年）》，推动河北雄安新区和北京城市副中心建设，形成北京新的两翼，探索超大城市、特大城市等人口经济密集地区有序疏解功能、有效治理"大城市病"的优化开发模式。

这一阶段阶段性特点：

在各项政策的引导与推动下，京津冀三地产业的对接、基础设施的互联互通等一系列跨区域实质性合作陆续展开，京津冀协同发展进入全面实施阶段，推动着京津冀一体化不断向纵深拓展。

合作方式由双边发展成多边共同推动，合作领域从基础设施、产业发展延伸到旅游文化、公共服务、公共安全、公共政策等广泛领域，合作体制、机制不断完善，京津冀一体化进入了实质协同发展时期。

6.2　京津冀协同发展机制

京津冀协同发展机制是以专门联合委员会制度为协调形式的一种区际经济利益让渡与分配的长效机制。是一个区际经济利益再分配的过程，在此过程中，区际经济利益协调权威机构被国家授权对各个利益主体的立场进行仲裁，作出对各方在执行过程中具有法律约束力的量化决定。区际经济利益协调属于社会福利的再分配范畴，所以区级经济利益均衡也是区际利益的再分配均衡（齐子翔，2015）。

通过上述京津冀协同发展历程分析可知，体制机制建设与完善贯穿整个发展过程始终。

6.2.1　仲裁—协商（纵横结合）机制

6.2.1.1　横向协商机制

要突破行政边界约束，就需要地方政府通过"联席会议制度"进行跨界横向协调，即协商机制。涵盖京津冀政协主席联席会议制度、京津冀环境执法与环境应急联动工作机制联席会议制度等。协商机制提供了面对面的机会，更容易促成地方政府间的合作。通过这一机制，协调解决基础设施共建、产业转移、环境保护联防联控等重大问题。联席会议以会议纪要形式明确会议议定事项，经与会单位同意后印发有关部门，涉及重大事项要及时向国务院报告。

2017 年，由三地发改委牵头的《京津冀能源协同发展行动计划（2017—

2020 年)》（以下简称《计划》）发布实施。

《计划》包括 10 个组成部分，共计 51 条。在总体要求前提下，《计划》提出能源战略协同、能源设施协同、能源治理协同、能源绿色发展协同、能源运行协同、能源创新协同、能源市场协同、能源政策协同"八大协同"，最后提出保障机制。

根据《计划》要求，要推动绿色低碳发展，加快能源结构调整步伐，全面压减煤炭消费总量，实施清洁能源替代；大力压减煤炭消费，推进冬季清洁取暖，按照"宜气则气、宜电则电"原则，推进清洁能源替代，完成"禁煤区"建设任务，加快推进燃煤锅炉关停淘汰，推动散煤治理工作。为此，三地发改委提出了三地煤炭消费控制的目标。具体来说，2020 年北京市平原地区基本实现"无煤化"，天津市除山区使用无烟型煤外，其他地区取暖散煤基本"清零"，河北省平原农村地区取暖散煤基本"清零"，2020 年京津冀煤炭消费力争控制在 3 亿吨左右。

在八大协同中，强化能源绿色发展协同引人关注。

为此，三地发改委提出了强化能源绿色发展的四大措施：一是推进可再生能源发展，大力发展风电、光电，推进风电基地建设；二是打造张家口可再生能源示范区，建设崇礼低碳奥运专区；三是规划建设能源高端应用示范区，鼓励多能互补、智能融合的能源利用新模式；四是促进可再生能源消纳，优先安排张家口可再生能源示范区等可再生能源和清洁能源上网，实现在京津冀区域一体化消纳。

在保障机制方面，行动计划提出建立京津冀能源协同发展机制，由三省市能源主管部门组成联席会议，轮流定期组织调度，加强对协同事项的统筹指导和综合协调。建立重要事项日常及时沟通机制，确定联系人制度，建立项目对接机制，对跨省市项目以及国家级试点示范项目，做好对接衔接，协调推动实施。

目前京津冀横向协商机制存在问题：联席会议多为一事一议性质的，偶发性较强，往往是事务性而非战略性合作，缺乏共同的目标、利益和动机，效率较低。

6.2.1.2 纵向协调机制

除了横向机制外，由于市场不完全性和政府有限理性，地方政府从自身利益出发很难实现利益均衡，就需要中央政府设立权威机构进行纵向协调，即仲裁机制。为了有序实现各功能区域的建设目标，2014 年成立国务院京津冀协同发展领导小组，并配备了专家咨询委员会（分为规划和交通小组、能源环境小组、首都功能定位与适当疏解小组和产业小组四个小组）进行战略规划，统筹调配三地协同发展所需的资源。2015 年《京津冀协同发展规划纲要》（以下简称《规划纲要》）通过中央政治局审议，三地的政府决策不再以完全的地区孤立利益为目标，而是更多地以区域协同发展为目标导向。2015 年底颁布了《京津冀协同发展生态环境保护规划》；2016 年颁布了《京津冀协同发展土地利用总体规划（2015—2020 年）》，2016 年共同颁布了《"十三五"时期京津冀国民经济和社会发展规划》，这是全国第一个跨省市的区域"十三五"规划；2018 年底批复了《河北雄安新区总体规划（2018—2035 年）》：推动雄安新区与北京城市副中心形成北京新的两翼，有序承接北京非首都功能疏解。要紧紧抓住疏解北京非首都功能这个"牛鼻子"，改革创新体制机制，构建现代综合交通体系。要按照网络化布局、智能化管理、一体化服务的要求，加快建立连接雄安新区与京津及周边其他城市、北京大兴国际机场之间的轨道和公路交通网络。建设绿色低碳之城。要坚持绿色低碳循环发展，推广绿色低碳的生产生活方式和城市建设运营模式，推进资源节约和循环利用。优化能源结构，建设绿色电力供应系统和清洁环保的供热系统，推进本地可再生能源利用，严格控制碳排放。构建先进的垃圾处理系统，全面推行垃圾分类，促进垃圾资源化利用。合理布局地下基础设施网络，有序利用地下空间。

在具体行动组织层面，在京津冀协同发展领导小组的指导下，北京、天津、河北分别成立三地各自的专项工作领导小组，在统一的协同发展目标导向下，统筹各地的国土规划与开发、产业发展与转移对接、交通一体化、环境协同治理、公共服务对接、协同创新共同体建设等具体领域的治理行动。例如北京市 2017年发布"疏解整顿促提升—专项行动（2017 - 2020 年）"。

6.2.2　市场调节与政府引导结合机制

基于参与主体特点可以将现有机制划分为两种：第一种是市场自发调节机制，第二种是政府引导机制。前者是在遵循市场规律的前提下，通过形成产业集聚格局，促进区域间上下游形成完善的产业链条；后者通过政府引导，兼顾各地经济发展水平、产业结构、功能定位等发展目标，实现产业的异地转移、区际分工及优势互补。

《京津冀协同发展交通一体化规划（2014 - 2020 年）》以及《京津冀协同发展交通一体化规划（2019 - 2035 年）》提出，由政府主导构建区域统筹机场群、港口群、轨道交通、快速交通、内河航运、地下管网运输的多元立体交通体系，为区域经济发展、贸易要素流动、集聚经济等提供硬件设施，实现区域内要素流动的高效、精准、便捷、安全互联，提升区域综合运行效率。

《京津冀产业转移指南》实施后，依托政府引导和市场自发调节，北京许多企业围绕产业链条分别向津、冀产业园区实现转移。

北京亟须转移高污染企业，天津与河北则更希望优化产业结构，承接先进制造业，淘汰落后产能。这一过程难以通过政府主导实现，要构建通过市场配置产业要素的机制，如在具有影响力的国有企业带动下，引入具有活力的民营企业，促进基于产业链的三地协作，优化河北、天津的营商环境。溢出作用较强的产业，可以考虑共建产业园区，通过各类交易市场、交易平台实现北京对天津与河北的辐射。优先扶持协同发展相关项目，吸引民营企业、外资企业等市场主体参与区域建设，实现资本跨地区多层次合作。

6.2.3 大气污染、生态环境联防联控机制

2013 年，国家颁布了《大气污染防治行动计划》，国家环保部、国家发改委等六部门与京津冀三地政府联合印发了《京津冀及周边地区落实大气污染防治行动计划实施细则》，京津冀三地分别出台了本行政区域的《大气污染防治条例》；2015 年，京津冀区域的两个直辖市分别与四个地级市建立"4＋2 帮扶机制"，《京津冀协同发展生态环境保护规划》颁布实施；2016 年，《"十三五"时期京津冀国民经济和社会发展规划》和《京津冀大气污染防治强化措施（2016－2017 年)》颁布实施，前者为全国第一个跨省市的区域"十三五"规划；2017 年，《大气重污染成因与治理攻关项目》雾霾专项实施，针对京津冀及周边地区大气重污染的成因和来源及防治管控技术、综合科学决策支撑等开展研究；2018 年，《关于全面加强生态环境保护坚决打好污染防治攻坚战的意见》和《打赢蓝天保卫战三年行动计划》颁布，更名后的生态环境部大气环境司同时加挂"京津冀及周边地区大气环境管理局"牌子，成为我国首个跨区域大气污染防治机构。

6.3 京津冀协同碳减排演化机理分析

6.3.1 协同减排内涵及驱动因素分析

"二氧化碳排放力争于 2030 年前达到峰值，努力争取 2060 年前实现碳中和"，习近平总书记在第七十五届联合国大会上向世界做出的庄严承诺必将引领中国转型为"净零碳"大国。

在北京 PM2.5 来源中，区域传输占比约 30%，由于碳排放的负外部性，减排主体的差异性及我国行政及经济区域相对集聚性特征，要实现 2030 年碳峰值及 2060 年碳中和目标，区域合作减排是一种有效的减排手段。谋划京津冀"十

四五"及中长期规划，解决京津冀碳排放问题时，必须发挥北京的示范引领作用，统筹考虑京津冀碳排放的区域特征，通过技术、制度创新，协同减排。

对于协同碳减排没有统一的定义，本书归纳为：区域协同碳减排是指区域间或者区域内部碳减排主体，利用自身资源和外部环境的影响，在比较优势中寻找合作机会，在功能、环节、信息、技术等方面互相配合，而产生的协同减排作用和合作减排效应，从而实现碳减排水平的提升，共同促进区域减排的协同发展。

区域协同减排的驱动因素应分为区域比较优势、区域经济联系和区域努力程度三个方面。

区域分工合作、相互联系建立在比较优势的基础上，反映了区域经济协同发展的共生性，有利于资源利用最大化，从而促进区域经济协同发展。

区域经济联系：各经济主体有机联系、要素共享是区域经济协同发展要求。通过经济活动来增强区域间联系，形成了高效的运作纽带。要素流动频繁则表明区域间联系紧密度。包括有形要素（如自然资源、劳动力）与无形要素（如知识、技术、信息）的流动。

区域努力程度：区域经济系统各要素之间是一种非线性的相互作用关系，本质上是政府、市场、社会等各种利益关系的集合，通过不同主体的利益诉求反映出来，各利益主体之间的相互关系构成区域经济系统协同发展的动力机制的主要内容。出于地方政府政绩考量以及由于信息不对称和搜寻成本的存在，政府间是否有合作愿望，并为企业"牵线搭桥"，从而为完成合作减排任务而投入相当的资金、人员等要素，都会对协同减排产生较大影响。

6.3.2　指标体系构建、数据来源与处理

6.3.2.1　指标构建、数据来源

区域协同减排评价指标构建如表 6 - 1 所示。

表 6 - 1　京津冀区域协同减排评价指标

一级指标	含义	二级指标	含义
区域减排比较优势（BJYS）	反映区域经济发展水平及减排有利条件	人均 GDP	（＋）反映地区经济发展水平，越高越有利于减排
		碳强度	（－）可以反映一个国家或地区的能源利用效率和技术水平，该指标数值越大说明创造单位总产值所需要的碳排放量或所付出的环境代价越大
		第三产业占比	（＋）反映区域产业结构、经济发展水平，越高越有利于协同减排

续表

一级指标	含义	二级指标	含义
区域减排联系（LX）	反映区域之间联系紧密程度	省际贸易依存度	（+）衡量区域间有形要素和无形要素的流动。越高越有利于协同减排
		终端能源消费碳转移量	（+）越高越有利于协同治理
区域减排努力程度（NLCD）	反映区域为实现减排而做出的资金、技术等方面努力	节能环保支出	（+）环保资金支出越高，有利于协同减排
		区域技术市场成交额	（+）技术投入，越高越好
		森林覆盖率	（+）为碳排放降低做出的努力

一级指标是区域减排比较优势，反映区域经济发展水平及减排有利条件。二级指标通过人均 GDP、碳强度、第三产业占比来表示。人均 GDP 及第三产业占比数据来源于历年《中国统计年鉴》，京津冀碳强度数据由第 3 章测算而来。

一级指标区域减排联系，反映区域之间信息共享程度。二级指标通过省际贸易依存度（DTD）以及终端能源消费碳转移量来表示。

$$DTD = Br/GDP = (N - Bi)/GDP \qquad (6-1)$$

其中，Br 为省际贸易，N 为货物和劳务的净流出，Bi 为国际贸易差额。

通过研究省际贸易差额的情况，可以分析出区域之间产品流入流出的差异以及发挥比较优势的程度，从而知道省际贸易差额对地区经济增长和国内市场一体化的影响程度。根据现行的国民经济核算体系，支出法地区生产总值中的货物和服务净出口，不仅包括本地区国际收支平衡表中反映的对外贸易进出口和与国外的非贸易往来部分，还包括了地区间货物和服务的流入与流出，即省际贸易。用数学公式表达则为：

$$N = Br + Bi \qquad (6-2)$$

其中，N 表示货物和劳务的净流出，Br 表示省际贸易差额，Bi 表示国际贸易差额。对式（6-2）作一下变形，即可得到省际贸易差额的计算公式：

$$Br = N - Bi \qquad (6-3)$$

根据式（6-3），利用《中国统计年鉴》中"支出法地区生产总值"中"货物和服务净流口"以及"各地区按境内目的地和货源地分货物净出口总额"（《中国统计年鉴》对外贸易下 11.8 分地区货物进出口总额里面的按境内目的地和货源地分出口—进口）得到相关数据。

京津冀间碳排放转移量通过第 4 章计算数据而来。

一级指标区域减排努力程度，衡量区域为实现减排任务而投入的资金、技术、人员等要素。用节能环保支出、区域技术市场成交额以及森林覆盖率表示。

节能环保支出数据来自历年《中国统计年鉴》财政里面有分地区一般公共预算支出—节能环保支出数据，其中，2005 年数据缺失，由之后数据回归而得。《中国统计年鉴》中的科学技术下有区域技术市场成交额数据及资源与环境下的森林覆盖率数据。

6.3.2.2　数据处理

本章选用 Shannon 的熵值法来计算指标权重，它是一种客观赋权法，原理是根据各个指标的原始数据来测度指标权重，这样就避开了主观赋值所产生的随机性，同时还能够处理多个指标变量的信息重叠问题。熵值法的计算公式及具体步骤为如下。

第一步，指标数据的标准化处理：

$$\text{正向指标 } X'_{ij} = \frac{X_{ij} - \min(X_j)}{\max(X_j) - \min(X_j)} + 1 \tag{6-4}$$

$$\text{负向指标 } X'_{ij} = \frac{\max(X_j) - X_{ij}}{\max(X_j) - \min(X_j)} + 1 \tag{6-5}$$

第二步，计算第 j 项指标下第 i 个省（市）的指标值比重 P_{ij}：

$$P_{ij} = \frac{X'_{ij}}{\sum\limits_{i=1}^{m} X'_{ij}} \tag{6-6}$$

第三步，计算第 j 项指标的熵值：

$$e_j = -\frac{1}{\ln m} \sum_{i=1}^{m} P_{ij} \ln P_{ij} \tag{6-7}$$

第四步，计算各指标权重 W_i。计算公式为：

$$w_j = (1 - e_j) / \sum_{j=1}^{n} (1 - e_j) \tag{6-8}$$

第五步，计算各省（市）在不同年份的指数：

$$Z_{ij} = \sum_{i=1}^{n} W_j \times X'_{ij} \tag{6-9}$$

其中，m 为地区数，n 为评价指标个数。

计算得各指标权重如表 6-2 所示。

表 6-2　京津冀区域协同减排评价指标权重

一级指标	权重	二级指标	权重
BJYS	0.14081	人均 GDP	0.00852
		碳强度	0.00943
		第三产业占比	0.12286

续表

一级指标	权重	二级指标	权重
LX	0.70386	省际贸易依存度	0.33355
		终端能源消费碳转移量	0.37031
NLCD	0.15533	节能环保支出	0.01535
		区域技术市场成交额	0.05291
		森林覆盖率	0.08708

6.3.3 京津冀协同碳减排演化机制分析

6.3.3.1 哈肯模型及数据阶段划分

京津冀碳减排演化机制的研究，就是分析系统内部各变量间的相互作用以及因此所产生的结构演化过程的分析。

哈肯模型是协同学理论创始人哈肯提出的用以衡量系统有序度的重要模型，通过识别序参量来评估系统所处演化阶段，系统序参量决定系统的协同演变，在其作用下整个系统从无序向有序、从低级向高级协同转变。

哈肯对系统参量做了数学处理。假设 q_1 为某子系统及参量的内力；q_2 被该内力所控制，系统所满足的运动方程为：

$$\dot{q}_1 = -\gamma_1 q_1 - a q_1 q_2 \qquad (6-10)$$

$$\dot{q}_2 = -\gamma_2 q_2 + b q^2 \qquad (6-11)$$

其中，γ_1、γ_2、a、b 为控制参数，γ_1、γ_2 是复杂系统的阻尼系数，a，b 是两个状态变量 q_1 与 q_2 之间作用强度系数。$|\gamma_2| \gg |\gamma_1|$ 且 $\gamma_2 > 0$ 被称为该运动系统的"绝热近似假设"，在实际运用中要求二者相差至少大于一个数量级。若"绝热近似假设"成立，突然撤去 q_2，q_1 来不及变化。令 $\dot{q}_2 = 0$，求得：

$$q_2 = \frac{b}{\gamma_2} q_1^2 \qquad (6-12)$$

因此，是 q_1 决定了 q_2，主宰着系统的演化，称其为序参量。进而解得序参量演化方程，也即系统演化方程：

$$\dot{q}_1 = -\gamma_1 q_1 - \frac{ab}{\gamma_2} q^3 \qquad (6-13)$$

对 $\dot{q}_1$ 的相反数积分可求得系统势函数，能有效地判断整个系统所处状态：

$$v = \frac{1}{2}\gamma_1 q_1^2 + \frac{ab}{4\gamma_2} q_1^4 \qquad (6-14)$$

做离散化处理，即：

$$q_1(t) = (1 - \gamma_1)q_1(t-1) - aq_1(t-1)q_2(t-1) \qquad (6-15)$$

$$q_2(t) = (1 - \gamma_2)q_2(t-1) + bq_1^2(t-1) \qquad (6-16)$$

哈肯模型主要运用于系统参量间的序参量识别，通过确定系统主要作用参量，构造参量两两间的运动方程，可识别出系统的序参量并评估整个系统的协同水平。本部分选取 3 个变量。由于哈肯模型需要两两比较，故对三个变量 BJYS、LX 和 NLCD 按如下步骤进行：①提出模型假设。②判断所构造的运动方程是否成立。③求解方程的参数，并判断是否满足"绝热近似假设"原理。④判断建立的模型假设是否成立并确定系统序参量。

第一，a 和 b 分别反映了 q_2 对 q_1 的协同影响与 q_1 对 q_2 的协同影响。当 a 为正值时，q_2 对 q_1 起阻碍作用，a 的绝对值越大，阻碍作用力越强；反之，当 a 为负值时，q_2 对 q_1 起助推作用，其绝对值越大，推动力则越大；b 反映了 q_1 对 q_2 的协同影响。当 b 为正值时，q_1 促进 q_2 的增长；反之，当 b 为负值时，q_1 阻碍 q_2 的增长。

第二，γ_1 和 γ_2 分别反映了系统所建立起的有序状态。当 γ_1 为负值时，表明 q_1 子系统已建立起正反馈机制促进系统的有序演化，γ_1 的绝对值越大，有序度也越高；当 γ_1 为正值时，表明 q_1 子系统呈现负反馈机制，γ_1 的绝对值越大，系统无序度也越高，系统的涨落得以放大；当 γ_2 为负值时，表明 q_2 子系统呈现正反馈机制，能够促使系统有序度增强；当 γ_2 为正值时，表明 q_2 子系统已建起有序度增强的负反馈机制。

本章将对数据进行不分阶段（2005～2017 年京津冀面板数据）、分阶段（2005～2010 年、2011～2017 年以及京津冀协同规划纲要颁布后的 2015～2017 年）分别进行回归，模型方程均利用 EVIEWS8.0 软件对面板数据进行回归求得。

6.3.3.2 2005～2017 年两两比较分析

利用 2005～2017 年的数据，分别针对 bjys - lx、lx - bjys、bjys - nlcd、nlcd - bjys、lx - nlcd、nlcd - lx 的驱动关系进行分析。

如表 6 - 3 所示，模型假设都不成立，结果并不理想，没有发现有效的序参量。可以解释的原因在于：时间跨度过长，在系统从无序到有序再到新的无序新的有序的循环变化中，比较优势波动、区域之间联系时紧时松以及各自减排努力程度的差异，在不同阶段可能发挥不同的作用，作用力度也会出现较大的差异，单一因素都无法驱动区域协同，因此，其对系统运动的驱动效应不显著，即京津冀区域系统减排并不协同。

因而，需要对现有数据按照不同的时期进行分类，探讨不同时期，是否存在驱动区域协同减排的序参量，进而测算京津冀区域碳减排协同度如何。

基于上述考虑，对数据进行以下分组，并针对不同的分组情况进行尝试和测

表 6 - 3　2005~2017 年变量间两两分析结果

模型假设	γ_1	a	R^2（方程 1 检验）	γ_2	b	R^2（方程 2 检验）	结论
q_1 = bjys q_2 = lx	-0.207271 (0.0000)	0.287266 (0.2518)	0.976620	0.027634 (0.0000)	2.584250 (0.3739)	-0.332438	R^2 检验不通过，方程不成立，模型假设不成立
q_1 = lx q_2 = bjys	0.039362 (0.0000)	-0.517699 (0.5513)	-0.359325	-0.089392 (0.0000)	-0.007154 (0.1567)	0.976503	R^2 检验不通过，方程不成立，模型假设不成立
q_1 = bjys q_2 = nlcd	-0.005075 (0.0000)	-0.706635 (0.4581)	0.977233	-0.096522 (0.0000)	-0.621540 (0.6306)	0.909873	R^2 检验通过，γ_2 小于 0 不通过，绝热假设不满足，模型假设不成立
q_1 = nlcd q_2 = bjys	-0.112457 (0.0000)	0.765787 (0.4581)	0.912980	-0.021356 (0.0000)	0.436252 (0.0582)	0.977784	R^2 检验通过，γ_2 小于 0 不通过，绝热假设不满足，模型假设不成立
q_1 = lx q_2 = nlcd	0.015993 (0.0000)	-11.19799 (0.5050)	-0.345846	-0.082796 (0.0000)	-0.300285 (0.6950)	0.913931	R^2 检验不通过，方程不成立，模型假设不成立
q_1 = nlcd q_2 = lx	-0.075347 (0.0000)	2.459382 (0.6219)	0.914486	0.020344 (0.0000)	1.310417 (0.4896)	-0.342620	R^2 检验不通过，方程不成立，模型假设不成立

验：2005～2017 年共计 13 年的数据，可以较为平衡地分为三阶段：即"十二五"之前（2005～2010 年）、"十二五"（2011～2015 年）及京津冀协同发展纲要颁布后（2015～2017 年）。

6.3.3.3　2005～2010 年两两比较及原因分析

针对上述阶段，对 6 组两两关系进行分析，分析结果如表 6-4 所示。

$q_1 = bjys$　　$q_2 = nlcd$

序参量识别结果证明 bjys 为序参量，即 2005～2010 年，京津冀区域经济协同碳减排依仗于比较优势的发挥与改善，是系统演化的主控因素。

$\gamma_1 = -0.241021 < 0$，表明系统内已经建立比较优势（地区收入差距缩小、产业结构调整升级）不断增加的正反馈机制；绝对值并不高，有序度有待提高。

$a = 2.499395 > 0$，说明没有建立起两者协同效应，努力程度阻碍比较优势发挥，没有建立起通过技术等合作降低地区碳排放的正向机制。

$\gamma_2 = 0.862848 > 0$，说明区域协同减排系统内部还未形成加强技术合作，加大环保投入从而缩小比较优势的正反馈机制。

$b = 4.345491 > 0$，表明缩小地区差距，调整产业结构对于加强区域合作、进而加大环保减排投入力度具有较大影响作用。

$$\dot{q}_1 = -\gamma_1 q_1 - \frac{ab}{\gamma_2}q^3, \quad v = \frac{1}{2}\gamma_1 q_1^2 + \frac{ab}{4\gamma_2}q_1^4。$$

得到：$-q_1\left(\gamma_1 + \frac{ab}{\gamma_2}q_1^2\right) = 0, \quad abq_1^2 = -\gamma_1\gamma_2。$

$$q_1 = \sqrt{-\frac{\gamma_1\gamma_2}{ab}} = \sqrt{-\frac{-0.241021 \times 0.862848}{2.499395 \times 4.345491}} = 0.1383 \tag{6-17}$$

$q_1 = 0.1383$ 即系统协同度为 0.1383，非常低。

出现上述情况原因也是可以理解的。"十一五"时期，正是我国进入经济快速增长时期，以重化工为主的经济结构和以煤炭为主的能源结构，以 GDP 为纲的经济呈现粗放式发展，各地市对于碳减排的认识程度不高。

虽然 2004 年达成了"廊坊共识"，京津冀区域合作领域较上一阶段有所扩大，但受行政分割体制等制度性约束影响，导致区域内部的行政区经济分散化大于一体化，分割强于依存，排斥多于合作，合作领域的广度和深度十分有限。

6.3.3.4　2011～2015 年两两比较及原因分析

针对上述阶段，对 6 组两两关系进行分析，分析结果如表 6-5 所示。

$q_1 = bjys$　　$q_2 = nlcd$

序参量识别结果证明 bjys 仍然为序参量，即 2011～2015 年，京津冀区域经济协同碳减排发展依仗比较优势的发挥与改善，是系统演化的主控因素。

$\gamma_1 = 0.14718 > 0$，系统内没有建立比较优势（产业结构调整升级、碳强度在

表 6 - 4　2005 ~ 2010 年变量间两两分析结果

模型假设	γ_1	a	R^2（方程 1 检验）	γ_2	b	R^2（方程 2 检验）	结论
q_1 = bjys q_2 = lx	-0.753048 (0.2162)	-1.523156 (0.0003)	0.867407	-0.123964 (0.0000)	4.126617 (0.2029)	-2.079630	R^2 检验不通过，方程不成立，模型假设不成立
q_1 = lx q_2 = bjys	0.212223 (0.0034)	-1.708043 (0.3891)	-2.289662	0.158225 (0.0000)	0.092718 (0.0001)	0.883956	R^2 检验不通过，方程不成立，模型假设不成立
q_1 = bjys q_2 = nlcd	-0.241021 (0.0000)	2.499395 (0.0002)	0.873006	0.862848 (0.6290)	4.345491 (0.0025)	0.672264	R^2 检验通过，γ_2 大于 0，$\mid\gamma_2\mid\gg\mid\gamma_1\mid$ 满足，模型假设成立
q_1 = nlcd q_2 = bjys	-0.036727 (0.0161)	-0.276824 (0.9299)	0.389636	-0.166700 (0.0000)	-2.509808 (0.0003)	0.869869	R^2 检验不通过，方程不成立，模型假设不成立
q_1 = lx q_2 = nlcd	0.238716 (0.0000)	-3.227441 (0.0749)	-1.754225	0.168074 (0.0001)	0.065243 (0.1676)	0.471249	R^2 检验不通过，方程不成立，绝热假设满足，假设不成立
q_1 = nlcd **q_2 = lx**	**1.759914** **(0.3675)**	**-3.492017** **(0.0359)**	**0.556395**	**0.105837** **(0.0000)**	**9.890727** **(0.0375)**	**-1.543541**	**R^2 检验不通过，方程不成立，模型假设不成立**

表 6－5　2011～2015 年变量间两两分析结果

模型假设	γ_1	a	R^2（方程 1 检验）	γ_2	b	R^2（方程 2 检验）	结论
q_1 = bjys q_2 = lx	-0.442590 (0.0008)	0.719942 (0.3187)	0.845782	0.045102 (0.0000)	0.304045 (0.8303)	0.312627	R^2 检验不通过，方程不成立，绝热假设不满足，模型假设不成立
q_1 = lx q_2 = bjys	-0.035057 (0.0000)	0.422391 (0.6521)	0.323558	-0.254603 (0.0000)	-0.106149 (0.0263)	0.891857	R^2 检验不通过，方程不成立，绝热假设满足，模型假设不成立
q_1 = bjys **q_2 = nlcd**	**0.14718** **(0.0000)**	**-1.890702** **(0.0121)**	**0.903239**	**1.351981** **(0.4387)**	**6.571150** **(0.0047)**	**0.634332**	**R^2 检验通过，方程成立，γ_2 大于 0，$|\gamma_2| \geq |\gamma_1|$ 满足，绝热假设满足，模型假设成立**
q_1 = nlcd q_2 = bjys	-0.714811 (0.0040)	4.141942 (0.2301)	0.362404	0.055838 (0.0000)	1.476059 (0.0387)	0.885663	R^2 检验不通过，方程不成立，模型假设不成立
q_1 = lx q_2 = nlcd	0.110482 (0.0000)	-1.433267 (0.3004)	0.379526	0.163641 (0.0000)	0.097150 (0.0893)	0.442495	R^2 检验不通过，方程不成立，绝热假设满足，模型假设不成立
q_1 = nlcd q_2 = lx	0.673974 (0.6136)	-0.635691 (0.2595)	0.351984	0.067166 (0.0000)	1.434657 (0.2793)	0.385386	R^2 检验不通过，方程不成立，绝热假设不满足，模型假设不成立

下降）不断增加的正反馈机制，由于数值小，系统无序度较低；

a = -1.890702 < 0，说明已经建立起两者协同效应，建立起通过技术等合作缩小地区差距、降低碳强度的正向机制；

γ_2 = 1.351981 > 0，说明区域协同减排系统内部还未形成提高努力意愿、加强技术合作，加大环保投入的正反馈机制；

b = 6.571150 > 0，表明缩小地区差距，调整产业结构对于加强区域合作、进而加大环保减排投入力度具有较大影响作用。

$$q_1 = \sqrt{-\frac{\gamma_1 \gamma_2}{ab}} = \sqrt{-\frac{-0.14718 \times 1.351981}{-1.890702 \times 6.57115}} = 0.1266 \qquad (6-18)$$

即系统协同度为 0.1266，也非常低。

在"十二五"时期，我国经济社会逐步向更高层次、更高质量发展，各地都注重了产业结构调整升级，对于经济与环境的共生性的认识有所增强，环保支出力度也在加大，碳强度也在明显下降，三地之间技术合作也在增加。然而，由于各地市行政管理的分权制特征和环境保护一定程度的公共产品属性，各地市对协同监管、协同碳减排的认识和努力程度不够，地区之间差距有进一步拉大的趋势，也影响了地区之间的深层次合作。

基于上述分析，我们进一步对研究期限进行聚焦：着重分析"十二五"末、"十三五"时期（2015~2017年）京津冀区域协同碳减排的有序情况。针对该时期的研究，具有现实的充分性和必要性。

6.3.3.5　2015~2017年两两比较及原因分析

区域协同发展是我国"十三五"时期的重要战略举措，京津冀区域是该战略试行的重点地区。该战略对城镇化推进过程中进一步提升区域发展潜力和发展能力、平衡区域内发展水平、加速资源有效整合、推进全要素生产率不断提升进而实现产业升级，具有重要意义。高质量的发展是经济社会环境的协同发展，也是不同主体协作共赢的发展，因此，在京津冀协同发展战略提出之后，区域内不同主体协同碳减排的共识会不断增强，由于政策的引导，主体间协同碳减排的努力程度会不断加深，主体间正式、非正式联系会日益频繁。因而，针对2015~2017年的数据，利用Haken模型进行分析，探索系统的有序性，挖掘引发系统变化的序参量。由表6-6可知，区域减排联系、努力程度在此期间都是推动系统发展的序参量，区域经济联系与努力程度共同支配调控京津冀区域碳减排的协同发展。特别是区域减排联系，发挥着更为重要的作用。

$q_1 = lx$　　$q_2 = bjys$　　识别结果证明 lx 为序参量。

λ_1 = -0.033163 < 0，表明系统内已经建立区域减排联系不断增加的正反馈机制；

表 6 - 6　2015～2017 年变量间两两分析结果

模型假设	γ_1	a	R^2（方程 1 检验）	γ_2	b	R^2（方程 2 检验）	结论
q_1 = bjys q_2 = lx	-1.715911 (0.0000)	3.383546 (0.0000)	1.000000	-0.031322 (0.0000)	-0.030992 (0.0000)	1.000000	R^2检验通过，γ_2小于 0，绝热假设不满足，模型假设不成立
q_1 = lx **q_2 = bjys**	**-0.033163** **(0.0000)**	**0.021931** **(0.0000)**	**1.000000**	**0.91102** **(0.0000)**	**0.813519** **(0.0000)**	**1.000000**	**R^2检验通过，γ_2大于 0，且 $|\gamma_2| \gg |\gamma_1|$ 满足，绝热假设满足，模型假设成立**
q_1 = bjys q_2 = nlcd	-1.781990 (0.000)	12.95508 (0.0000)	1.000000	0.009816 (0.0000)	0.115578 (0.0000)	1.000000	R^2检验通过，γ_2大于 0，但 $|\gamma_2| \gg |\gamma_1|$ 不满足，模型假设不成立
q_1 = nlcd **q_2 = bjys**	**0.03351** **(0.0000)**	**-0.293630** **(0.0000)**	**1.000000**	**0.712218** **(0.0000)**	**8.892567** **(0.0000)**	**1.000000**	**R^2检验通过，γ_2大于 0，且 $|\gamma_2| \gg |\gamma_1|$ 满足，模型假设成立**
q_1 = lx q_2 = nlcd	-0.049311 (0.0000)	0.155219 (0.0000)	1.000000	0.14647 (0.0000)	0.094534 (0.0000)	1.000000	R^2检验通过，γ_2大于 0，且 $|\gamma_2| \gg |\gamma_1|$ 不满足，绝热假设满足，模型假设成立
q_1 = nlcd q_2 = lx	0.183896 (0.0000)	-0.430716 (0.0000)	1.000000	-0.055447 (0.0000)	-0.739280 (0.0000)	1.000000	R^2检验通过，γ_2小于 0，绝热假设不满足，模型假设不成立

a = 0.021931 > 0，说明没有建立起协同效应，比较优势差异限制了区域之间联系；数值并不大，阻碍力并不强，因此缩小地区收入差距，调整产业结构对于加强减排联系的重要性；

$\lambda_2 = 0.91102 > 0$，λ_2 为正值，说明区域协同减排系统内部还未形成区域减排比较优势递增的正反馈机制，即随着第三产业比重的增加和碳排放强度的减少，区域协同减排比较优势会逐渐减小；

b = 0.813519 > 0，b 为正值，反映区域减排联系对区域减排比较优势有正向影响，区域碳排放转移的增加在拉动贸易发展的同时，也影响了区域碳排放量，促进区域加快产业结构升级，降低碳排放强度。

$$q_1 = \sqrt{-\frac{-0.033163 \times 0.91102}{0.021931 \times 0.813519}} = 1.3013 \qquad (6-19)$$

即 2015~2017 年京津冀区域碳减排协同度为 1.3013。

$q_1 = nlcd$　　$q_2 = bjys$ 识别结果证明 nlcd 为序参量。

$\gamma_1 = 0.03351 > 0$，表明系统内没有建立投入程度不断增加的正反馈机制；

a = -0.293630 < 0，已经建立起协同效应，缩小地区收入差距、产业升级有利于促进协同减排支付意愿，加深相互之间的技术合作；

$r_2 = 0.712218 > 0$，说明区域协同减排系统内部还未形成区域减排比较优势递增的正反馈机制；

b = 8.892567 > 0，b 为正值且数值较大，反映加大区域技术合作、加大环保支出对于缩小地区差距、降低碳强度有非常显著的正向效应。

6.3.3.6　研究结论与政策含义

第一，序参量的转变表明京津冀协同减排发展进入新阶段。

2005~2015 年，区域比较优势支配京津冀区域碳减排的协同发展。京津冀协同减排倚仗于区域比较优势的发挥与改善，q_1 等于 0.13，协同度非常低，整体仍处于区域协同发展的初级阶段；而 2015~2017 年，区域协同减排联系与努力程度的效用发挥重要作用。区域联系与努力程度共同支配调控区域碳减排协同的发展。$q_1 = 1.33$，较之前有了较大提升，区域减排协同发展进入新阶段。

京津冀协同纲要得到有效落实，如京津冀跨域环境联合执法与环境应急联动工作机制联席会议制度等协商机制的建立，提供了面对面的机会，促成地方政府间的合作，使得区域大气污染治理政策得到更好的落实，达标天数持续上升。近年来，区域之间的竞争不光表现在经济实力的竞争，更表现在空气质量、人居环境、美丽宜居等软实力上，京津冀协同减排具有区内外竞争压力、城市形象打造及政府产业政策的外在动力，这些都为三省市碳减排合作提供了动力机制。通过协同治理得到好处，增强了三地进一步协作的动力。

第二，方程参数符号的转变意味着京津冀区域经济协同减排合作明显改善，但地区之间经济发展水平差距仍然阻碍了区域之间合作。

2005～2010 年，比较优势与努力程度 $a = 2.499395 > 0$，说明没有建立起比较优势与努力程度协同关系，区域之间合作意愿不强，没有建立起通过技术合作缩小地区差距的正向机制；且 $b = 4.345491 > 0$，表明缩小地区差距，调整产业结构对于加强区域合作、进而加大环保减排投入力度具有较大影响作用。

2011～2015 年，$a = -1.890702 < 0$，说明已经建立起比较优势与努力程度两者协同效应，建立起通过技术等合作缩小地区差距、降低碳强度的正向机制。

$b = 6.571150 > 0$，表明缩小地区差距，调整产业结构对于加强区域合作、进而加大环保减排投入力度影响作用进一步加强。

2015～2017 年，努力程度与比较优势 $a = -0.293630 < 0$，已经建立起协同效应，说明区域间技术合作在加强，区域经济发展水平提升有利于区域之间的经贸合作。数值还偏低，合作有待加强。

而 2015～2017 年，联系与比较优势 $a = 0.021931 > 0$，说明没有建立起协同效应，京津冀之间经济发展水平及产业结构差异仍然很大，限制了区域之间联系；因此，缩小地区收入差距，调整产业结构对加强减排联系有很大的重要性。$b = 8.892567 > 0$，b 为正值且数值较大，反映加大区域技术合作、加大环保支出对于缩小地区差距、降低碳强度有非常显著的正向效应。

6.4　基于演化博弈模型的协同减排策略分析

6.4.1　问题描述与参数设置

和其他污染物不同，二氧化碳对环境的影响是全球性的，当区域内所有地方政府都选择不进行二氧化碳排放控制时，都将蒙受因二氧化碳排放超标所导致的温度升高、海平面上升及极端气候等造成的损失，这使得碳减排具有很强的公共品属性。伴随产业转移也引致污染与碳排放转移，近年来，京津冀空气污染日益呈现区域性的特征，区域环境污染日益加重。数据显示，在北京 PM2.5 来源中，区域传输占比约为 28%～36%，遭遇传输型重污染时，区域传输占比更是超过50%。由于碳排放的负外部性，要实现 2030 年碳峰值及 2060 年碳中和目标，必将进行碳减排指标的区域分解，合作减排是一种有效的减排手段。

演化博弈理论强调有限理性主体不能准确核算自身的收益和成本，随时间的推移不断试错、模仿、学习，最终趋于某个稳定策略。

根据地方政府间二氧化碳减排控制博弈问题描述，现将有关参数定义如下：

第一，A（本地）政府和 B（外地）政府二氧化碳排放量为 E_i（$E_2 > E_1$），A 政府结合本辖区产业结构、能源消费结构及其他因素确定地方政府的减排率为 r_i（$0 \leqslant r_i \leqslant 1$）。则减排量为 $E_i r_i$。通过采取减排措施，地方政府可以取得一定的潜在经济收益，潜在的经济收益表现为直接、间接地减少配额的市场购买量，可表示为 $E_1 = pE_1 r_1$，同理，B 政府减排的潜在经济收益为 $E_2 = pE_2 r_2$，其中，p 为碳排放权交易市场中配额的交易价格。

第二，为实现相应的减排目标，需要付出努力，即一定的减排成本。假设单位减排率所需要的努力水平为 α_i，α_i 的值越大表明为实现等比例的减排目标所付出的减排成本越大，协同碳减排努力水平为 β_i（除了自身减排以外，愿意给外地提供技术、资金的输出，来帮助外地一块减排的支付意愿与付出等），则协同减排成本可表示为 $Cp_1 = \iota \beta_i^2 r_i^2$，$\iota$ 为一个碳减排成本的调节系数。

第三，碳减排一方获得潜在经济收益（碳交易政策下，减排潜在经济收益 = 减排量 × 碳配额的市场交易价），潜在的经济收益表现为直接、间接地减少配额的市场购买量，可表示为 $R_1 = pE_i r_i$，其中，p 为碳排放权交易市场中配额的交易价格。

第四，B 政府与 A 政府进行合作减排时协同收益：双方通过优势互补，产生"1 + 1 > 2"的协同效应所获得的收益称之为协同收益。协同收益取决于双方减排的互补性，假设 A 政府在 B 政府的支持下获取收益的协同收益系数为 ρ，则协同收益可表示为 $E_s = \varphi \beta_1 \beta_2$，协同收益既包括经济收益，也包括气候环境优化的社会效益，收益的大小取决于减排主体的努力程度。从函数关系式可以看出，协调收益大小取决于双方的努力，只要有一方努力程度较小，协调收益就会变小，当一方不采取减排努力时，协调收益为 0。

第五，因二氧化碳排放给政府带来的损失，分为环境损失与经济损失。$L_{E1} = eE_i(1 - r_i)^2$，该类损失体现为因能源高消耗、高排放所导致的环境恶化引发的损失，其中，$1 - r_i$ 表示本辖区内的实际排放率，实际二氧化碳排放率越大所带来的损失越大，e 表示因二氧化碳排放造成的气候损失系数。考虑到环境外部性，由于协同减排不努力给其他省市带来的环境损失成本为 $L_{EO} = \theta eE_i(1 - \beta_i)^2$，$\theta$ 为碳排放外部效应。

协同碳减排短期经济损失为 $L_1 = \mu g_i r_i^2 (1 - \theta)$，如本地政府努力减排，高能耗、高产值产业转移给其他省市带来的损失，减排率越大所带来的短期经济损失越大；g_1 为本辖区 GDP 总量，GDP 越大所造成的短期经济损失越大，μ 表示短期经济损失的调节系数。

第六，政策规制—激励与约束机制。"搭便车"的惩罚：$P_i = \sigma E_i(1 - \alpha_i \beta_i)$ σ

为一个起调节作用的常数，$(1 - \alpha_i \beta_i)$ 为"搭便车"程度；奖励 $A_i = \eta E_i \beta_i^2 r_i^2$ 如排污税收减免，或者直接资金支持等。

6.4.2　协同减排博弈模型

设定本地政府协同碳减排概率为 x，不协同概率为 $1 - x$，外地政府协同概率为 y，不协同概率为 $1 - y$，地方政府协同减排博弈支付矩阵如表 6 – 7 所示。

表 6 – 7　地方政府协同减排博弈支付矩阵

策略		B 政府	
		y	$1 - y$
A 政府	x	$\varphi \beta_1 \beta_2 - \mu g_2 r_1 r_2 (1 - \theta) + \eta E_1 \beta_1^2 r_1^2$ ①	$- \theta e E_2 (1 - \beta_2)^2 - \imath \beta_1^2 r_1^2 + \eta E_1 \beta_1^2 r_1^2$ ②
		$\varphi \beta_1 \beta_2 - \mu g_1 r_1 r_2 (1 - \theta) + \eta E_2 \beta_2^2 r_2^2$ ③	$- \mu g_1 r_1^2 (1 - \theta) - \sigma E_2 (1 - \alpha_2 \beta_2)$ ④
		$- \mu g_2 r_2^2 (1 - \theta) - \sigma E_1 (1 - \alpha_1 \beta_1)$ ⑤	$- \theta e E_2 (1 - \beta_1)(1 - \beta_2)$ ⑥
	$1 - x$	$- \theta e E_1 \ (1 - \beta_1)^2 - \imath \beta_2^2 r_2^2 + \eta E_2 \beta_2^2 r_2^2$ ⑦	$- \theta e E_1 \ (1 - \beta_1) \ (1 - \beta_2)$ ⑧

可以计算出 A、B 政府选择协同减排策略的期望收益 u_G^{A1}、u_G^{B1}，不协同减排的期望收益 u_G^{A0}、u_G^{B0}。

$$u_G^{A1} = y \times ① + (1 - y) \times ② \tag{6 – 20}$$

$$u_G^{A0} = y \times ⑤ + (1 - y) \times ⑥ \tag{6 – 21}$$

$$u_G^{B1} = x \times ③ + (1 - x) \times ⑦ \tag{6 – 22}$$

$$u_G^{B0} = x \times ④ + (1 - x) \times ⑧ \tag{6 – 23}$$

本地政府策略选择收益为 $u_G^A = x \times u_G^{A1} + (1 - x) u_G^{A0}$ (6 – 24)

外地政府策略选择收益为 $u_G^B = y \times u_G^{B1} + (1 - y) u_G^{B0}$ (6 – 25)

该模型构建中用到了大量的变量，因此，对模型求解带来极大的不便。为实现对京津冀区域协同碳减排演化博弈模型的有效分析，基于上述收益矩阵，构建本地政府与外部政府协同碳减排的演化博弈系统动力学模型。

6.4.3　协同碳减排演化博弈系统动力学模型

系统动力学分析假定：系统外部环境的变化不对系统行为产生本质的影响，系统行为是基于系统内部要素相互作用而产生的。

系统动力学模型包含因果回路图和存量流量图。本书采用存量流量图。存量流量模型可以建立变量之间的数学关系，存量是累计量，表征系统的状态，流量是速率量，表征存量变化的速率，为决策和行动提供依据。采用 VENSIM PLE 软件对模型进行计算机模拟。

· 171 ·

产业转移视角下京津冀协同碳减排机制研究

本地政府与外部政府演化博弈的系统动力学模型如下：

模型中有两个存量：本地政府协同碳减排和外部政府协同碳减排，分别代表本地政府和外部政府在协同碳减排策略选择过程中的概率。

模型中有两个速率变量：本地政府协同碳减排策略选择概率变化（dx/dt）和外部政府协同碳减排策略选择概率变化（dy/dt）。

另外，为实现系统动力学模型的方针，设置本地政府协同碳减排与否策略选择的期望收益差和外部政府协同碳减排与否策略选择的期望收益差两个变量。

根据演化博弈模型的收益函数，设置其他相关外生变量，变量设置与收益函数相一致。

根据图6-1模型假设，为了进一步验证模型推导的正确性与结论的合理性，结合实际情况，对模型中的外生变量进行赋值，进一步对本地政府、外部政府的协同碳减排策略选择过程进行仿真分析。初始赋值如下。

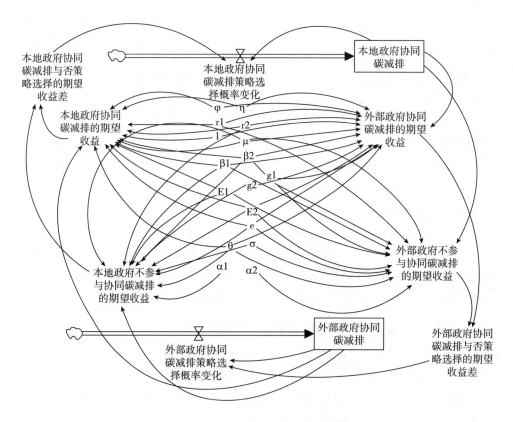

图6-1　协同碳减排系统动力学存量流量

收益系数 $\varphi = 25$，政府奖励系数 $\eta = 10$，惩罚系数 $\sigma = 1.5$；碳减排率 $r_1 = 0.6$，$r_2 = 0.4$；短期经济损失调节系数 $\mu = 10$；碳减排成本调节系数 $\iota = 6$；碳减排努力水平 $\alpha_1 = 0.6$，$\alpha_2 = 0.8$；协同碳减排努力水平为 $\beta_1 = 0.3$，$\beta_2 = 0.2$；碳排放量 $E_1 = 10$，$E_2 = 50$；碳排放外部效应 $\theta = 0.09$；气候损失系数 $e = 2.5$；GDP $g_1 = 10000$，$g_2 = 15000$。

6.4.4 仿真结果分析

6.4.4.1 基于初始值的策略选择均衡点分析

首先，根据现有初始值，研究本地政府、外部政府的策略选择。为看出不同政府策略选择的动态变化，针对｛不协同，不协同｝、｛不协同，协同｝、｛协同，不协同｝和｛协同，协同｝四种策略选择，分别给出非常轻微的扰动，设定本地政府、外部政府协同碳减排策略选择集合的初始值分别为｛0.01，0.01｝、｛0.01，0.99｝、｛0.99，0.01｝和｛0.99，0.99｝分别设定 Current 1、Current 2、Current 3 和 Current 4 四种情境。在仿真过程中，为实现较好的对比，以本地政府是否倾向于选择协同减排为出发点，展开讨论：

（1）本地政府倾向于作出不协同减排的策略选择。

Current 1（0.01，0.01）和 Current 2（0.01，0.99）

如图 6-2 所示，基于初始数值，当本地政府倾向于作出不协同减排的策略选择时，不论外部政府是否倾向于作出协同碳减排的策略选择，最终两者都趋向于｛不协同，不协同｝。

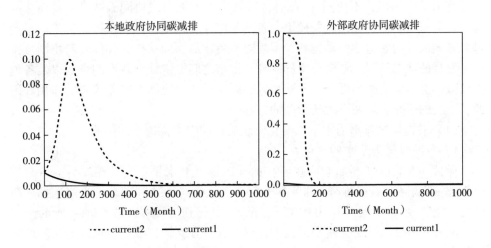

图 6-2 本地政府不协同减排的策略选择

（2）本地政府倾向于作出协同减排的策略选择。

Current 3 （0.99，0.01）和 Current 4 （0.99，0.99）

如图6-3所示，基于初始数值，当本地政府倾向于作出协同减排的策略选择时，不论外部政府是否倾向于作出协同碳减排的策略选择，最终两者都趋向于 ｛不协同，不协同｝。当两者在最初都倾向于作出 ｛协同，协同｝ 的策略选择时，其策略选择趋向于（0，0）的速度相对缓慢。

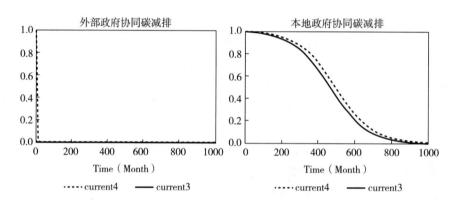

图6-3　本地政府倾向于作出协同减排的策略选择

6.4.4.2　影响因素变化对策略选择均衡点的影响

根据上述分析，在原有初始值设定的条件下，区域内所有政府的策略选择均衡解都为 ｛不协同，不协同｝。此时，区域内不可能形成协同碳减排的局面。因此，我们需要明确，在何种条件下，各地政府才会作出协同碳减排的决策。即通过对影响因素初始值的变动调整，实现对本地政府协同减排、外部政府协同减排两个变量的动态仿真。结合前文的研究，地市之间经济社会联系的强弱以及各地市碳减排努力程度的高低，对于区域内碳减排系统的协同度有着重要的作用。因此，下文的研究将从两个大的角度展开。

（1）各地碳减排努力水平的变化对政府协同碳减排决策的影响。

1）碳减排努力水平的变化。

保持一方政府（例如本地政府）的碳减排努力水平不变，探讨另一方政府（例如外部政府）碳减排努力水平提升时，区域内各地协同碳减排策略选择均衡解的变化。令 α_1 不变，α_2 由0.8增加至5.9，得到仿真结果如图6-4所示。

随着一方碳减排努力水平的提升，只要有一方支持，最终本地政府、外部政府趋向于 ｛协同，协同｝ 的策略选择。即付出努力就一定会构建起协同减排的机制。虽然减排治理成本高，难度大，但只要常抓不懈就一定能取得预想效果。

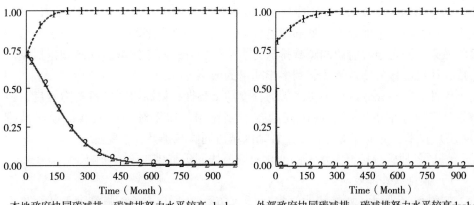

本地政府协同碳减排：碳减排努力水平较高 +-+-
本地政府协同碳减排：碳减排努力水平较低 -2—2

外部政府协同碳减排：碳减排努力水平较高+-+-
外部政府协同碳减排：碳减排努力水平较低-2—2

图6-4 单方碳减排努力变化的策略选择

2）协同碳减排努力水平的变化。

保持一方政府的协同碳减排努力水平不变，探讨另一方政府协同碳减排努力水平提升（愿意给对方更多的减排资金、技术支持）时，各地市区域协同碳减排策略选择均衡解的变化。令 β_1 不变（0.3），β_2 由0.2增加至0.7，得到仿真结果如图6-5所示。

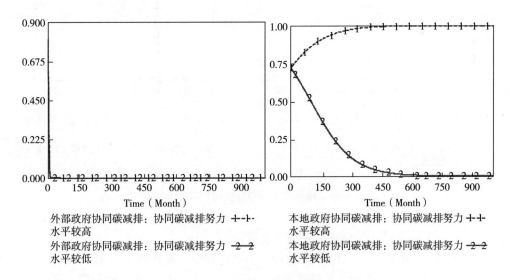

外部政府协同碳减排：协同碳减排努力 +-+-
水平较高
外部政府协同碳减排：协同碳减排努力 -2—2
水平较低

本地政府协同碳减排：协同碳减排努力 +-+-
水平较高
本地政府协同碳减排：协同碳减排努力 -2—2
水平较低

图6-5 协同碳减排努力水平变化的策略选择

随着一方协同碳减排努力水平的提升，最终本地政府、外部政府趋向于｛协同，协同｝的策略选择，区域协同碳减排机制得以形成。

α_1 由 0.8 到 5.9 才出现协同，β_1 由 0.2 增加到 0.7 即可出现协同，β_2 弹性更大。即相较于本地政府、外部政府各自碳减排努力水平的提升，能起到事倍功半的效果；而各地政府协同碳减排努力水平的提升，对于区域协同碳减排机制的形成，协同减排实施效果能起到事半功倍的效果。

因此，需要充分认识到协同努力程度的重要性，提高协同减排努力程度，经济发达省份（京津）可发挥协同减排引领作用，加强对于区域其他地区减排（河北）技术、资金等支持，对于推动区域协同碳减排具有重要意义。

（2）各地碳减排努力水平的变化对政府协同碳减排决策的影响。

1）碳排放外部效应。

如图 6-6 所示，θ 的初始值为 0.09，仿真过程中，将 θ 调整为 7 甚至更大的数，由此发现，本地政府、外部政府的均衡解为（1，1），即本地政府、外部政府的策略选择最终趋向于｛协同，协同｝。也就是说，由于协同减排不努力，造成本地高碳排放，只有区域传输，给其他省市带来的负外部性，环境损失成本足够大时才会引发协同治理机制的形成。

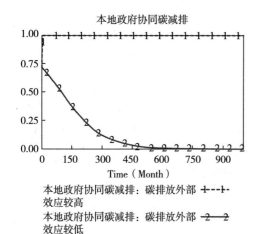 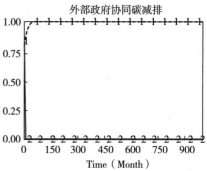

图 6-6　碳排放外部效应变化的策略选择

2）污染转移引致的经济损失调节系数。

如图 6-7 所示，μ 的初始值为 10，仿真过程中，将其调整为 45 甚至更大的数，由此发现，本地政府、外部政府的均衡解为（0，0），即本地政府、外部政府的策略选择最终趋向于｛不协同，不协同｝。也就是说，如各地政府努力减排，但将高能耗、高产值产业转移给其他省市，由此给外地政府带来的环境治理成本越大，越不会协同减排。

此时，提高碳排放的外部效应系数，令 θ 调整为 6.4（小于仅调整碳排放外部性时的系数值），本地政府、外部政府的均衡解为（1，1），即本地政府、外部政府的策略选择最终趋向于 ｛协同，协同｝。即各地政府认识到自己通过高污染行业产业转移、碳转移等方式努力减排，但由于负外部性又会使污染重新回到本地，带来较大环境成本，只有协同减排才是解决问题的根本途径。区域内协同碳减排的有效机制将能够且很快实现。

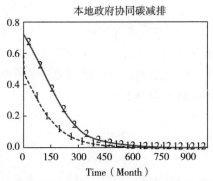

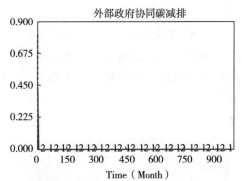

本地政府协同减排：碳排放经济损失调节 ＋＋ 系数较高

本地政府协同减排：碳排放经济损失调节 ２２ 系数较低

外部政府协同碳减排：碳排放经济损失调节 ＋＋ 系统较高

外部政府协同碳减排：碳排放经济损失调节 ２２ 系统较低

图 6 - 7　互为损失的策略选择

上述结论体现出环境治理的运动式治理特点。如何从运动式管理转变为常态化管理，建立协同减排的长效机制，核心是平衡协同减排利益与成本分担机制的建立。

在现实生活中，京津冀三地在大气治理上的横向协同主要是通过"京津冀及周边地区大气污染防治协作小组"来实现的，虽然协作小组成员包括"七大省区八大部委"，但北京、天津、河北为协作小组最核心的成员，"协作小组"的主要职责是负责组织和落实中共中央、国务院关于京津冀及周边地区大气污染防治的方针、政策及重要部署，同时，通报协同区域内大气环境质量状况，研究确定阶段性工作要求、工作重点与主要任务。成立了"区域大气污染防治专家委员会"，提供技术与政策支持。2014 年，北京市牵头建立了大气质量预报预警会商平台。通过视频会商方式，实现京津冀在大气质量监测和重污染天气预警、防治的有效沟通。

但具体的协同工作是委托给隶属于北京市环境保护局的"大气污染综合治理协调处"来协调的。由后者处理大气污染防治协作、联防联控的具体联络协调工作。在运作形式方面，"协作小组"主要通过不定期的"小组会议"或"专题会议"开展工作。"协作小组"会议的召开具有相当程度的随机性，更多是为了保证重大活动空气质量达标。往往采取"关限停"措施，又对地方 GDP 产生较大影响，从而使得京津冀也是往往发生重度区域性污染时才会采取应急措施、协同治理，体现出环境治理的运动式治理特点。如何从运动式管理转变为常态化管理，防微杜渐，建立协同减排的长效机制，核心是平衡协同减排利益与成本关系。

3）政府奖励调节系数。

如图 6-8 所示，η 的初始值为 10，在仿真过程中，将 η 调整为 45 甚至更大的数，由此发现，本地政府、外部政府的均衡解为 (1，0)，即本地政府、外部政府的策略选择最终趋向于 {协同，不协同}。也就是说，单纯依赖政府奖励的调节作用，难以形成区域内各地市政府协同碳减排的有效机制。

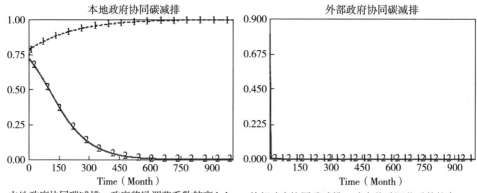

图 6-8　政府奖励调节系数变化的策略选择

4）"搭便车"惩罚的调节系数。

σ 的初始值为 1.5，在仿真过程中，将其调整为 6 甚至更大的数，仿真结果如图 6-9 所示。本地政府、外部政府的均衡解为 (1，0)，即本地政府、外部政府的策略选择最终趋向于 {协同，不协同}。也就是说，单纯采取对某一方政府的惩罚，难以真正推动区域协同碳减排系统的形成。

将惩罚与奖励联合起来，使其发挥更大的作用。令 σ 为 6.6，仿真过程中，将 η 调整为 35（小于仅调整政府奖励调节系数的数值），结果如图 6-10 所示。

单一奖励或惩罚措施都不能建立协同减排机制，当奖惩措施同时实施时，一方采取协同策略，另一方仍处于摇摆状态。鉴于一方摇摆特性，上级政府要发挥好"指挥棒"特性，要保持政策连续性与一致性，综合应用好行政、经济、技术及法律等手段，用活财税、产业、价格及金融等政策，多管齐下激发节能减排的内生动力，完善政绩考核与责任追究系统。将能源消耗、碳减排等指标纳入京津冀经济社会发展体系中，强化考核指标的约束能力。进而为区域协同碳减排机制的形成发挥更好的督促、激励作用。

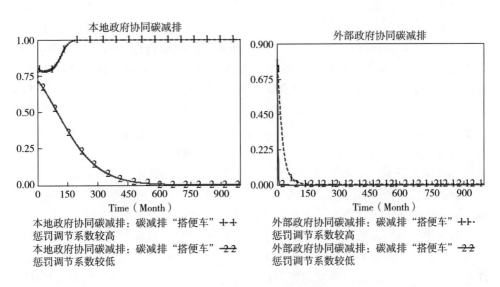

图 6-9　"搭便车"策略选择

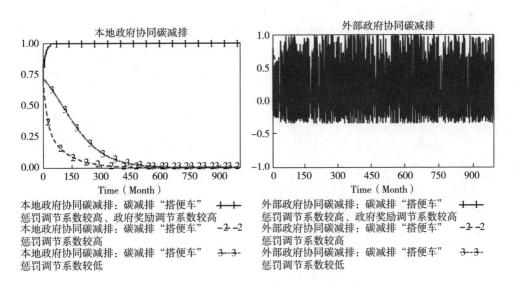

图 6-10　奖惩机制共同作用的策略选择

6.5 本章小结

本章对京津冀协同发展历程及特征分析进行了系统梳理，并对京津冀协同发展机制进行了归纳总结。

着重对京津冀协同碳减排演化机理进行分析，构建基于比较优势、区域联系和努力程度的协同减排驱动因素评价指标体系，运用哈肯模型对 2005～2017 年总体及 2005～2010 年、2011～2015 年、2015～2017 年三个阶段分别进行序参量时，研究表明 2005～2017 年京津冀区域系统减排并不协同。分阶段研究表明：第一阶段（2005～2010 年）和第二阶段（2011～2015 年），区域比较优势支配京津冀区域碳减排的协同发展。协同度等于 0.13，协同度非常低，整体仍处于区域协同发展的初级阶段；而至 2015～2017 年，区域协同减排联系与努力程度的效用发挥重要作用。协同度等于 1.33，较之前有了较大提升，区域减排协同发展进入新阶段。方程参数符号的转变意味着京津冀区域经济协同减排合作明显改善，但地区之间经济发展水平差距仍然阻碍了区域之间合作。

对京津冀协同碳减排进行演化博弈分析显示，在原有初始值设定的条件下，区域内所有政府的策略选择均衡解都为 {不协同，不协同}。进一步对各地碳减排努力水平的变化及各地碳减排努力水平的变化对政府协同碳减排决策的影响进行仿真分析表明：协同碳减排努力水平 β_2 弹性更大。协同减排实施效果能起到事半功倍的效果。

碳排放外部效应或产业转移引致的经济损失调节系数都不会产生协同，要建立协同减排的长效机制，核心是平衡协同减排利益与成本分担机制的建立。需要加强区域技术合作，构建协同减排利益与成本分担机制。可将中央政府奖惩与利益共享、成本分担机制结合助推区域协同碳减排。

第7章 结论与建议

7.1 结论

（1）2000~2017年，京津冀碳排放总量、人均碳排放量2013年已达到峰值，提前5年实现了我国碳排放强度2020年比2005年下降45%最高承诺。其中，北京碳减排效果最为显著，能源结构和产业结构的双重效应在显现，外部输入成为能源保障的重要来源。河北省碳排放占京津冀比重近几年维持在73%，碳排放比重远大于能源消费量全国占比，84%的煤炭结构比例和近50%的第二产业结构比例使得调整产业结构特别是能源结构刻不容缓。

（2）京津冀人均碳排放高于全国水平，工业碳排放占比较大。三地高排放行业存在差异，其中，天津、河北黑色金属冶炼及压延加工业排放占比分别高达50%、60%，而北京电力、热力生产和供应业碳排放占比非常高，北京和河北高碳排放行业集中度更高。北京工业碳排放下降显著，第三产业及生活能源消费占比达到50%，津冀工业碳排放仍高达60%和75%，三地碳排放水平存在差异性，河北仍然是京津冀减排重点。三地物流业（交通运输仓储邮政业）碳排放呈现逐年增长趋势。

（3）2005~2016年，京津冀工业向全国其他地区转移占据主导地位，是区域内转移的3.08倍。在京津冀内部，河北承接了北京74%的区域内产业输出，冀中南地区成为承接产业转移重点。在工业的36个行业中，京津冀工业总体梯度系数数值偏低，只有黑色金属矿采选业、有色金属冶炼及压延加工业津冀维持较高梯度系数，工业产业不具有优势。在京津冀区域制造业的转移规模和范围都还很有限，进一步拓展的空间和潜力较大。

（4）伴随产业转移也实现了碳转移，2005~2017年，京津冀终端能源消费碳排放向区域外转移中工业碳排放转移占比达到77.3%。区域内，北京净转出中，工业净转出占比达90.9%，而河北又承接北京转出量的78.3%。北京碳排放下降幅度高于产业转移幅度，更多高能耗行业得以转移，但碳排放主要转移到河北。京津冀产业转移对人均碳排放量、碳强度影响都较显著。

（5）在产业转移和承接转移过程中，园区承接是最主要的一种模式。逐渐形成了新格局。目前存在承接产业转移引致的生态环境问题；产业转移税收优惠政策有待进一步改进，税收分享机制有待建立，承接地的条件尚不成熟，产业配套能力有待提高，京津冀三地企业资质认证的对接机制不畅等问题。

（6）京津冀人均二氧化碳排放量、碳排放强度与影响因素灰色关联分析表明，京津冀人均碳排放量主要影响因素为人口城市化率、经济发展水平和工业碳转移系数、工业转移量。京津冀碳强度影响因素都显著，主要因素为能源强度、能源结构、产业结构、工业转移量。产业转移对人均二氧化碳排放量、碳排放强度影响都较显著。但三地人均二氧化碳排放量、碳排放强度影响因素各有不同。在人口城市化率进一步增强、经济进一步发展前提下，控制工业碳排放进而降低转移量，提升技术水平，提高能源使用效率降低能源强度、调整能源结构是必然选择。

（7）2005～2017年，京津冀物流业能源消耗和碳排放量总体呈现上升趋势，京津冀三地碳生产率差距增大，物流碳排放水平不均衡。物流业碳排放影响因素LDMI模型分析表明，产业规模和人口规模促进京津冀物流碳排放增加，能源强度抑制物流碳排放效果越来越强，而能源结构对物流碳排放的贡献值较小，京津冀地区物流业以柴油、煤油等为主的能源结构仍未得到明显改善。三地之间主要影响因素又存在差异。因此，需要在控制人口规模前提下，降低能源强度，完善能源结构与交通结构，完善京津冀物流业碳减排协同机制。

（8）构建基于比较优势、区域联系和努力程度的协同减排驱动因素评价指标体系，对京津冀协同碳减排演化机理分析表明：2005～2017年，单一因素都无法驱动区域协同，因此，其对系统运动的驱动效应不显著，即京津冀区域系统碳减排并不协同。分阶段研究表明：第一阶段（2005～2010年）和第二阶段（2011～2015年），区域比较优势支配京津冀区域碳减排的协同发展。京津冀协同减排倚仗于区域比较优势的发挥与改善，协同度等于0.13，协同度非常低，整体仍处于区域协同发展的初级阶段；而2015～2017年，区域协同减排联系与努力程度的效用发挥重要作用。区域联系与努力程度共同支配调控区域碳减排协同的发展。协同度等于1.33，较之前有了较大提升，区域减排协同发展进入新阶段。方程参数符号的转变意味着京津冀区域经济协同减排合作明显改善，但地区之间经济发展水平差距仍然阻碍了区域之间合作。

（9）进一步对京津冀协同碳减排进行演化博弈分析表明：在原有初始值设定的条件下，区域内所有政府的策略选择均衡解都为 {不协同，不协同}。进一步对各地碳减排努力水平的变化对政府协同碳减排决策的影响及各地碳减排努力水平的变化对政府协同碳减排决策的影响进行仿真分析表明：只要有一方支持，提升自己协同减排意愿，付出努力就一定会构建起协同减排的机制。虽然减排治理成本高、难度大，但只要常抓不懈就一定能取得预想效果。

碳减排努力水平 α_1 由 0.8 到 5.9 才出现协同，而协同碳减排努力水平 β_1 由 0.2 增加到 0.7 即可出现协同，β_2 弹性更大。即相较于本地政府、外部政府各自碳减排努力水平的提升，能起到事倍功半的效果；而各地政府协同碳减排努力水平的提升，对于区域协同碳减排机制的形成，协同减排实施效果能起到事半功倍的效果。因此，需要充分认识到协同努力程度的重要性。

（10）为了促进协同减排采取的单一奖励或惩罚措施都不能建立协同减排机制；当奖惩措施同时实施时，一方采取协同策略，另一方仍处于摇摆状态。

（11）碳排放负外部性、污染转移引致的经济损失调节系数都不会产生协同。即不同政府代表不同利益，不管是协同减排不努力，但由于排放负外部性给对方造成的环境损失、还是由于主动减排将污染产业碳排放进行转移，都不会产生协同。只有碳转移造成双向环境污染，触及双方利益时才会共同治理。体现出环境治理的运动式治理特点。如何从运动式管理转变为常态化管理，建立协同减排的长效机制，核心是平衡协同减排利益与成本分担机制的建立。

7.2　政策建议

（1）加强顶层设计，制定"京津冀'十四五'协同碳减排专项规划"及"京津冀世界级城市群中长期达峰及碳中和协同行动计划"。

自 2013 年以来，《大气污染防治行动计划》《京津冀协同发展生态环境保护规划》和《打赢蓝天保卫战三年行动计划》等一系列政策的颁布实施，成效显著。但更多注重生态环境治理，对于碳排放协同治理政策力度不够。由于碳排放的负外部性，要实现 2030 年碳峰值及 2060 年碳中和目标，解决京津冀碳排放问题时，必须统筹考虑京津冀碳排放的区域特征，通过技术、制度创新，协同减排。

应加强顶层设计，制定"京津冀'十四五'碳减排专项规划"，发挥技术驱动与结构驱动的主导作用，以"新基建"为先锋，加大数字智能产业、低碳产业支持力度，加速低碳经济转型升级。"纯洁的冰雪、激情的约会"，以成功举办北京 2022 年冬奥会力争实现碳中和的成功典范助推区域经济绿色高质量发展。

全球很多国家及城市正在积极响应碳中和的目标。英国牛津立志于 2030 年成为全球第一座碳中和城市，并颁布实施了一系列方案。中国在碳减排的目标确定是分层级、有步骤进行的。到 2035 年，京津冀世界级城市群构架要基本形成，需要提前谋划以北京为核心的京津冀碳中和城市群建设的分阶段目标与实施路径，制订京津冀中长期协同减排行动计划。

（2）制订京津冀能源协同、绿色交通协同发展行动计划（2021～2035 年），改善能源结构，提高能源效率。

1）针对京津冀能源结构津冀以煤为主、北京以外部火电输入为主的特点，三地应加快能源结构调整步伐，全面压减煤炭消费总量。随着我国光伏发电、风电成本的大幅下降，为绿色能源大规模应用提供了广阔的前景。应大幅度提升新能源、清洁能源比例，加大分布式光伏、风电、智能电网三大产业链支持力度。加强张家口、承德、延庆等可再生能源示范区建设，完善京津冀晋蒙可再生能源协同发展机制，加大储能市场支持力度，统筹京津冀绿色电网一体化规划，扩大外调绿色电力规模。培育市场主体做大做强，建设崇礼低碳奥运专区及雄安低碳新区。

2）推动能源供给侧结构改革。加强能源技术协同创新，提高能源使用效率。

3）京津冀物流业碳排放较高，应完善充气站和充电站等基础设施建设，助力绿色交通发展。能源结构与交通结构有着密切的关联，发展绿色交通，三地应发展高铁、空铁联运，提升多式联运服务水平。打造大兴国际机场绿色低碳新航城。

（3）由产业结构调整向产业链升级转变，加快产业链融合发展模式，培育绿色发展新动能。

京津冀协同发展战略的实施，使得京津特别是北京转移力度进一步加大，从短期来看，河北承担着较大的环境压力，要求河北淘汰、关停高耗能产业会带来经济增长和就业等问题。但从长期来看，有利于形成区域产业梯度发展格局。京津冀要由产业结构调整向产业链升级转变，借助北京自贸区打造服务贸易、数字经济契机，在消费互联网发展基础上，加快制定京津冀产业互联网协同战略，构建"数字＋绿色"协同创新发展模式。加强三地低碳产业链、供应链的构建与完善，以此延伸区域价值链。形成"北京技术研发—津冀成果转化"的模式，建成"创新中心—研发转化—高端制造"的新型分工合作的产业集群，带动区域间人才、技术和资金的流动，提高转入地的创新能力与产业核心竞争力，以低碳产业链的构建与完善，推动区域产业体系向低碳化、高端化转型。培育绿色低碳发展新动能，进而促进区域协同减排发展。

（4）通过正式与非正式机制加强三地合作，实现地区比较优势向竞争优势的转变，缩小地区经济差距。

1）三地对于环境质量改善的投入在加强，相关技术合作在增强，政府应进一步通过正式与非正式机制的制定加强三地联系，不断优化营商环境，尽快推动企业相关资质和认证的三地互认，最大限度地降低企业疏解的经济成本和时间成本。构建产业分工优化机制，引导产业梯度转移，鼓励承接适应本地比较优势且与本地主导产业相互关联的配套产业，以增强产业的集聚效应，实现承接地区比较优势向竞争优势的转变。

2）经济发展水平的差距限制了彼此联系。北京可从生态资金补偿转为项目、技术支持，以雄安新区的设立为契机，以优质中央企业和事业单位的搬迁带动河北产业转型升级，进一步缩小地区经济差距。反过来地区经济差距的缩小有利于地区之间合作交流，形成良性循环。

（5）加强京津冀技术交易市场建设，构建京津冀区域低碳技术协同创新体系，完善京津冀合作平台。

1）不同城市间产业的协同合作能力和创新技术的交流合作依赖于京津冀技术交易市场建设与完善。京津冀地区有很多高校，应该强化市场导向的成果转化激励政策和相关的机制。鼓励当地高层次人才采用如咨询、讲座、研究和技术合作、技术持股或提供其他个性化技术服务方式参与承接地项目合作。完善技术交易平台，增强区域协同创新的配置能力。

2）低碳技术创新是碳排放治理的核心动力，也是实现低碳转型的重要保障之一。已有研究表明，京津冀区域协同创新能力较弱，因此，强化三地协同创新日益重要。与京津冀碳排放协同治理路径相对应，制定区域协同创新的目标定位，更好地指导京津冀区域碳排放协同治理的实施路径。发挥北京科创中心建设的人才、技术优势，以国家级研究机构和龙头企业为主体，加强国家实验室、国家工程（技术）研究中心和实证测试平台建设，重点攻关积极支持各类可再生能源技术、高效储能、智慧融合控制等关键技术，碳减排与大气污染关键协同技术的联合攻关。进一步提升风电、光伏等领域装备研发水平，加快推动重大科技成果交易转化，提升产业链核心竞争力。增强先进技术对可再生能源创新发展的支撑作用。

3）信息不对称和搜寻成本的存在，大大降低了地方政府间合作减排可行性和高效性，需要为地方政府间合作减排搭建"桥梁"。这类平台包括交易信息服务平台、产业对接供需平台及人才共享交流平台等，政府完善信息共享平台，提供减排项目及人才服务集成创新的渠道，降低搜寻、开发及交易的成本。

目前，京津冀区域存在多个相关的信息共享平台，如京津冀及周边地区大气污染防治信息共享平台、京冀及周边七省区市重污染预警会商平台，要尽快将相关信息共享平台进行整合。

（6）充分认识协同努力程度的重要性，加大环保支出力度，提高协同减排努力程度。

1）相较于本地政府、外部政府各自碳减排努力水平的提升，能起到事倍功半的效果；而各地政府协同碳减排努力水平的提升，对于区域协同碳减排机制的形成，协同减排实施效果能起到事半功倍的效果。因此，需要充分认识到协同努力程度的重要性，提高协同减排努力程度，经济发达省份（京津）可发挥协同减排引领作用，加强对于区域其他地区减排（河北）技术、资金等支持，对于推动区域协同碳减排具有重要意义。

2）三地经济发展水平的不均衡导致三地环境保护资金投入、治理能力、污染控制程度都存在很大的差异，2018 年，京津冀三地节能环保支出占地方一般公共预算支出比例分别为 5.35%、2.14%、5.61%，北京人均环保支出分别是天津、河北的 4.35 倍、3.23 倍。天津、河北应加大节能环保的财政支出力度，应建立三地低碳合作发展基金，创新投融资模式。在进一步改善自身环保状况的同时，为区域生态环境的改善做出贡献。

（7）完善协同减排的激励与约束机制，要保持政策连续性与一致性，多管齐下激发减排主体的内生动力。

单一奖励或惩罚措施都不能建立协同减排机制，当奖惩措施同时实施时，一方采取协同策略，另一方仍处于摇摆状态。鉴于一方摇摆特性，上级政府要发挥好"指挥棒"特性，要保持政策连续性与一致性，综合应用好行政、经济、技术及法律等手段，用活财税、产业、价格及金融等政策，多管齐下激发节能减排的内生动力，完善政绩考核与责任追究系统。将能源消耗、碳减排等指标纳入京津冀经济社会发展体系中，强化考核指标的约束能力。进而为区域协同碳减排机制的形成发挥更好的督促、激励作用。

（8）建立完善产业转移及协同减排利益分享与成本分担机制。

区域协同减排从运动式管理转变为常态化管理，建立协同减排的长效机制，核心是建立协同减排利益共享与成本分担机制。

1）在三地间产值和税收分享方面，加强中央层面的统筹协调，建立可预期的跨行政区利益分配制度。需要国务院相关部门对《京津冀协同发展产业转移对接企业税收收入分享办法》进行修订完善。一是调整各方利益分享比例，将个人所得税替代营业税，并且区分不同税种的各自分享比例。二是制定多层次的分享准入标准。执行不同的分享标准，使中央政策真正发挥出对协同发展的推进作用。

2）伴随产业转移也引致污染与碳排放转移，京津要与河北一起协同减排，体现受益与责任相匹配。研究制定有差别的碳减排配额方式，完善生态补偿机制。借鉴北京·沧州渤海新区生物医药产业园"共建、共管、共享"协同建设模式和经验，开展合作减排活动，形成可供推广经验，不断扩大合作减排的空间范围。可将中央政府奖惩与利益共享、成本分担机制结合助推区域协同碳减排。

（9）完善碳交易机制。

尽快形成京津冀区域统一的碳交易市场，完善扩大碳交易规模。形成要素自由流动的区域合作市场运行机制。完善相关标准、立法工作，健全监管体系。

（10）加强组织协同，提升区域应对气候变化协同治理能力建设。

1）鉴于中国大气污染与碳排放的同根同源特征，建议一套班子、多部门协作。将原京津冀及周边地区大气污染防治协作小组，调整为京津冀及周边地区应对气候变化协同防治小组。

2）强化应对气候变化工作队伍和区域协同治理能力建设。加强协同研究与综合管理，实现由"单一型"到"复合型"政策工具的转变。推进区域联合监察，统一环境监管，应对气候异常防灾减灾应急响应联动。

（11）构建政府、企业、公众共同参与的低碳治理体系。

1）政府完善信息共享平台，提供减排项目及人才服务集成创新的渠道。

2）建立居民绿色低碳消费与生活方式从"倡导"到"强制"的激励与约束机制，培育低碳消费习惯，建立公众参与碳补偿、消除碳足迹激励机制。

3）完善社会组织与公众环境监督、评价与信息公开机制。

（12）积极探索建立区域精细化碳排放估算和预测系统。

目前，对于碳排放数据统计与分析系统建设存在滞后性，随着全球和中国卫星遥感技术的不断发展和信息可获取性的增强，政府部门应率先积极探索建立卫星遥感数据和统计数据相结合的区域精细化碳排放估算和预测系统，建立京津冀"区域—省级—市级—县级"碳排放估算模型，为区域碳排放的动态监测与碳减排政策的制定提供借鉴和参考。

7.3 不足及未来研究方向

京津冀产业转移、协同发展及碳减排问题涉及面广，影响因素多而复杂。限于时间、水平和数据资料，我们的认识和研究尚不深入，特别是针对协同纲要颁布后的分析，由于统计数据滞后性，统计指标缺失（由于 2017 年中国规模以上工业企业主要指标数据与上年数据之间存在不可比因素，且 2018 年进行全国第四次经济普查，《中国工业经济统计年鉴》停止出版，之前有增加值和总产值数据，2012 年后只有销售产值折算为总产值数据，2018 年经济普查产值数据不再公布，河北工业分行业数据缺失等）及口径不一致等给研究带来极大难度。因此，本书还存在很多不足及需要进一步深入研究完善的地方。随着后续数据陆续公布及完善，将按照理论框架进一步追踪研究协同纲要颁布后产业转移动态变化及协同减排实施效果和演化机制。同时将研究范围扩大到京津冀城市群及周边地区。

参考文献

［1］Achour H. , Belloumi M. , Decomposing Theinfluencing Factors of Energy Consumption in Tunisian Transportation Sector Using the LMDI Method ［J］. Transport Policy, 2016（52）: 64 –71.

［2］Annette, B. , Isabel, C. Towards A Competitive Low – Carbon on Economy: On Firms' Incentives and the Role of Public Research ［R］. Working Paper, 2007.

［3］ANSOFF H I. Corporate Strategy ［M］. New York: McGraw Hill, 1965.

［4］ANG B W. Decomposition Analysis for Policymaking in Energy: Which is the Preferred Method? ［J］. Energy Policy, 2004, 32（9）: 1131 –1139.

［5］Chang, Y. T. , Zhang, N. , Danao, D. et al. Environmental Efficiency Analysis of Transportation System in China: A Non – radial DEA Approach ［J］. Energy Policy, 2013（58）: 277 –283.

［6］Clarke – Sather A, Qu Jiansheng, Wang Qin, et al. Carbon Inequality at the Subnational Scale: A Case Study of Provincial – level Inequality in CO_2 Emissions in China 1997 –2007 ［J］. Energy Policy, 2011, 39（9）: 5420 –5428.

［7］Copeland B R, Taylor M S. North – south Trade and the Environment ［J］. Quarterly Journal of Economics, 1994, 109（3）: 755 –787.

［8］DTI, U. K. Energy White Paper: Our Energy Future creating a Low Carbon Economy ［M］. London: DTI, 2003.

［9］Du, H. , Chen, Z. , Mao, G. , et al. A Spatio – temporal Analysis of Low Carbon Development in China's 30 Provinces: A Perspective on the Maximum Flux Principle ［J］. Ecological Indicators, 2018（90）: 54 –64.

［10］Duro J A, Padilla E. International Inequalities in Percapita CO_2 Emissions: A Decomposition Methodology by Kaya Factors ［J］. Energy Economics, 2006, 28（2）: 170 –187.

［11］Ehrlich P R, Holden J P. Impact of Population Growth ［J］. Science, 1971（171）: 1212 –1217.

［12］ Friedman D. Evolutionary Game in Economics ［J］. Economical, 1991, 59 (3): 637 – 666.

［13］ Friedman D. On Economic Applications of Evolutionary Game Theory ［J］. Journal of Evolutionary Economics, 1998, 8 (1): 15 – 43.

［14］ Guan, D., Meng, J., Reiner, D., Zhang, N., Shan, Y., Mi, Z., Shao, S., Liu, Z., Zhang, Q., Davis, S. Structural Decline in China's CO_2 Emissions through Transitions in Industry and Energy Systems ［J］. Nature Geoscience, 2018, 11 (8): 551 – 555.

［15］ Grunewald N, Jakob M. Decomposing Inequality in CO_2 Emission: The Role of Primary Energy Carriers and Economic Sectors ［J］. Ecological Economics, 2014 (100): 183 – 194.

［16］ He W, Yang Y, Wang Z, et al. Estimation and Allocation of Cost Savings from Collaborative CO_2 Abatement in China ［J］. Energy Economics, 2018, 72 (5): 62 – 74.

［17］ Liu, Y., H. W. Xiao, N. Zhang. Industrial Carbon Emmisions of China's Regions: A Spatial Econometric Analysis ［J］. Sustainability, 2016 (8): 210 – 218.

［18］ MA, Y, Wang, W. Analysis of Spatial Imbalance and Polarization of Carbon Emission in China's Logistics Industry ［J］. Soc. Sci, 2015 (1): 103 – 110.

［19］ Michalek G, Schwarze R. Carbon Leakage: Pollution, Trade or Politics? ［J］. Environment Development & Sustainability, 2015, 17 (6): 1471 – 1492.

［20］ Munksgaard, J., Pedersen, K. A., Wien, M.. Impact of Household Consumption on CO_2 Emissions ［J］. Energy Economics, 2000 (22): 423 – 430.

［21］ Munksgasrd J, Pedersen K A. CO_2 Accounts for Open Economies: Producer or Consumer Responsibility? ［J］. Energy Policy, 2001, 29 (4): 327 – 334.

［22］ Partridge M. Do New Economic Geography Agglomeration Shadows Underlie Current Population Dynamics across the Urban Hierarchy ? ［J］. Regional Science, 2009 (6): 445 – 466.

［23］ Shi G M, Wang J N, Fei F et al. A Study on Transboundary Air Pollution Based on a Game Theory Model: Cases of SO_2 Emission Reductions in the Cities of Changsha, Zhuzhou and Xiangtan in China ［J］. Atmospheric Pollution Research, 2017 (8): 244 – 252.

［24］ Smith M. The Theory of Games and Evolution of Animal Conflicts ［J］. Journal of Theory Biology, 1974 (47): 209 – 221.

［25］ Sun L, Wang Q, Zhou P, et al. Effects of Carbon Emission Transfer on

Economic Spillover and Carbon Emission Reduction in China ［J］. Journal of Cleaner Production, 2016 （112）: 1432 – 1442.

［26］ TAPIO, P. Towards A Theory of Decoupling: Degrees of Decoupling in the EU and the Case of Road Traffic in Finland Between 1970 and 2001 ［J］. Transp. Policy, 2005, 12 （2）: 137 – 151.

［27］ Taylor M S , Copeland B R . Trade and the Environment: A Partial Synthesis ［J］. American Journal of Agricultural Economics, 1995, 77 （3）: 765 – 771.

［28］ TIMILSINA G R; SHRESTHA A. Transport Sector CO_2 Emissions Growth in Asia: Underlying Factors and Policy Options ［J］. Energy Policy, 2009, 37 （11）: 4523 – 4539.

［29］ Wang Z , Yang L. Delinking Indicators on Regional Industry Development and Carbon Emissions: Beijing – Tianjin – Hebei Economic Band Case ［J］. Ecological Indicators, 2015 （48）: 41 – 48.

［30］北京市经济和信息化委员会. 北京·沧州渤海新区生物医药产业园的协同建设模式和经验 ［J］. 前线, 2017 （8）: 64 – 66.

［31］蔡如鹏. 京津冀规划纠结30年: 各地利益博弈无法平衡 ［J］. 中国新闻周刊, 2015 （6）: 33 – 36.

［32］陈菡, 陈文颖, 何建坤. 实现碳排放达峰和空气质量达标的协同治理路径研究 ［J］. 中国人口·资源与环境. 2020 （10）: 12 – 18.

［33］成艾华, 赵凡. 基于偏离份额分析的中国区域间产业转移与污染转移的定量测度 ［J］. 中国人口·资源与环境, 2018 （1）: 47 – 49.

［34］成艾华, 魏后凯. 促进区域产业有序转移与协调发展的碳减排目标设计 ［J］. 中国人口·资源与环境, 2013 （1）: 55 – 62.

［35］陈斐, 陈秀山. 促进区域协调发展的两大重点——明确不同区域功能定位和健全区域协调互动机制 ［J］. 生产力研究, 2007 （13）: 70 – 71.

［36］陈刚, 刘珊珊. 产业转移理论研究: 现状与展望 ［J］. 当代财经, 2006 （10）: 91 – 96.

［37］陈建军. 中国现阶段产业区域转移的实证研究——结合浙江105家企业的问卷调查报告的分析 ［J］. 管理世界, 2002 （6）: 64 – 73.

［38］崔丹, 吴昊, 吴殿廷. 京津冀协同治理的回顾与前瞻 ［J］. 地理科学进展 , 2019 （1）: 1 – 14.

［39］戴宏伟 "大北京经济圈" 产业梯度转移与结构优化 ［J］. 经济理论与经济管理, 2004 （2）: 66 – 70.

［40］戴宏伟, 王云平. 产业转移与区域产业结构调整的关系分析 ［J］. 当

代财经, 2008 (2): 93 - 98.

[41] 董琨, 白彬. 中国区域间产业转移的污染天堂效应检验 [J]. 中国人口·资源与境, 2015, 25 (183): 46 - 50.

[42] 豆建民, 沈艳兵. 产业转移对中国中部地区的环境影响研究 [J]. 中国人口·资源与环境, 2014 (11): 96 - 102.

[43] 杜丽娟, 任伟, 杜美卿. 京津冀区域碳排放不公平性与对策 [J]. 企业经济, 2016 (6): 11 - 17.

[44] 樊纲, 苏铭, 曹静. 最终消费与碳减排责任的经济学分析 [J]. 经济研究, 2010 (1): 4 - 14.

[45] 冯冬, 李健. 京津冀区域城市二氧化碳排放效率及减排潜力研究 [J]. 资源科学, 2017 (5): 978 - 986.

[46] 何建坤, 刘滨. 作为温室气体排放衡量指标的碳排放强度分析 [J]. 清华大学学报 (自然科学版), 2004 (6): 740 - 743.

[47] 国家发展改革委气候司. 省级温室气体清单编制指南 (试行) [EB/OL]. http://www.docin.com/p - 661876050. html, 2011 - 05 - 11.

[48] 国务院发展研究中心课题组. 国内温室气体减排: 基本框架设计 [J]. 管理世界, 2011 (10): 1 - 9.

[49] 黄秀莲, 李国柱. 偏离份额法下我国高耗能产业转移的环境效应研究 [J]. 生态经济, 2019 (12): 119 - 125.

[50] 姬兆亮, 戴永翔, 胡伟. 政府协同治理: 中国区域协调发展协同治理的实现路径 [J]. 西北大学学报 (哲学社会科学版), 2013 (2): 122 - 126.

[51] 李百吉, 张倩倩. 京津冀地区碳排放因素分解——兼论 "新常态" 下的变动趋势 [J]. 生态经济, 2017 (4): 19 - 24.

[52] 李虹, 张希源. 区域生态创新协同度及其影响因素研究 [J]. 中国人口·资源与环境, 2016, 26 (6): 43 - 51.

[53] 李健. 京津冀产业协同背景下能源消费碳排放分配研究 [D]. 天津: 天津理工大学, 2015.

[54] 李健, 肖境, 王庆山. 基于京津冀区域产业梯度转移的碳减排配额研究 [J]. 干旱区资源与环境, 2015 (2): 1 - 7.

[55] 李金龙, 武俊伟. 京津冀府际协同治理动力机制的多元分析 [J]. 江淮论坛, 2017 (1): 73 - 79.

[56] 李林子, 傅泽强, 王艳华, 王阳. 区际产业转移测算方法与应——以京津冀污染密集型制造业转移为例 [J]. 生态经济, 2018 (4): 108 - 113.

[57] 李平星, 曹有挥. 产业转移背景下区域工业碳排放时空格局演变——

以泛长三角为例［J］. 地球科学进展，2013，28（8）：939 – 947.

［58］李陶，陈林菊，范英. 基于非线性规划的我国省区碳强度减排配额研究［J］. 管理评论，2010（6）：54 – 60.

［59］李然，马萌. 京津冀产业转移的动力机制研究［J］. 价格理论与实践，2015（11）：128 – 131.

［60］李想. 基于产业转移的京津冀碳排放总量分配研究［D］. 天津：天津理工大学，2016.

［61］李艳梅，孙丽云，张红丽等. 京津冀区域间产业转移对能源消费碳排放强度的影响［J］. 资源科学，2017，39（12）：2275 – 2286.

［62］李云燕，王立华，马靖宇等. 京津冀地区大气污染联防联控协同机制研究［J］. 环境保护，2017（17）：45 – 50.

［63］林伯强，蒋竺均. 中国二氧化碳的环境库兹涅兹曲线预测及影响因素［J］. 管理世界，2009（4）：27 – 36.

［64］刘世锦，张永生，宣晓伟. 国内温室气体减排：基本框架设计［J］. 管理世界，2011（10）：1 – 9.

［65］刘红光，刘卫东，唐志鹏，范晓梅. 中国区域产业结构调整的 CO_2 减排效果分析——基于区域间投入产出表的分析［J］. 地域研究与开发，2010，29（3）：129 – 135.

［66］刘红光，王云平，季璐. 中国区域间产业转移特征、机理与模式研究［J］. 经济地理，2014（1）：102 – 107.

［67］刘红光. 区域间产业转移定量测度——基于区域间投入产出表分析［J］. 中国工业经济，2011（6）：79 – 88.

［68］刘红光，范晓梅. 中国区域间隐含碳排放转移［J］. 生态学报，2014，34（11）：3016 – 3024.

［69］刘琳. 京津冀产业梯度转移滞缓问题研究——基于梯度转移理论约束条件［J］. 人民论坛，2015（11）：103 – 105.

［70］柳天恩，田学斌. 京津冀协同发展：进展、成效与展望［J］. 中国流通经济，2019（11）：116 – 128.

［71］卢根鑫. 国际产业转移论［M］. 上海：上海人民出版社，1997.

［72］鲁继通. 京津冀区域协同创新能力测度与评价——基于复合系统协同度模型［J］. 科技管理研究，2015，35（24）：165 – 171.

［73］吕倩，高俊莲. 京津冀地区交通运输碳排放模型及驱动因素分析［J］. 生态经济，2018（1）：31 – 36.

［74］吕倩，刘海滨. 京津冀县域尺度碳排放时空演变特征——基于 DMSP/

OLS 夜间灯光数据［J］. 北京理工大学学报（社会科学版），2019（11）：41－50.

［75］孟庆国，魏娜. 结构限制、利益约束与政府间横向协同——京津冀跨界大气污染府际横向协同的个案追踪［J］. 河北学刊，2018，38（6）：164－171.

［76］孟庆松，韩文秀. 复合系统协调度模型研究［J］. 天津大学学报（自然科学与工程技术版），2000，33（4）：444－446.

［77］马晶晶，徐瑞，胡江峰. 新常态下我国产业结构升级的影响因素分析［J］. 新疆财经，2018（3）：29－38.

［78］孟艳蕊. 京津冀城市群产业转移及其环境效应研究［D］. 浙江：浙江财经大学，2015.

［79］宁宁宁. 区域物流碳排放差异及影响因素分析［D］. 天津：天津理工大学，2015.

［80］潘峰，王琳. 环境规制中地方规制部门与排污企业的演化博弈分析［J］. 西安交通大学学报，2018，38（1）：71－81.

［81］潘文卿. 中国区域经济发展：基于空间溢出效应的分析［J］. 世界经济，2015（7）：120－142.

［82］彭水军，张文城，孙传旺. 中国生产侧和消费侧碳排放量测算及影响因素研究［J］. 经济研究，2015（1）：168－182.

［83］皮建才，薛海玉，殷军. 京津冀协同发展中的功能疏解和产业转移研究［J］. 中国经济问题，2016（6）：37－49.

［84］朴胜任. 京津冀区域碳减排能力测度与合作路径研究［D］. 天津：天津理工大学，2014.

［85］齐子翔. 京津冀协同发展机制设计［M］. 北京：社会科学文献出版社，2015.

［86］覃成林. 我国制造业产业转移动态演变及特征分析［J］. 产业经济研究，2013（1）：12－21.

［87］任志娟. 中国碳排放区域差异与减排机制研究［D］. 北京：首都经济贸易大学，2014.

［88］桑瑞聪，刘志彪，王亮亮. 我国产业转移的动力机制：以长三角和珠三角地区上市公司为例［J］. 财经研究，2013（5）：99－111.

［89］孙虎，乔标. 京津冀产业协同发展的问题与建议［J］. 中国软科学，2015（7）：68－74.

［90］孙立成，靳秋晓，赵璧影. 中国省际区域协同减排演化机理及分布动态［J］. 资源与产业，2019（2）：10－17.

［91］孙久文，姚鹏．京津冀产业空间转移、地区专业化与协同发展——基于新经济地理学的分析框架［J］．南开学报（哲学社会科学版），2015（1）：81－89.

［92］孙植华．产业集聚视角下中部六省承接产业转移研究［J］．对外经贸，2016（11）：56－63.

［93］王安静，冯宗宪，孟渤．中国30省份的碳排放测算以及碳转移研究［J］．数量经济技术经济研究，2017（8）：89－104.

［94］汪浩，陈操操，潘涛．京津冀区域生产和消费 CO_2 排放的时空特点分析［J］．环境科学，2014（9）：3619－3631.

［95］王会芝．京津冀低碳发展水平测度和减排对策研究［J］．城市，2015（6）：14－18.

［96］王丽萍，刘明浩．基于投入产出法的中国物流业碳排放测算及影响因素研究［J］．资源科学，2018（1）：195－206.

［97］王建峰，卢燕．京津冀区域产业转移综合效应实证研究［J］．河北经贸大学学报，2013（1）：81－84.

［98］王敏达，张锡，张新宁．生态文明视角下河北省承接京津产业转移对策研究［J］．河北工业大学学报（社会科学版），2017（6）：1－13.

［99］汪明月，刘宇，李梦明．区域碳减排能力协同度评价模型构建与应用［J］．系统工程理论与实践，2020（2）：470－483.

［100］汪明月，刘宇，钟超，李梦明．区域合作减排策略选择及提升对策研究［J］．运筹与管理，2019（5）：35－45.

［101］王媛，王文琴，方修琦等．基于国际分工角度的中国贸易碳转移估算［J］．资源科学，2011，33（7）：1331－1337.

［102］王仲瑀．京津冀地区能源消费、碳排放与经济增长关系实证研究［J］．工业技术经济，2017（1）：82－92.

［103］王喆，周凌一．京津冀生态环境协同治理研究——基于体制机制视角探讨［J］．经济与管理研究，2015（7）：68－75.

［104］魏后凯．产业转移的发展趋势及其对竞争力的影响［J］．福建论坛（经济社会版），2003（4）：11－15.

［105］魏丽华．建国以来京津冀协同发展的历史脉络与阶段性特征［J］．深圳大学学报（人文社会科学版），2016（11）：143－150.

［106］韦韬，彭水军．基于多区域投入产出模型的国际贸易隐含能源及碳排放转移研究［J］．资源科学，2017，39（1）：94－104.

［107］温室气体的种类与特征．［J］．气候变化研究进展，2006（6）：300.

［108］吴良镛．京津冀北城乡空间发展规划研究——对该地区当前建设战略

的探索之一［J］. 城市规划，2000（12）：9 - 15.

［109］邬晓霞，卫梦婉，高见. 京津冀产业协同发展模式研究［J］. 生态经济，2016（2）：84 - 87.

［110］武义青，赵亚南. 京津冀碳排放的地区异质性及减排对策［J］. 经济与管理，2014（9）：13 - 16.

［111］西蒙·库兹涅茨. 现代经济增长理论［M］. 北京：商务出版社，1989.

［112］肖宏伟. 中国碳排放测算方法研究［J］. 阅江学刊，2013（10）：48 - 57.

［113］肖雁飞，万子捷，刘红光. 我国区域产业转移中"碳排放转移"及"碳泄漏"实证研究——基于2002年、2007年区域间投入产出模型的分析［J］. 财经研究，2014（2）：75 - 78.

［114］许静，周敏，夏青. 中国省际间产业区域转移的碳排放动态效应及影响机制［J］. 中国地质大学学报（社会科学版），2017（3）：74 - 85.

［115］闫庆友，尹洁婷. 基于广义迪氏指数分解法的京津冀地区碳排放因素分解［J］. 科技管理研究，2017（17）：239 - 245.

［116］闫云凤. 京津冀碳足迹演变趋势与驱动机制研究［J］. 软科学，2016（8）：10 - 14.

［117］姚永玲，李若愚. 京津冀产业转移的地区经济效应［J］. 经济与管理，2017（6）17 - 21.

［118］姚亮，刘晶茹. 中国八大区域间碳排放转移研究［J］. 中国人口·资源与环境，2010（12）：16 - 19.

［119］于可慧. 京津冀产业转移效应研究［D］. 北京：北京科技大学，2018.

［120］于江浩. 基于产业细分的京津冀碳排放分析及对策研究［D］. 北京：华北电力大学，2019.

［121］余新旋. 京津冀协同发展的产业转移对区域能源强度的影响研究［D］. 北京：华北电力大学，2019.

［122］禹湘，陈楠，李曼琪. 中国低碳试点城市的碳排放特征与碳减排路径研究［J］. 中国人口·资源与环境，2020（1）：1 - 9.

［123］苑清敏，张文龙，宁宁宁. 京津冀物流业碳排放驱动因素及脱钩效应研究研究［J］. 科技管理研究，2016（5）：222 - 226.

［124］郑红梅，王庆山，朴胜任. 京津冀区域碳减排能力测度与合作路径研究［M］. 北京：经济管理出版社，2017.

[125] 张贵，王树强，刘沙，贾尚键．基于产业对接与转移的京津冀协同发展研究 [J]．经济管理，2014，28（4）：14-20．

[126] 张建伟，苗长虹，肖文杰．河南省承接产业转移区域差异及影响因素 [J]．经济地理，2018（3）：106-112．

[127] 张杰斐，席强敏，李国平．京津冀区域制造业分工与转移 [J]．人文地理，2016（8）：95-10．

[128] 张俊荣，王孜丹，汤铃，余乐安．基于系统动力学的京津冀碳排放交易政策影响研究 [J]．中国管理科学，2016（3）：1-8．

[129] 张诗青，王建伟，郑文龙．中国交通运输碳排放及影响因素时空差异分析 [J]．环境科学学报，2017（12）：4787-4797．

[130] 张为付，李逢春，胡雅蓓．中国 CO_2 排放的省际转移与减排责任度量研究 [J]．中国工业经济，2014（3）：57-69．

[131] 张扬，王德起．基于复合系统协同度的京津冀协同发展定量测度 [J]．经济与管理研究，2017，38（12）：33-39．

[132] 张永强，张捷．我国重化工业产业调整与转移对区域碳排放差异的影响——基于偏离份额分析法的实证研究 [J]．南京财经大学学报（双月刊），2016（6）：4-13．

[133] 赵慧卿．我国各地区碳减排责任再考察——基于省际碳排放转移测算结果 [J]．经济经纬，2013（6）：7-12．

[134] 赵莉．京津冀协同发展背景下北京市属企业迁移的政策需求分析 [J]．新视野，2020（1）：73-80．

[135] 赵松岭，杨子夜．京津冀物流业碳排放量测算及低碳协同发展机制研究 [J]．生态经济，2019（10）：42-45．

[136] 赵新刚，余新旋，宋华．京津冀产业转移对能源消费影响的实证分析 [J]．华北电力大学学报（社会科学版），2018（6）：46-54．

[137] 赵玉焕，李浩，刘娅等．京津冀 CO_2 排放的时空差异及影响因素研究 [J]．资源科学，2018（1）：207-215．

[138] 郑可馨．京津冀间贸易隐含碳排放转移及协同减排研究 [D]．北京：首都经济贸易大学，2019．

[139] 郑鑫，陈耀．运输费用、需求分布与产业转移——基于区位论的模型分析 [J]．中国工业经济，2012（2）：57-67．

[140] 中华人民共和国国家统计局．中国能源统计年鉴 [M]．北京：中国统计出版社，2017．

[141] 邹伟进，刘万里．生态文明视角下雾霾治理的博弈分析 [J]．新疆大

学学报（哲学·人文社会科学版），2016（5）：30 – 35.

　　［142］周国富，宫丽丽. 京津冀能源消耗的碳足迹及其影响因素分析［J］. 经济问题，2014（8）：27 – 31.

　　［143］周建，易点点. 中国碳排放省级差异及其影响因素与减排机制研究［J］. 上海经济研究，2012（11）：65 – 80.

　　［144］朱远程，张士杰. 基于 STIRPAT 模型的北京地区经济碳排放驱动因素分析［J］. 特区经济，2012（1）：77 – 79.

附　表

附表1　2010年中国能源平衡表表热力、电力碳排放系数测算表（一）

中国能源平衡表（标准量）	能源合计		煤合计	原煤	洗精煤	其他洗煤	型煤	焦炭	焦炉煤气	其他煤气
	发电煤耗	电热当量								
碳系数				0.7559	0.7559	0.7476	0.7476	0.855	0.3548	0.3548
1. 火力发电	0.00	-65926.91	-100521.26	-98820.28	-4.22	-1696.76			-602.71	
2. 供热	-4679.77	-4679.77	-12392.06	-11974.46	-9.48	-408.12			-416.15	
终端消费量	337468.73	259577.03	78236.15	67873.11	4232.48	4900.79	1229.77	37471.33	3155.44	301.14
1. 农林牧渔业	7266.50	5334.38	1641.19	1620.32		20.88		45.48		
2. 工业	238652.04	182649.50	63653.87	54377.84	4221.32	4206.70	848.02	37370.20	2825.86	98.23
用作原料、材料	17348.51	17348.51	5270.55	4694.51	527.66	48.38		1285.73	28.26	
交通运输仓储邮政业	26648.31	25194.93	452.84	434.92	9.95	7.98		0.12		
批发零售住宿餐饮业	7847.10	5290.69	2405.72	2327.31		58.45	19.95	4.95	4.57	

附表2 2010年中国能源平衡表热力、电力碳排放系数测算表 (二)

	原油	汽油	煤油	柴油	燃料油	液化石油气	炼厂干气	天然气	液化天然气	热力	电力
碳系数	0.5857	0.5538	0.5714	0.5921	0.6185	0.5042	0.4602	0.4483	0.5042	0.98	1.60
1. 火力发电	-5.30	-0.13		-58.36	-176.99		-116.30	-2151.67	-294.66	-820.69	40949.40
2. 供热	-4.69			-5.51	-287.63	-1.51	-276.22	-371.87	-15.43	10155.18	
终端消费量	1151.62	10235.23	2593.36	21354.04	3433.18	3877.36	1732.37	9756.53	1382.92	10189.70	48381.12
										-9997.70	-77497.67
										-0.98	-1.60
1. 农林牧渔业		248.77	1.32	1758.33	1.63	7.99		6.65		3.10	1200.11
2. 工业	1151.62	1014.34	55.24	2981.46	1460.71	907.00	1732.37	4948.53	1161.51	7419.78	34785.04
用作原料、材料	221.82	18.85	8.59	36.05	99.43	295.31	38.85	1041.67	103.37		
交通运输仓储邮政业		4818.73	2355.83	12614.93	1895.26	100.53		1060.08	221.41	55.85	902.74
批发零售住宿餐饮业		247.45	51.47	286.47	12.31	124.52		362.30		133.06	1587.87

附表3 2010年北京能源平衡表热力、电力碳排放系数测算表（一）

北京能源平衡表（实物量）	煤合计（万吨）	原煤（万吨）	洗精煤（万吨）	其他洗煤（万吨）	型煤（万吨）	焦炭（万吨）	焦炉煤气（亿立方米）	原油（万吨）	汽油（万吨）	煤油（万吨）
标准煤系数		0.7143	0.9	0.5252	0.6	0.9714	0.5714	1.4286	1.4714	1.4714
碳系数		0.7559	0.7559	0.7476	0.7476	0.855	0.3548	0.5857	0.5538	0.5714
1. 火力发电	-695.57	-688.66		-5.38	-1.53		-0.04			
2. 供热	-612.51	-590.59		-1.02	-20.89		-0.15			
终端消费量	1118.12	1105.59	0.31	0.02	12.20	220.45	7.66		371.53	392.63
1. 农林牧渔水利业	47.14	47.14							4.63	
2. 工业	497.67	493.37	0.31	0.02	3.97	220.44	7.65		17.96	0.14
用作原料、材料	0.69	0.68			0.01	0.03			0.49	0.05
交通运输仓储邮政业	20.29	19.43			0.86				41.04	392.15
批发零售住宿餐饮业	42.43	41.56			0.87				21.71	

附表4　2010年北京能源平衡表热力、电力碳排放系数测算表（二）

	柴油（万吨）	燃料油（万吨）	液化石油气（万吨）	炼厂干气（万吨）	天然气（亿立方米）	液化天然气（万吨）	热力（万百万千焦）	电力（亿千瓦小时）
标煤系数	1.4571	1.4286	1.7143	1.5714	13.3	1.7572	0.03412	1.229
碳系数	0.5921	0.6185	0.5042	0.4602	0.4483	0.5042	0.70197	0.4916
1. 火力发电	-0.10	-0.49		-1.37	-16.08			263.34
2. 供热	-0.31	-5.87		-4.40	-10.01		15710.88	
终端消费量	237.00	9.78	40.52	68.39	44.43		16557.63	781.22
							-396.5765239	-472.021251
							-0.70197212	-0.4916251
1. 农林牧渔水利业	5.83		0.04					16.89
2. 工业	39.97	9.51	1.96	68.39	8.97		5407.14	256.15
用作原料、材料	0.44	3.74	0.29					
交通运输仓储邮政业	127.27	0.20	0.44		2.44		667.89	50.37
批发零售住宿餐饮业	8.19	0.06	13.57		4.48		1339.20	76.47

附表5 2010年天津能源平衡表表热力、电力碳排放系数测算表（一）

北京能源平衡表（实物量）	煤合计（万吨）	原煤（万吨）	洗精煤（万吨）	其他洗煤（万吨）	型煤（万吨）	焦炭（万吨）	焦炉煤气（亿立方米）	原油（万吨）	汽油（万吨）	煤油（万吨）
标煤系数		0.7143	0.9	0.5252	0.6	0.9714	0.5714	1.4286	1.4714	1.4714
碳系数		0.7559	0.7559	0.7476	0.7476	0.855	0.3548	0.5857	0.5538	0.5714
1. 火力发电	-2499.57	-2499.57					-1.75			
2. 供热	-863.87	-863.87								
终端消费量	1124.66	996.75	107.73		3.31	663.91	4.09	205.12	21.40	1124.66
1. 农林牧渔水利业	15.29	15.29						5.52		
2. 工业	883.68	755.77	107.73		3.31	663.29	4.09	20.60	11.55	0.51
用作原料、材料	45.05	41.88	3.01		0.16	53.13		0.06	0.09	
交通运输仓储邮政业	30.74	30.74							63.50	18.64
批发零售住宿餐饮业	41.50	41.50							11.38	2.08

附表6 2010年天津能源平衡表热力、电力碳排放系数测算表（二）

	柴油（万吨）	燃料油（万吨）	液化石油气（万吨）	炼厂干气（万吨）	天然气（亿立方米）	液化天然气（万吨）	热力（万百万千焦）	电力（亿千瓦小时）
标煤系数	1.4571	1.4286	1.7143	1.5714	13.3	1.7572	0.03412	1.229
碳系数	0.5921	0.6185	0.5042	0.4602	0.4483	0.5042	0.8566	1.7207
1. 火力发电					-0.57		16053.00	566.20
2. 供热		-0.43			-0.21		16014.97	639.96
终端消费量	333.54	88.32	39.27	42.43	21.45	1.22	-468.07	-1353.37
1. 农林牧渔水利业	21.90		0.04				-0.8566	-1.7207
2. 工业	41.82	9.23	27.06	42.43	12.79	0.57	7486.22	11.81
用作原料、材料	0.50	75.57	22.40		0.17	0.04		456.86
交通运输仓储邮政业	112.00				0.23	0.05	166.56	15.81
批发零售住宿餐饮业	29.69	0.94	4.87		3.12	0.12	544.40	28.97

附表7　2010年河北能源平衡表热力、电力碳排放系数测算表（一）

北京能源平衡表（实物量）	煤合计（万吨）	原煤（万吨）	洗精煤（万吨）	其他洗煤（万吨）	型煤（万吨）	焦炭（万吨）	焦炉煤气（亿立方米）	其他煤气（万吨）	原油（万吨）	汽油（万吨）	煤油（万吨）
标煤系数		0.7143	0.9	0.5252	0.6	0.9714	0.5714	1.786	1.4286	1.4714	1.4714
碳系数		0.7559	0.7559	0.7476	0.7476	0.855	0.3548	0.3548	0.5857	0.5538	0.5714
1. 火力发电	-9027.56	-8896.45		-131.11			-17.20				
2. 供热	-1335.03	-1284.87		-50.16			-10.07				
终端消费量	8382.82	6954.02	588.89	561.61	278.30	7288.72	79.16	7.31	14.14	238.74	7.34
1. 农林牧渔水利业	22.54	22.21			0.33	0.04				11.80	0.19
2. 工业	6321.86	5438.96	588.89	88.37	205.64	7287.49	61.26	7.31	14.14	27.26	1.13
用作原料、材料	273.24	224.65	46.42	0.95	1.22	7.95				0.17	0.07
交通运输仓储邮政业	43.44	42.98			0.47		0.01			103.99	3.20
批发零售住宿餐饮业	165.04	161.76			3.28	0.29	0.61			8.85	0.32

附表8 2010年河北能源平衡表热力、电力碳排放系数测算表（二）

	柴油（万吨）	燃料油（万吨）	液化石油气（万吨）	炼厂干气（万吨）	天然气（亿立方米）	液化天然气（万吨）	热力（万百万千焦）	电力（亿千瓦小时）
标煤系数	1.4571	1.4286	1.7143	1.5714	13.3	1.7572	0.03412	1.229
碳系数	0.5921	0.6185	0.5042	0.4602	0.4483	0.5042	0.98303	1.571935
1. 火力发电	-2.27	-0.17		-2.12	-0.22	-0.03	-2414.62	1963.25
2. 供热	-0.48	-0.43		-16.89	-0.54	1.95	22473.92	
终端消费量	689.19	37.93	81.40	13.85	28.71		21816.48	2517.44
							-731.74	-4863.46
							-0.98303	-1.571935
1. 农林牧渔水利业	76.73	0.37	0.11					159.10
2. 工业	119.64	25.61	3.25	13.85	21.12	1.95	15143.32	1866.22
用作原料、材料	0.33	0.34	0.13		3.04	0.43		
交通运输仓储邮政业	374.35	9.27	0.19		1.89		86.31	58.96
批发零售住宿餐饮业	14.75	0.32	4.75		0.66		335.82	44.16

附表9 2010年中国工业分行业终端能源消费碳排放量

2010年	碳排放量	消费总量 万吨标准煤	煤炭 万吨	焦炭	原油	汽油	煤油	柴油	燃料油	液化石油气	天然气	液化天然气	热力（万百万千焦）	电力（亿千瓦时）
碳系数			0.7559	0.855	0.5857	0.5538	0.5714	0.5921	0.6185	0.5042	0.4483	0.5042	0.98	1.60
全国工业终端能源消费	150139.59	238652.04	63653.87	37370.19	1151.62	1014.34	55.24	2891.46	1460.71	907.01	4948.53	1161.51	7419.78	34785.04
煤炭开采和洗选业	4872.01	7004.1	4216.68	41.88		29.59	3.72	205.34	3.31	0.22	30.99	0.12	14.82	923.8
石油和天然气开采业	2054.42	3746.98	123.62	0.16	689.04	35.55		270.7	46.32	3.6	1282.48		89.58	427.57
黑色金属矿采选业	1326.05	2080.77	336.99	342.48		11.33	0.51	90.79	0.1	0.24	0.46		7.42	444.07
非金属矿采选业	820.94	1195.68	469.9	9.21		9.42	0.35	130.26	0.26	0.07	2.99	0.04	69.87	190.81
农副食品加工业	2334.62	3693.84	1651.38	14.31	0.16	57.28	0.75	82.68	13.99	5.57	9.39	2.21	144.55	521.54
食品制造业	1242.36	1768.07	857.81	2.92	0.01	23.16	0.29	44.4	19.66	5.83	32.57	4.01	160.46	226.99
饮料制造业	963.05	1355.86	709.39	0.66		14.05	0.19	23.18	11.8	1.82	22.36	0.21	128.63	162.65
烟草制造业	156.98	232.2	57.64	4.95		1.06		6.56	1.51	0.02	7.7	0.05	10.28	56.38
纺织业	4714.35	6897.58	1850.47	4.95	0.03	39.67	0.74	64.48	32.07	7.01	20.93	1.11	721.3	1569.11
纺织服装、服饰业	551.08	839.47	234.98	3.65	0.04	26.24	0.37	50.04	7.58	1.47	3.83	0.37	20.97	186.29
皮革、毛皮羽毛及制品制鞋业	311.39	474.94	131.54	1.45	0.07	12.36	0.35	19.96	8.39	0.67	0.25	0.21	9.85	110.26
木材加工和木、藤棕草制品业	805.29	1377.48	453.57	1.73	0.31	13.67	0.25	26.32	0.36	0.79	3.99		18.14	260.81

续表

2010年	碳排放量	消费总量 万吨标煤	煤炭 万吨	焦炭	原油	汽油	煤油	柴油	燃料油	液化石油气	天然气	液化天然气	热力（万百万千焦）	电力（亿千瓦时）
家具制造业	159.64	252.37	54.81	4.38	0.01	12.11	0.12	21.17	0.83	1.89	4.52	0.21	4.15	54.68
造纸及纸制品业	3043.97	4336.01	1894.84	2.13	0.17	16.66	0.32	40.8	25.76	4.77	16.85	2.85	506.07	658.06
印刷业和记录媒介的复制	263.89	417.67	53.51	0.26	0.01	12.26	0.15	19.77	2.93	2.11	9.58	0.63	9.64	117.31
文教体育用品制造业	145.64	237.38	31.21	3.71	0.09	6	0.16	23.88	2.47	2.37	3.19	2.48	1.33	59.1
石油加工、炼焦加工业	4782.55	14018.72	2607.82	90.78	141.55	53.24	4.38	34.37	245.28	230.28	117.44	349.54	1010.26	694.8
化学原料及化学制品制造业	18215.78	35219.72	10178	2404.51	313.33	70.92	7.39	236.17	192.08	182.04	1943.53	509.9	2220.78	2865.12
医药制造业	1246.59	1962.14	766.2	3.06	0.03	17.89	0.5	24.99	9.5	2.79	37.53	0.47	181.4	273.55
化学纤维制造业	1096.51	1607.88	382.22	2.32		2.28	0.01	11.54	21.73	1.83	5.79	0.47	196.8	367.3
橡胶和塑料制品业	2450.78	3810.25	744.28	14.96	0.17	50.06	0.44	97.44	32.59	4.99	31.68	2.75	55.49	1060.61
非金属矿物制品业	21809.61	32462.34	20719.15	374.69	3.5	55.13	1.71	422.49	505.11	189.56	446.17	152.05	45.48	3009.18
黑色金属冶炼及压延加工业	44856.17	65896.69	9219.22	32417.55	0.47	19.72	0.69	144.27	33.49	58.95	272.88	10.28	844	5667.67
有色金属冶炼及压延加工业	8387.15	13385.53	1628.26	541.68	1.01	15.23	2.62	92.74	138.35	19.89	102.25	17.5	331.1	3845.65

续表

2010 年	碳排放量	消费总量 万吨标煤	煤炭 万吨	焦炭	原油	汽油	煤油	柴油	燃料油	液化石油气	天然气	液化天然气	热力（万百万千焦）	电力（亿千瓦时）
金属制品业	2389.13	3803.94	379.43	73.4	0.17	48.48	2.06	96.59	17.81	25.51	39.46	8.43	19.65	1180.73
通用设备制造业	2534.52	3761.45	736.12	638.27	0.13	79.5	6.58	108.77	11.07	14.55	112.52	5.43	32.2	763.24
专用设备制造业	1229.03	1878.86	411.89	122.02	0.09	43.42	0.94	69.4	5.36	10.73	89.38	2.48	74.07	390.62
交通运输设备制造业	2287.24	3719.04	434.31	164.04	0.24	72.41	14.98	160.92	17.86	29.06	123.42	45.67	105.04	917.26
电气机械和器材制造业	1442.63	2287.08	288.68	25.87	0.21	53.68	0.97	104.79	11.16	33.67	48.4	12.6	59.82	624.56
计算机、通信电子设备制造业	1572.18	2547.39	101.24	11.17	0.39	29.88	0.53	103.77	19.53	8.57	80.86	2.48	35.41	824.36
仪器仪表及文化、办公机械制造业	225.09	359.42	28.48	5.57		10.68	0.9	20.72	0.57	0.72	6.92	0.21	7.55	105.49
其他制造业	850.37	1366.37	83.65	2.07		11.37	0.15	20.91	3.4	9.21	0.92	3.43	17.92	462.6
废弃资源综合利用业	87.66	127.63	43.86	23.82		1.07	0.04	6.12	2.39	0.79		0.16	0.22	17.33
电力、热力生产和供应业	7691.02	12093.56	1634.31	3.9	0.37	36.18	0.04	63.7	15.53	0.07	6.85	2.11	251.85	3833.58
燃气生产和供应业	235.16	418.22	11.62	1.1		4.71	0.01	3.72	0.33	45.27	26.6	21.51	12.1	101.85

附表10 2010年北京工业分行业终端能源消费碳排放量

2010年	碳排放量	消费总量 万吨标煤	煤炭 万吨	焦炭	汽油	煤油	柴油	燃料油	液化石油气	天然气 亿立方米	液化天然气	热力 (万百万千焦)	电力 (亿千瓦时)
标煤系数			0.7143	0.9714	1.4714	1.4571	1.4571	1.4286	1.7143	13.3		0.03412	1.229
碳排放系数			0.7559	0.855	0.5538	0.5714	0.5921	0.6183	0.5042	0.4483		0.702	0.4916
北京工业碳排放量	1908.75	2549.65	2014.18	220.43	17.95	0.13	40.38	66.40	7.64	35.05		5407.14	305.83
煤炭开采和洗选业	1.67	5.51	1.16		0.07		0.08			0.00		0.80	1.48
石油和天然气开采业	16.08	28.89	0.49		0.47		15.45		0.03	0.29		0.02	0.57
黑色金属矿采选业	379.11	515.45	306.26	212.55	0.18		4.44	0.05		0.35		367.70	36.90
非金属矿采选业	2.92	4.61	1.23	1.67	0.03		0.70					1.92	0.33
农副食品加工业	13.30	26.68	16.29	0.07	0.60		0.51	0.06	0.04	0.09		31.25	3.55
食品制造业	14.80	32.44	12.38		0.64		0.51	0.00	0.22	0.31		95.88	4.66
饮料制造业	23.90	43.29	33.72		0.35		0.49	0.00	0.01	0.04		80.47	4.65
烟草制造业	0.83	2.25	0.01		0.01		0.00	0.00	0.00	0.11		0.00	0.26
纺织业	6.93	13.84	8.28		0.32		0.18	0.00	0.04	0.02		31.85	1.87
纺织服装、服饰业	7.71	14.01	10.46		0.56		0.19	0.00	0.03	0.02		17.44	1.45
皮革毛皮羽及制品及制鞋业	0.28	0.72	0.25		0.05		0.01	0.00	0.00	0.00		0.86	0.13

续表

2010年	碳排放量	消费总量 万吨标煤	煤炭 万吨	焦炭	汽油	煤油	柴油	燃料油	液化石油气	天然气 亿立方米	液化天然气	热力（万百万千焦）	电力（亿千瓦时）
木材加工和木竹藤棕草制品业	1.3	5.12	0.59		0.12		0.07	0.00	0.00	0.01		1.94	1.18
家具制造业	2.60	6.59	1.90		0.43		0.10	0.01	0.02	0.01		10.78	1.32
造纸及纸制品业	7.31	14.56	9.39		0.32		0.28	0.06	0.02	0.05		8.73	1.92
印刷业和记录媒介的复制	9.05	25.40	3.94		0.84	0.01	0.22	0.00	0.05	0.25		55.26	5.26
文教体育用品制造业	1.53	2.95	1.37		0.09		0.02	0.00	0.01	0.00		19.70	0.36
石油加工、炼焦加工业	124.02	584.98	3.52		0.05		0.08	50.64	3.34	2.75		1887.11	21.15
化学原料及化学制品制造业	100.17	194.42	88.78		0.93	0.01	0.86	3.99	0.32	0.17		1331.69	23.20
医药制造业	13.28	27.83	11.72		0.46		0.30	0.01	0.01	0.29		90.82	3.96
化学纤维制造业	0.41	1.54	0.03		0.02		0.03	0.00	0.01	0.01		4.32	0.32
橡胶和塑料制品业	12.05	21.67	9.52		0.59		0.24		0.11	0.01		81.07	6.83
非金属矿物制品业	131.94	269.94	177.45	3.92	0.89		9.69	4.48	0.14	0.82		32.11	23.25
黑色金属冶炼及压延加工业	9.53	27.88	1.91	0.03	0.08		0.19	0.00		0.86		14.35	4.60

续表

2010年	碳排放量	消费总量 万吨标煤	煤炭 万吨	焦炭	汽油	煤油	柴油	燃料油	液化石油气	天然气 亿立方米	液化天然气	热力 万百万千焦	电力 亿千瓦时
有色金属冶炼及压延加工业	3.11	9.43	1.76	0.09	0.13		0.06	0.00	0.02	0.01		17.31	2.35
金属制品业	10.58	28.86	6.00	0.04	1.28		0.49	0.00	0.51	0.18		32.54	5.86
通用设备制造业	15.26	38.40	6.93	1.55	1.23	0.02	0.84	0.21	0.10	0.12		123.73	7.55
专用设备制造业	14.09	32.01	10.81	0.13	1.15	0.01	0.48	0.03	0.02	0.21		98.97	5.20
交通运输设备制造业	39.56	92.93	24.14	0.38	1.76	0.08	2.37	0.04	0.09	1.40		212.35	15.08
电气机械和器材制造业	10.14	24.44	6.87	0.01	1.10		0.14	0.00	0.06	0.14		80.03	4.28
计算机、通信和电子设备制造业	15.78	54.79	0.62	0.00	0.65		0.12	0.00	0.02	0.29		178.10	14.59
仪器仪表及文化、办公机械制造业	2.80	6.75	0.46		0.57		0.04	0.00		0.04		47.70	1.14
其他制造业	3.92	8.61	3.32		0.21	0.00	0.10	0.00	0.03	0.04		39.12	1.11
废弃资源综合利用业	1.55	3.71	1.71		0.02	0.00	0.13	0.00				3.83	0.67
电力、热力生产和供应业	899.37	343.36	1250.51		1.36		0.74	6.82	0.03	25.66		380.97	89.82
燃气生产和供应业	5.37	8.58			0.21		0.14	0.00	2.37	0.39		9.18	0.78

附表11　2010年天津工业分行业终端能源消费碳排放量

2010年	碳排放量	消费总量 万吨标煤	煤炭 万吨	焦炭	原油	汽油	柴油	燃料油	天然气 亿立方米	热力 （万百万千焦）	电力 （亿千瓦时）
标煤系数			0.7143	0.9714	1.4286	1.4714	1.4571	1.4286	13.3	0.03412	1.229
碳排放系数			0.7559	0.855	0.5857	0.5538	0.5921	0.6185	0.4483	0.86	1.72
天津工业碳排放量	2359.95	2846.03	883.68	663.29	20.60	11.55	41.82	9.23	12.79	7486.22	456.86
煤炭开采和洗选业	1.56	1.67				0.02					0.73
石油和天然气开采业	76.91	116.81	1.71		19.86	1.02	27.43		1.20	125.73	11.37
黑色金属矿采选业	0.14	0.16				0.02					0.06
非金属矿采选业	14.93	17.38	2.38			0.04	0.13			353.56	1.50
农副食品加工业	21.65	25.83	9.12			0.10	0.24		0.07	285.56	3.63
食品制造业	21.14	25.57	11.19			0.11	0.09		0.13	173.99	4.29
饮料制造业	14.97	17.81	9.75			0.06	0.18		0.02	87.45	3.23
烟草制品业	1.62	2.09	2.15						0.01		0.19
纺织业	21.69	25.18	9.02			0.08	0.05		0.08	79.71	6.56
纺织服装、服饰业	6.45	8.06	5.42			0.28	0.08		0.03	6.72	1.35
皮革、毛皮、羽毛及其制品及制鞋业	1.53	1.82	1.21			0.04	0.01	0.04		0.35	0.39
木材加工和木、竹、藤、棕、草制造业	1.62	2.01	0.65			0.04	0.06		0.02	0.38	0.50
家具制造业	4.25	4.92	1.91			0.06	0.06		0.01	0.42	1.44
造纸及纸制品业	34.12	40.83	27.45			0.18	0.18	0.16	0.04	63.81	7.92
印刷业和记录媒介的复制	3.59	4.39	0.57			0.40	0.03		0.03	12.28	1.13
文教体育用品制造业	3.61	4.74	1.83		0.06	0.05	0.03		0.08	4.39	0.90

续表

2010年	碳排放量	消费总量 万吨标煤	煤炭 万吨	焦炭	原油	汽油	柴油	燃料油	天然气 亿立方米	热力 （万百万千焦）	电力 （亿千瓦时）
石油加工、炼焦加工业	122.38	158.08	9.07			0.08	0.24	6.96	2.63	1609.25	22.88
化学原料及化学制品制造业	320.46	375.84	77.02	7.87		0.50	1.08	0.01	1.76	3563.39	73.97
医药制造业	26.26	31.40	15.77			0.09	0.10		0.09	186.86	5.48
化学纤维制造业	0.49	0.54	0.08							3.08	0.17
橡胶和塑料制品业	53.32	62.94	20.28	0.00	0.00	0.47	0.26	0.57	0.37	73.78	17.45
非金属矿物制品业	74.85	98.33	68.29	0.03	0.01	0.66	3.05	0.76	0.98	1.78	13.34
黑色金属冶炼及压延加工业	1110.39	1331.91	517.88	649.53	0.33	0.39	1.51	0.42	2.94	68.99	127.43
有色金属冶炼及压延加工业	14.29	18.00	7.98	0.12	0.24	0.05	0.24	0.08	0.19	16.79	3.66
金属制品业	61.15	73.63	22.08	0.40		2.25	1.09	0.09	0.51	19.17	20.07
通用设备制造业	56.28	64.31	12.11	5.07		0.93	0.43		0.22	39.57	19.83
专用设备制造业	24.41	29.40	6.10	0.03		0.59	2.55	0.03	0.10	62.50	7.55
交通运输设备制造业	65.77	77.79	16.52		0.10	1.29	1.13	0.05	0.51	212.72	21.49
电气机械和器材制造业	23.46	26.99	5.73			0.45	0.40		0.10	38.45	8.48
计算机、通信和其他电子设备制造业	48.89	55.25	1.02			0.39	0.18	0.04	0.40	37.79	20.97
仪器仪表及文化、办公用机械制造业	3.19	3.64	0.06			0.11	0.01		0.02	11.73	1.23
其他制造业	6.31	7.55	3.79	0.24		0.18	0.25		0.01	4.07	1.76
废弃资源综合利用业	1.19	1.44				0.02	0.25	0.02		0.01	0.35
电力、热力生产和供应业	107.75	118.08	15.36			0.46	0.42		0.01	341.90	41.93
燃气生产和供应业	1.94	3.72				0.08	0.02		0.23		0.23

附表 12　2010 年河北工业分行业终端能源消费碳排放量

2010年	碳排放量	消费总量 万吨标准煤	煤炭 万吨	焦炭	原油	汽油	煤油	柴油	燃料油	天然气 亿立方米	电力（亿千瓦时）
标煤系数			0.7143	0.9714	1.4286	1.4714	1.4571	1.4571	1.4286	13.3	1.229
碳排放系数			0.7559	0.855	0.5857	0.5538	0.5714	0.5921	0.6185	0.4483	1.5719
河北工业碳排放量	13708.32	14680.97	6043.01	7537.45	26.64	24.73	0.98	118.33	26.21	21.20	2013.73
煤炭开采和洗选业	571.59	688.91	855.03	0.02		0.71	0.55	5.02		0.26	53.31
石油和天然气开采业	63.72	94.77	0.88		26.56	0.55		1.06		3.01	11.24
黑色金属矿采选业	273.43	232.43	19.10	0.70		1.97		54.19			110.86
非金属矿采选业	17.40	16.29	4.94	0.89		0.18		3.00		0.01	5.80
农副食品加工业	105.47	97.11	70.97	0.90		0.89		2.59		0.01	32.81
食品制造业	26.53	23.18	14.26	0.14		0.40		0.29	0.03	0.03	9.28
饮料制造业	21.54	22.00	17.19			0.46		0.49		0.11	5.59
烟草制造业	1.97	2.04	0.52			0.02		0.11		0.05	0.66
纺织业	108.45	80.66	26.81	0.26		0.78		0.33		0.06	47.87
纺织服装、服饰业	10.89	9.05	3.24	0.22		0.29		0.50		0.01	4.26
皮革、毛皮、羽毛及制品及制鞋业	14.75	13.84	9.70			0.69		0.10	0.02	0.01	4.55
木材加工和木、竹、藤、棕草制品业	22.63	19.60	13.18	0.01		0.14		0.20			7.88
家具制造业	8.14	7.32	4.41			0.33		0.21			2.75
造纸及纸制品业	70.88	59.94	37.07	0.06		0.49		0.57		0.01	25.81
印刷业和记录媒介的复制	7.15	6.19	1.64	0.07		0.27		0.30		0.05	2.81
文教体育用品制造业	2.05	1.82	0.36	0.11		0.12		0.03		0.02	0.79

续表

2010年	碳排放量	消费总量 万吨标煤	煤炭 万吨	焦炭	原油	汽油	煤油	柴油	燃料油	天然气 亿立方米	电力 （亿千瓦时）
石油加工、炼焦加工业	609.16	769.13	1006.48			0.24	0.03	2.04	2.53	0.43	30.51
化学原料及化学制品制造业	509.98	515.13	245.82	59.73		4.05	0.21	1.37	0.44	7.09	145.10
医药制造业	70.34	52.09	15.90	0.45		0.19		0.12		0.10	31.33
化学纤维制造业	11.35	9.47	5.68	0.22		0.03		0.02			4.17
橡胶和塑料制品业	77.30	63.92	33.19	1.22		1.01		0.62	0.10	0.03	29.37
非金属矿物制品业	466.76	477.48	275.17	8.93		1.70	0.08	8.38	18.47	5.18	131.93
黑色金属冶炼及压延加工业	8103.80	8837.77	1009.03	7339.41		0.89	0.01	25.61	4.30	3.03	734.28
有色金属冶炼及压延加工业	31.03	28.56	6.02	5.48	0.07	0.20	0.01	0.85	0.11	0.32	10.49
金属制品业	74.74	64.72	15.35	11.91		1.38	0.01	1.28	0.01	0.39	26.91
通用设备制造业	183.32	174.56	20.00	100.44		1.69	0.03	2.62		0.21	43.57
专用设备制造业	55.47	47.32	12.29	2.86	0.01	1.13	0.03	1.12		0.43	21.73
交通运输设备制造业	0.00	0.00	0								
电气机械和器材制造业	54.10	40.60	5.29	3.14		0.90	0.03	0.57	0.01	0.15	24.06
计算机、通信和其他电子设备制造业	14.60	11.14	1.24			0.14		0.02		0.13	6.74
仪器仪表及文化、办公用机械制造业	2.47	2.23	0.99	0.18		0.13		0.09			0.83
其他制造业	6.01	6.63	4.46	0.10		0.27		0.73		0.02	1.32
废弃资源综合利用业	2.16	1.70	0.46			0.03		0.13			0.92
电力、热力生产和供应业	2098.66	2195.64	2305.49			2.12		3.61	0.19	0.02	439.31
燃气生产和供应业	1.21	1.20	0.22			0.13		0.04		0.02	0.43

附　录

附录1　2005～2017年哈肯模型两两比较回归分析结果

1. Bjys – lx（比较优势与区域联系）

System：SYSTEMBJYS_ LX

Estimation Method：Two – Stage Least Squares

Sample：2006 2017

Included observations：36

Total system（balanced）observations 72

	Coefficient	Std. Error	t – Statistic	Prob.
C（1）	1. 207271	0. 126737	9. 525832	0. 0000
C（2）	0. 287266	0. 248520	1. 155906	0. 2518
C（3）	0. 972366	0. 026142	37. 19604	0. 0000
C（4）	2. 584250	2. 887243	0. 895058	0. 3739
Determinant residual covariance	2. 36E – 09			

Equation：BJYS = C（1）＊BJYS（－1）－C（2）＊BL（－1）

Instruments：BJYS LX BL BB C

Observations：36

R – squared	0. 976620	Mean dependent var	0. 068694
Adjusted R – squared	0. 975932	S. D. dependent var	0. 013161
S. E. of regression	0. 002042	Sum squared resid	0. 000142
Durbin – Watson stat	2. 299352		

Equation：LX = C（3）＊LX（－1）＋C（4）＊BB（－1）

Instruments：BJYS LX BL BB C

Observations：36

R – squared	－ 0. 332438	Mean dependent var	0. 512197
Adjusted R – squared	－ 0. 371627	S. D. dependent var	0. 026061
S. E. of regression	0. 030522	Sum squared resid	0. 031674
Durbin – Watson stat	3. 476667		

2. Lx – bjys（联系与比较优势）

System：SYSTEMLX_ LXBJYS

Estimation Method：Two – Stage Least Squares

Sample：2006 2017

Included observations：36

Total system（balanced）observations 72

	Coefficient	Std. Error	t – Statistic	Prob.
C（1）	0. 960638	0. 056380	17. 03858	0. 0000
C（2）	– 0. 517699	0. 864658	– 0. 598732	0. 5513
C（3）	1. 089392	0. 020563	52. 97872	0. 0000
C（4）	– 0. 007154	0. 004995	– 1. 432096	0. 1567
Determinant residual covariance	2. 70E – 09			

Equation：LX = C（1）＊LX（– 1）– C（2）＊BL（– 1）

Instruments：LX BJYS BL LL C

Observations：36

R – squared	– 0. 359325	Mean dependent var	0. 512197
Adjusted R – squared	– 0. 399305	S. D. dependent var	0. 026061
S. E. of regression	0. 030828	Sum squared resid	0. 032313
Durbin – Watson stat	3. 476195		

Equation：BJYS = C（3）＊BJYS（– 1）+ C（4）＊LL（– 1）

Instruments：LX BJYS BL LL C

Observations：36

R – squared	0. 976503	Mean dependent var	0. 068694
Adjusted R – squared	0. 975812	S. D. dependent var	0. 013161
S. E. of regression	0. 002047	Sum squared resid	0. 000142
Durbin – Watson stat	2. 103034		

3. bjys_ nlcd（比较优势与努力程度）

System：SYSTEMBJYS_ NLCD

Estimation Method：Two – Stage Least Squares

Sample：2006 2017

Included observations：36

Total system（balanced）observations 72

	Coefficient	Std. Error	t − Statistic	Prob.
C （1）	1. 005075	0. 024974	40. 24554	0. 0000
C （2）	− 0. 706635	0. 308262	− 2. 292319	0. 0250
C （3）	1. 096522	0. 079882	13. 72679	0. 0000
C （4）	− 0. 621540	1. 286547	− 0. 483107	0. 6306
Determinant residual covariance	9. 78E − 11			

Equation：BJYS = C （1） ＊ BJYS （−1） − C （2） ＊ BN （−1）

Instruments：BJYS BN NLCD BB C

Observations：36

R − squared	0. 977233	Mean dependent var	0. 068694
Adjusted R − squared	0. 976564	S. D. dependent var	0. 013161
S. E. of regression	0. 002015	Sum squared resid	0. 000138
Durbin − Watson stat	2. 093401		

Equation：NLCD = C （3） ＊ NLCD （−1） ＋ C （4） ＊ BB （−1）

Instruments：BJYS BN NLCD BB C

Observations：36

R − squared	0. 909873	Mean dependent var	0. 077552
Adjusted R − squared	0. 907223	S. D. dependent var	0. 017983
S. E. of regression	0. 005477	Sum squared resid	0. 001020
Durbin − Watson stat	2. 654107		

4. nlcd_ bjys （努力程度与比较优势）

System：SYSTEMNLCD_ BJYS

Estimation Method：Two − Stage Least Squares

Sample：2006 2017

Included observations：36

Total system （balanced） observations 72

	Coefficient	Std. Error	t − Statistic	Prob.
C （1）	1. 112457	0. 072927	15. 25445	0. 0000
C （2）	0. 765787	1. 026273	0. 746183	0. 4581
C （3）	1. 021356	0. 021363	47. 81010	0. 0000
C （4）	0. 436252	0. 226445	1. 926524	0. 0582
Determinant residual covariance	9. 09E − 11			

Equation: NLCD = C (1) * NLCD (−1) − C (2) * BN (−1)

Instruments: NLCD BJYS BN NN C

Observations: 36

R − squared	0.912980	Mean dependent var	0.077552
Adjusted R − squared	0.910421	S. D. dependent var	0.017983
S. E. of regression	0.005382	Sum squared resid	0.000985
Durbin − Watson stat		2.662391	

Equation: BJYS = C (3) * BJYS (−1) + C (4) * NN (−1)

Instruments: NLCD BJYS BN NN C

Observations: 36

R − squared	0.977784	Mean dependent var	0.068694
Adjusted R − squared	0.977131	S. D. dependent var	0.013161
S. E. of regression	0.001990	Sum squared resid	0.000135
Durbin − Watson stat		2.122292	

5. lx_ nlcd（区域联系与努力程度）

System: SYSTEMLX_ NLCD

Estimation Method: Two − Stage Least Squares

Sample: 2006 2017

Included observations: 36

Total system (balanced) observations 72

	Coefficient	Std. Error	t − Statistic	Prob.
C (1)	0.984007	0.017764	55.39448	0.0000
C (2)	− 11.19799	16.70671	− 0.670269	0.5050
C (3)	1.082796	0.063096	17.16113	0.0000
C (4)	− 0.300285	0.762541	− 0.393796	0.6950
Determinant residual covariance		1.68E − 08		

Equation: LX = C (1) * LX (−1) − C (2) * LN (−1)

Instruments: LX NLCD LN LL C

Observations: 36

R − squared	− 0.345846	Mean dependent var	0.512197
Adjusted R − squared	− 0.385430	S. D. dependent var	0.026061

S. E. of regression	0. 030675	Sum squared resid	0. 031993
Durbin – Watson stat	3. 455446		

Equation：NLCD = C （3） * NLCD （-1） + C （4） * LL （-1）

Instruments：LX NLCD LN LL C

Observations：36

R – squared	0. 913931	Mean dependent var	0. 077552
Adjusted R – squared	0. 911399	S. D. dependent var	0. 017983
S. E. of regression	0. 005353	Sum squared resid	0. 000974
Durbin – Watson stat	2. 646794		

6. nlcd_ lx（努力程度与区域联系）

System：SYSTEMNLCD_ LX

Estimation Method：Two – Stage Least Squares

Sample：2006 2017

Included observations：36

Total system（balanced）observations 72

	Coefficient	Std. Error	t – Statistic	Prob.
C （1）	1. 075347	0. 036207	29. 70027	0. 0000
C （2）	2. 459382	4. 963684	0. 495475	0. 6219
C （3）	0. 979656	0. 022749	43. 06430	0. 0000
C （4）	1. 310417	1. 886089	0. 694780	0. 4896
Determinant residual covariance	1. 66E – 08			

Equation：NLCD = C （1） * NLCD （-1） - C （2） * LN （-1）

Instruments：NLCD LN LX NN C

Observations：36

R – squared	0. 914486	Mean dependent var	0. 077552
Adjusted R – squared	0. 911971	S. D. dependent var	0. 017983
S. E. of regression	0. 005335	Sum squared resid	0. 000968
Durbin – Watson stat	2. 656307		

Equation：LX = C （3） * LX （-1） + C （4） * NN （-1）

Instruments：NLCD LN LX NN C

Observations：36

R – squared	– 0. 342620	Mean dependent var	0. 512197
Adjusted R – squared	– 0. 382109	S. D. dependent var	0. 026061
S. E. of regression	0. 030638	Sum squared resid	0. 031916
Durbin – Watson stat	3. 443491		

附录2 2005～2010 年哈肯模型两两比较回归分析结果

1. bjys_ lx （比较优势与区域联系）

System：SYSTEMBJYS_ LX

Estimation Method：Two – Stage Least Squares

Sample：2006 2010

Included observations：15

Total system （balanced） observations 30

	Coefficient	Std. Error	t – Statistic	Prob.
C （1）	0. 246952	0. 194813	1. 267635	0. 2162
C （2）	– 1. 523156	0. 369569	– 4. 121432	0. 0003
C （3）	0. 876036	0. 097639	8. 972145	0. 0000
C （4）	4. 126617	3. 159336	1. 306166	0. 2029
Determinant residual covariance	1. 47E – 08			

Equation：BJYS = C （1） * BJYS （ – 1） – C （2） * BL （ – 1）

Instruments：BJYS BL LX BB C

Observations：15

R – squared	0. 867407	Mean dependent var	0. 131689
Adjusted R – squared	0. 857208	S. D. dependent var	0. 009473
S. E. of regression	0. 003580	Sum squared resid	0. 000167
Durbin – Watson stat	3. 046546		

Equation：LX = C （3） * LX （ – 1） + C （4） * BB （ – 1）

Instruments：BJYS BL LX BB C

Observations：15

R – squared	– 2. 079630	Mean dependent var	0. 530549
Adjusted R – squared	– 2. 316525	S. D. dependent var	0. 021764
S. E. of regression	0. 039635	Sum squared resid	0. 020422
Durbin – Watson stat	3. 840873		

2. lx_ bjys （区域联系与比较优势）

System：SYSTEMLX_ BJYS

Estimation Method：Two – Stage Least Squares

Sample：2006 2010

Included observations：15

Total system（balanced）observations 30

	Coefficient	Std. Error	t – Statistic	Prob.
C（1）	0.787777	0.244308	3.224531	0.0034
C（2）	– 1.708043	1.950116	– 0.875868	0.3891
C（3）	0.841775	0.045526	18.49003	0.0000
C（4）	0.092718	0.020107	4.611130	0.0001
Determinant residual covariance	1.26E – 08			

Equation：LX = C（1） * LX（ – 1） – C（2） * BL（ – 1）

Instruments：LX BL BJYS LL C

Observations：15

R – squared	– 2.289662	Mean dependent var	0.530549
Adjusted R – squared	– 2.542713	S. D. dependent var	0.021764
S. E. of regression	0.040964	Sum squared resid	0.021814
Durbin – Watson stat	3.952437		

Equation：BJYS = C（3） * BJYS（ – 1） + C（4） * LL（ – 1）

Instruments：LX BL BJYS LL C

Observations：15

R – squared	0.883956	Mean dependent var	0.131689
Adjusted R – squared	0.875030	S. D. dependent var	0.009473
S. E. of regression	0.003349	Sum squared resid	0.000146
Durbin – Watson stat	2.545904		

3. bjys_ nlcd （比较优势与努力程度）

System：SYSTEM_ 2_ BJYSNLCD

Estimation Method：Two – Stage Least Squares

Sample：2006 2010

Included observations：15

Total system（balanced）observations 30

	Coefficient	Std. Error	t – Statistic	Prob.
C （1）	1. 241021	0. 045383	27. 34541	0. 0000
C （2）	2. 499395	0. 584132	4. 278816	0. 0002
C （3）	0. 137152	0. 280537	0. 488891	0. 6290
C （4）	4. 345491	1. 296991	3. 350441	0. 0025
Determinant residual covariance	1. 07E – 10			

Equation：BJYS = C （1） * BJYS （ -1） - C （2） * BN （ -1）

Instruments：BJYS BN NLCD BB C

Observations：15

R – squared	0. 873006	Mean dependent var	0. 131689
Adjusted R – squared	0. 863237	S. D. dependent var	0. 009473
S. E. of regression	0. 003503	Sum squared resid	0. 000160
Durbin – Watson stat	2. 908787		

Equation：NLCD = C （3） * NLCD （ -1） + C （4） * BB （ -1）

Instruments：BJYS BN NLCD BB C

Observations：15

R – squared	0. 672264	Mean dependent var	0. 080614
Adjusted R – squared	0. 647054	S. D. dependent var	0. 013862
S. E. of regression	0. 008235	Sum squared resid	0. 000882
Durbin – Watson stat	3. 213723		

4. nlcd_ bjys（努力程度与比较优势）

System：SYSTEM_ 2_ NLCDBJYS

Estimation Method：Two – Stage Least Squares

Sample：2006 2010

Included observations：15

Total system （balanced） observations 30

	Coefficient	Std. Error	t – Statistic	Prob.
C （1）	1. 036727	0. 402748	2. 574132	0. 0161
C （2）	- 0. 276824	3. 116538	- 0. 088824	0. 9299
C （3）	1. 166700	0. 028954	40. 29454	0. 0000
C （4）	- 2. 509808	0. 599043	- 4. 189695	0. 0003
Determinant residual covariance	7. 26E – 10			

Equation: NLCD = C（1）* NLCD（-1）- C（2）* BN（-1）

Instruments: NLCD BN BJYS NN C

Observations: 15

R - squared	0. 389636	Mean dependent var	0. 080614
Adjusted R - squared	0. 342685	S. D. dependent var	0. 013862
S. E. of regression	0. 011239	Sum squared resid	0. 001642
Durbin - Watson stat		3. 022497	

Equation: BJYS = C（3）* BJYS（-1）+ C（4）* NN（-1）

Instruments: NLCD BN BJYS NN C

Observations: 15

R - squared	0. 869869	Mean dependent var	0. 131689
Adjusted R - squared	0. 859859	S. D. dependent var	0. 009473
S. E. of regression	0. 003546	Sum squared resid	0. 000163
Durbin - Watson stat		2. 806605	

5. lx_ nlcd（区域联系与努力程度）

System: SYSTEM_ 2_ LXNLCD

Estimation Method: Two - Stage Least Squares

Sample: 2006 2010

Included observations: 15

Total system（balanced）observations 30

	Coefficient	Std. Error	t - Statistic	Prob.
C（1）	0. 761284	0. 130490	5. 834017	0. 0000
C（2）	- 3. 227441	1. 739222	- 1. 855682	0. 0749
C（3）	0. 831926	0. 173064	4. 807048	0. 0001
C（4）	0. 065243	0. 045954	1. 419742	0. 1676
Determinant residual covariance		8. 41E - 08		

Equation: LX = C（1）* LX（-1）- C（2）* LN（-1）

Instruments: LX LN NLCD LL C

Observations: 15

R - squared	- 1. 754225	Mean dependent var	0. 530549
Adjusted R - squared	- 1. 966089	S. D. dependent var	0. 021764
S. E. of regression	0. 037482	Sum squared resid	0. 018264
Durbin - Watson stat		3. 940622	

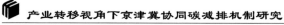

Equation: NLCD = C (3) * NLCD (−1) + C (4) * LL (−1)

Instruments: LX LN NLCD LL C

Observations: 15

R − squared	0.471249	Mean dependent var	0.080614
Adjusted R − squared	0.430576	S. D. dependent var	0.013862
S. E. of regression	0.010460	Sum squared resid	0.001422
Durbin − Watson stat		2.093260	

6. nlcd_ lx (努力程度与区域联系)

System: SYSTEM_ 2_ NLCDLX

Estimation Method: Two − Stage Least Squares

Sample: 2006 2010

Included observations: 15

Total system (balanced) observations 30

	Coefficient	Std. Error	t − Statistic	Prob.
C (1)	− 0.759914	0.828561	− 0.917150	0.3675
C (2)	− 3.492017	1.577889	− 2.213094	0.0359
C (3)	0.894163	0.051828	17.25256	0.0000
C (4)	9.890727	4.511852	2.192166	0.0375
Determinant residual covariance		8.33E − 08		

Equation: NLCD = C (1) * NLCD (−1) − C (2) * LN (−1)

Instruments: NLCD LN LX NN C

Observations: 15

R − squared	0.556395	Mean dependent var	0.080614
Adjusted R − squared	0.522272	S. D. dependent var	0.013862
S. E. of regression	0.009581	Sum squared resid	0.001193
Durbin − Watson stat		1.750954	

Equation: LX = C (3) * LX (−1) + C (4) * NN (−1)

Instruments: NLCD LN LX NN C

Observations: 15

R − squared	− 1.543541	Mean dependent var	0.530549
Adjusted R − squared	− 1.739198	S. D. dependent var	0.021764
S. E. of regression	0.036020	Sum squared resid	0.016867
Durbin − Watson stat		3.828171	

附录3 2011～2015年哈肯模型两两比较回归分析结果（按比例计算数值）

1. bjys_ lx（比较优势与区域联系）

System：SYSTEM_ 2_ BJYS_ LX

Estimation Method：Two – Stage Least Squares

Sample：2012 2015

Included observations：12

Total system（balanced）observations 24

	Coefficient	Std. Error	t – Statistic	Prob.
C（1）	1. 442590	0. 363892	3. 964332	0. 0008
C（2）	0. 719942	0. 704053	1. 022568	0. 3187
C（3）	0. 954898	0. 066966	14. 25945	0. 0000
C（4）	0. 304045	1. 400124	0. 217156	0. 8303
Determinant residual covariance	2. 56E – 09			

Equation：BJYS = C（1）＊BJYS（－1）－C（2）＊BL（－1）

Instruments：BJYS BL LX BB

Observations：12

R – squared	0. 845782	Mean dependent var	0. 165717
Adjusted R – squared	0. 830360	S. D. dependent var	0. 014366
S. E. of regression	0. 005917	Sum squared resid	0. 000350
Durbin – Watson stat	2. 324028		

Equation：LX = C（3）＊LX（－1）＋C（4）＊BB（－1）

Instruments：BJYS BL LX BB

Observations：12

R – squared	0. 312627	Mean dependent var	0. 498708
Adjusted R – squared	0. 243890	S. D. dependent var	0. 017651
S. E. of regression	0. 015349	Sum squared resid	0. 002356
Durbin – Watson stat	3. 861404		

2. lx_ bjys（区域联系与比较优势）

System：SYSTEM_ 2_ LX_ BJYS

Estimation Method：Two – Stage Least Squares

Sample：2012 2015

Included observations：12

Total system（balanced）observations 24

	Coefficient	Std. Error	t – Statistic	Prob.
C（1）	1. 035057	0. 143874	7. 194186	0. 0000
C（2）	0. 422391	0. 922819	0. 457718	0. 6521
C（3）	1. 254603	0. 077251	16. 24051	0. 0000
C（4）	− 0. 106149	0. 044261	− 2. 398276	0. 0263
Determinant residual covariance	1. 83E − 09			

Equation：LX = C（1）* LX（−1）− C（2）* BL（−1）

Instruments：LX BL BJYS LL

Observations：12

R − squared	0. 323558	Mean dependent var	0. 498708
Adjusted R − squared	0. 255914	S. D. dependent var	0. 017651
S. E. of regression	0. 015226	Sum squared resid	0. 002318
Durbin − Watson stat	3. 743507		

Equation：BJYS = C（3）* BJYS（−1）+ C（4）* LL（−1）

Instruments：LX BL BJYS LL

Observations：12

R − squared	0. 891857	Mean dependent var	0. 165717
Adjusted R − squared	0. 881043	S. D. dependent var	0. 014366
S. E. of regression	0. 004955	Sum squared resid	0. 000246
Durbin − Watson stat	2. 745331		

3. bjys_ nlcd（比较优势与努力程度）

System：SYSTEM_ 2_ BJYSNLCD

Estimation Method：Two – Stage Least Squares

Sample：2012 2015

Included observations：12

Total system（balanced）observations 24

	Coefficient	Std. Error	t – Statistic	Prob.
C（1）	0. 852820	0. 079472	10. 73102	0. 0000
C（2）	− 1. 890702	0. 685619	− 2. 757656	0. 0121
C（3）	− 0. 351981	0. 445457	− 0. 790157	0. 4387
C（4）	6. 571150	2. 066850	3. 179307	0. 0047
Determinant residual covariance	5. 59E − 10			

Equation: BJYS = C (1) * BJYS (-1) - C (2) * BN (-1)

Instruments: BJYS BN NLCD BB

Observations: 12

R – squared	0.903239	Mean dependent var	0.165717
Adjusted R – squared	0.893563	S. D. dependent var	0.014366
S. E. of regression	0.004687	Sum squared resid	0.000220
Durbin – Watson stat	3.168579		

Equation: NLCD = C (3) * NLCD (-1) + C (4) * BB (-1)

Instruments: BJYS BN NLCD BB

Observations: 12

R – squared	0.634332	Mean dependent var	0.121243
Adjusted R – squared	0.597765	S. D. dependent var	0.011916
S. E. of regression	0.007557	Sum squared resid	0.000571
Durbin – Watson stat	2.289171		

4. nlcd_ bjys（努力程度与比较优势）

System: SYSTEM_ 2_ NLCDBJYS

Estimation Method: Two – Stage Least Squares

Sample: 2012 2015

Included observations: 12

Total system (balanced) observations 24

	Coefficient	Std. Error	t – Statistic	Prob.
C (1)	1.714811	0.527224	3.252529	0.0040
C (2)	4.141942	3.346215	1.237799	0.2301
C (3)	0.944162	0.057933	16.29749	0.0000
C (4)	1.476059	0.666922	2.213242	0.0387
Determinant residual covariance	1.67E – 09			

Equation: NLCD = C (1) * NLCD (-1) - C (2) * BN (-1)

Instruments: NLCD BN BJYS NN

Observations: 12

R – squared	0.362404	Mean dependent var	0.121243
Adjusted R – squared	0.298644	S. D. dependent var	0.011916
S. E. of regression	0.009979	Sum squared resid	0.000996
Durbin – Watson stat	3.664011		

Equation: BJYS = C (3) * BJYS (-1) + C (4) * NN (-1)

Instruments: NLCD BN BJYS NN

Observations: 12

R - squared	0. 885663	Mean dependent var	0. 165717
Adjusted R - squared	0. 874229	S. D. dependent var	0. 014366
S. E. of regression	0. 005095	Sum squared resid	0. 000260
Durbin - Watson stat		3. 031693	

5. lx_ nlcd（区域联系与努力程度）

System: SYSTEM_ 2_ LXNLCD

Estimation Method: Two - Stage Least Squares

Sample: 2012 2015

Included observations: 12

Total system (balanced) observations 24

	Coefficient	Std. Error	t - Statistic	Prob.
C (1)	0. 889518	0. 075502	11. 78141	0. 0000
C (2)	- 0. 702969	0. 661175	- 1. 063213	0. 3004
C (3)	0. 836359	0. 129070	6. 479895	0. 0000
C (4)	0. 097150	0. 054404	1. 785736	0. 0893
Determinant residual covariance		1. 09E - 08		

Equation: LX = C (1) * LX (-1) - C (2) * LN (-1)

Instruments: LX LN NLCD LL

Observations: 12

R - squared	0. 379526	Mean dependent var	0. 498708
Adjusted R - squared	0. 317478	S. D. dependent var	0. 017651
S. E. of regression	0. 014583	Sum squared resid	0. 002127
Durbin - Watson stat		3. 567502	

Equation: NLCD = C (3) * NLCD (-1) + C (4) * LL (-1)

Instruments: LX LN NLCD LL

Observations: 12

R - squared	0. 442495	Mean dependent var	0. 121243
Adjusted R - squared	0. 386744	S. D. dependent var	0. 011916
S. E. of regression	0. 009332	Sum squared resid	0. 000871
Durbin - Watson stat		3. 263403	

6. nlcd_ lx（努力程度与区域联系）

System：SYSTEM_ W_ NLCDLX

Estimation Method：Two – Stage Least Squares

Date：11/13/20 Time：08：43

Sample：2012 2015

Included observations：12

Total system（balanced）observations 24

	Coefficient	Std. Error	t – Statistic	Prob.
C（1）	0. 326026	0. 635536	0. 512993	0. 6136
C（2）	– 1. 433267	1. 235065	– 1. 160479	0. 2595
C（3）	0. 932834	0. 033806	27. 59386	0. 0000
C（4）	1. 434657	1. 290157	1. 112001	0. 2793
Determinant residual covariance	1. 28E – 08			

Equation：NLCD = C（1）* NLCD（ – 1）– C（2）* LN（ – 1）

Instruments：NLCD LN LX NN

Observations：12

R – squared	0. 351984	Mean dependent var	0. 121243
Adjusted R – squared	0. 287182	S. D. dependent var	0. 011916
S. E. of regression	0. 010061	Sum squared resid	0. 001012
Durbin – Watson stat	3. 296131		

Equation：LX = C（3）* LX（ – 1）+ C（4）* NN（ – 1）

Instruments：NLCD LN LX NN

Observations：12

R – squared	0. 385386	Mean dependent var	0. 498708
Adjusted R – squared	0. 323924	S. D. dependent var	0. 017651
S. E. of regression	0. 014514	Sum squared resid	0. 002106
Durbin – Watson stat	3. 564709		

附录4　2015～2017 年哈肯模型两两比较回归分析结果（按比例计算数值）

1. bjys_ lx（比较优势与区域联系）

System：SYSTEM_ 2_ BJYSLX

Estimation Method：Two – Stage Least Squares

Sample：2016 2017

Included observations：6

Total system（balanced）observations 12

	Coefficient	Std. Error	t – Statistic	Prob.
C（1）	2.715911	2.88E – 12	9.44E + 11	0.0000
C（2）	3.383546	5.92E – 12	5.71E + 11	0.0000
C（3）	1.031322	1.81E – 14	5.70E + 13	0.0000
C（4）	– 0.030992	2.24E – 13	– 1.38E + 11	0.0000
Determinant residual covariance		1.11E – 59		

Equation：BJYS = C（1）* BJYS（－1）－ C（2）* BL（－1）
Instruments：BJYS BL
Observations：6

R – squared	1.000000	Mean dependent var	0.210918
Adjusted R – squared	1.000000	S. D. dependent var	0.006338
S. E. of regression	1.56E – 14	Sum squared resid	9.79E – 28
Durbin – Watson stat		2.991495	

Equation：LX = C（3）* LX（－1）＋ C（4）* BB（－1）
Instruments：BJYS BL
Observations：6

R – squared	1.000000	Mean dependent var	0.496212
Adjusted R – squared	1.000000	S. D. dependent var	0.007677
S. E. of regression	1.55E – 15	Sum squared resid	9.59E – 30
Durbin – Watson stat		2.929122	

2. lx_ bjys（区域联系与比较优势）

System：SYSTEM_ 2_ LXBJYS
Estimation Method：Two – Stage Least Squares
Sample：2016 2017
Included observations：6
Total system（balanced）observations 12

	Coefficient	Std. Error	t – Statistic	Prob.
C（1）	1.033163	2.24E – 13	4.62E + 12	0.0000
C（2）	0.021931	1.13E – 12	1.94E + 10	0.0000
C（3）	0.088980	1.71E – 13	5.22E + 11	0.0000
C（4）	0.813519	1.41E – 13	5.77E + 12	0.0000
Determinant residual covariance		8.83E – 63		

Equation：LX = C（1）＊LX（−1）−C（2）＊BL（−1）
Instruments：LX BL
Observations：6

R − squared	1. 000000	Mean dependent var	0. 496212
Adjusted R − squared	1. 000000	S. D. dependent var	0. 007677
S. E. of regression	1. 10E − 14	Sum squared resid	4. 86E − 28
Durbin − Watson stat		2. 998172	

Equation：BJYS = C（3）＊BJYS（−1）＋C（4）＊LL（−1）
Instruments：LX BL
Observations：6

R − squared	1. 000000	Mean dependent var	0. 210918
Adjusted R − squared	1. 000000	S. D. dependent var	0. 006338
S. E. of regression	1. 55E − 15	Sum squared resid	9. 58E − 30
Durbin − Watson stat		2. 996743	

3. bjys_ nlcd（比较优势与努力程度）

System：SYSTEM_ 2_ BJYSNLCD
Estimation Method：Two − Stage Least Squares
Sample：2016 2017
Included observations：6
Total system（balanced）observations 12

	Coefficient	Std. Error	t − Statistic	Prob.
C（1）	2. 781990	1. 44E − 13	1. 94E + 13	0. 0000
C（2）	12. 95508	1. 09E − 12	1. 19E + 13	0. 0000
C（3）	0. 990184	4. 74E − 13	2. 09E + 12	0. 0000
C（4）	0. 115578	1. 61E − 12	7. 20E + 10	0. 0000
Determinant residual covariance		2. 24E − 59		

Equation：BJYS = C（1）＊BJYS（−1）−C（2）＊BN（−1）
Instruments：BJYS BN
Observations：6

R − squared	1. 000000	Mean dependent var	0. 210918
Adjusted R − squared	1. 000000	S. D. dependent var	0. 006338
S. E. of regression	7. 51E − 16	Sum squared resid	2. 26E − 30

Durbin – Watson stat	1. 119243		

Equation: NLCD = C (3) * NLCD (-1) + C (4) * BB (-1)
Instruments: BJYS BN
Observations: 6

R – squared	1. 000000	Mean dependent var	0. 134908
Adjusted R – squared	1. 000000	S. D. dependent var	0. 001951
S. E. of regression	1. 16E – 14	Sum squared resid	5. 41E – 28
Durbin – Watson stat	2. 996311		

4. nlcd_ bjys（努力程度与比较优势）

System: SYSTEM_ 2_ NLCDBJYS
Estimation Method: Two – Stage Least Squares
Sample: 2016 2017
Included observations: 6
Total system (balanced) observations 12

	Coefficient	Std. Error	t – Statistic	Prob.
C (1)	0. 966490	1. 67E – 13	5. 79E + 12	0. 0000
C (2)	– 0. 293630	8. 49E – 13	– 3. 46E + 11	0. 0000
C (3)	0. 287782	2. 92E – 13	9. 87E + 11	0. 0000
C (4)	8. 892567	3. 30E – 12	2. 69E + 12	0. 0000
Determinant residual covariance	5. 70E – 62			

Equation: NLCD = C (1) * NLCD (-1) – C (2) * BN (-1)
Instruments: NLCD BN
Observations: 6

R – squared	1. 000000	Mean dependent var	0. 134908
Adjusted R – squared	1. 000000	S. D. dependent var	0. 001951
S. E. of regression	2. 42E – 15	Sum squared resid	2. 34E – 29
Durbin – Watson stat	2. 985195		

Equation: BJYS = C (3) * BJYS (-1) + C (4) * NN (-1)
Instruments: NLCD BN
Observations: 6

R – squared	1. 000000	Mean dependent var	0. 210918

Adjusted R – squared	1. 000000	S. D.　dependent var	0. 006338
S. E.　of regression	3. 32E – 15	Sum squared resid	4. 40E – 29
Durbin – Watson stat		2. 998029	

5. lx_ nlcd （区域联系与努力程度）

System：SYSTEM_ 2_ LX_ NLCD
Estimation Method：Two – Stage Least Squares
Sample：2016 2017
Included observations：6
Total system（balanced）observations 12

	Coefficient	Std.　Error	t – Statistic	Prob.
C （1）	1. 049311	2. 03E – 12	5. 18E + 11	0. 0000
C （2）	0. 155219	1. 54E – 11	1. 01E + 10	0. 0000
C （3）	0. 853530	1. 18E – 12	7. 26E + 11	0. 0000
C （4）	0. 094534	6. 51E – 13	1. 45E + 11	0. 0000
Determinant residual covariance		2. 28E – 62		

Equation：LX = C （1） * LX （-1） – C （2） * LN （-1）
Instruments：LX LN
Observations：6

R – squared	1. 000000	Mean dependent var	0. 496212
Adjusted R – squared	1. 000000	S. D.　dependent var	0. 007677
S. E.　of regression	2. 11E – 14	Sum squared resid	1. 79E – 27
Durbin – Watson stat		2. 998481	

Equation：NLCD = C （3） * NLCD （-1） + C （4） * LL （-1）
Instruments：LX LN
Observations：6

R – squared	1. 000000	Mean dependent var	0. 134908
Adjusted R – squared	1. 000000	S. D.　dependent var	0. 001951
S. E.　of regression	5. 76E – 15	Sum squared resid	1. 33E – 28
Durbin – Watson stat		2. 998721	

6. nlcd_ lx （努力程度与区域联系）

System：SYSTEM_ 2_ NLCD_ LX
Estimation Method：Two – Stage Least Squares
Sample：2016 2017
Included observations：6
Total system （balanced） observations 12

	Coefficient	Std. Error	t – Statistic	Prob.
C (1)	0.816104	4.69E – 13	1.74E + 12	0.0000
C (2)	– 0.430716	9.71E – 13	– 4.43E + 11	0.0000
C (3)	1.055447	1.49E – 13	7.10E + 12	0.0000
C (4)	– 0.739280	4.13E – 12	– 1.79E + 11	0.0000
Determinant residual covariance	7.71E – 63			

Equation：NLCD = C (1) * NLCD (-1) – C (2) * LN (-1)

Instruments：NLCD LN

Observations：6

R – squared	1.000000	Mean dependent var	0.134908
Adjusted R – squared	1.000000	S. D. dependent var	0.001951
S. E. of regression	1.89E – 15	Sum squared resid	1.42E – 29
Durbin – Watson stat	2.997810		

Equation：LX = C (3) * LX (-1) + C (4) * NN (-1)

Instruments：NLCD LN

Observations：6

R – squared	1.000000	Mean dependent var	0.496212
Adjusted R – squared	1.000000	S. D. dependent var	0.007677
S. E. of regression	1.19E – 15	Sum squared resid	5.70E – 30
Durbin – Watson stat	2.978120